油气地球物理应用文集

赵殿栋 等著

地质出版社

·北京·

简单的了。

现在的油气地震能为油气储层研究提供大约30%左右的信息。通过从反射地震学出发而形成的石油地震地质学预计会从地震资料中提取它包含的50%乃至更多的信息，从而最终提高油气采收率，对复杂地区更有利。在这一过程中创新的各项研究都是必不可少的，用当前的已有技术是解决不了问题的。除了各种研究要提出理论上可靠，技术上可实现的方法、技术和技术集成与实施工程外，培养几大类领军型人才是至关重要的。领军型人才除了能在某领域掌握方向，提出系统工程模式外，还应当能提出前人未能提出和研究的新目标、新理论、新方法、新技术，而这些是解决勘探和开发油气藏的关键。有一批各种研究目标的领军人才队伍，中国的石油地球物理学乃至油气工业才能有更大的发展。这一点可从本论文集初见端倪，通过石油地球物理界的共同努力，我们去占领本来能够占领的油气工业发展的制高点，而不是满足于小配角的长期角色。

对本论文集的出版表示祝贺，同时希望与赵殿栋博士同时代和21世纪年代的石油地球物理学家，在实施创新型国家中做出更大的努力，无论是专科性的科学技术能力，还是综合性的创新能力都达到世界先进水平。

中国科学院院士

马在田

2011年4月15日

写 在 前 面 的 话

油气勘探开发是一个系统工程，具有多工种、多学科联合作业的特点。而地球物理作为这个系统工程中重要的一环，对勘探的突破与发现、油气的增储与稳产，具有重要的技术支撑作用。深化地球物理理论，推进地球物理应用技术进步，对快速发展油气工业具有重要意义。通过近百年找油找气科学实践的积累和发展，地球物理应用技术已经从单一方法，发展到多种地球物理方法的交叉综合运用；从单一资料的分析解释，发展到地球物理与地质、钻井、测井、测试等资料的融合共享，向着油藏监测和寻找剩余油的油藏地球物理方向延伸。所以，现代地球物理技术既是油气发现和提高产能的重要技术手段，也成为油气公司降低成本、提高效益的主要途径之一。

中国学者在世界地球物理发展史上有过辉煌的成就和贡献。早在1966年，针对胜利油田的东辛油田复杂断块油藏，李庆忠院士与马在田院士等提出了束线状三维勘探的设想，实施了世界上第一个三维地震区块，使用"五一"型的小排列方法，采用小三角网空间归位，提出了两步法偏移方法，这样整个辛镇的大构造格局就非常清晰了。1979年我国学者将这一研究成果在SEG年会上做了发言，立即轰动整个会场，与会学者认为这是当时三维地震最好的实例。因为当时国外三维地震还局限在弯线、环线和十字排列地震方式，这些方法的缺陷是难以准确归位成像。正是因为我国有这样一批又一批不怕困难险阻、勇于探索、敢为天下先的地球物理优秀学者，才使得我国地球物理技术一直处于世界较高水平，为我国油气勘探开发做出了卓越的贡献。每一次油气勘探重大发现和突破都闪耀着地球物理的身影，中国石油工业的发展史，就是物探技术的发展史。

当前，油气勘探开发面临两个方面问题：勘探方面，如何在新区、老区找到更多的圈闭和储量，解决资源接替问题；在油田开发方面，如何提高采收率，延长油田寿命，实现油田价值最大化。随着油气勘探开发程度的不断提高，找油找气的目标不断向着条件复杂的新地区新领域新层系转移，油气勘探开发的难度在不断增大，地球物理技术如何适应日益迫切的高难地质需求，如何有效地加速发展和进步，是地球物理工作者需要思考的重要问题。复杂地表、复杂构造、复杂储层的勘探对象，给物探技术解决地质问题的能力带来了挑战，同时也给物探技术的进步与发展带来了机遇。

地球物理技术正在发生日新月异的发展，未来几年地震采集将使用数万道、宽方位、高密度数字采集方法，使用可控震源宽频高效激发技术，将提供海量的采集数据，同时提高采集高效，降低生产成本；资料处理将在超级云计算中心进行，叠前时间偏移方法将是常规方法，叠前深度偏移技术将深入探讨。分方位角处理技术及多分量多波处理技术将得到大的发展；资料解释将发展异地同步解释系统，叠前反演、属性反演、全波形反演技术将得到发展和应用，三维数据体解释可视化将变为现实，资料解释将更加与处理融合为一体。同时物探、地质、井孔等多学科人员工作将更加紧密融合，各学科技术将高度渗透与集成。

本书汇集了我和我的同事近十几年来在国内外学术期刊和国际学术会议所公开发表的有代表性的文章23篇，论文分布情况为：高精度地震勘探(4篇)；地震采集方法(5篇)；地震新技术(5篇)；

地质研究(3篇)；国际学术交流(6篇)。付梓出版，愿与广大勘探技术人员共同探讨和交流。感谢于世焕、于常青、郭建、宋玉龙、韩文功、周建宇、丁伟、刘跃华、谭绍泉、吕公河、沈财余、徐锦玺、王咸彬等资深工程师的帮助，于世焕同志对本书进行了统一整理和编辑。为了尊重有关学术期刊等，本书附录注明所选文章发表时的有关信息，在此表示诚挚的敬意和衷心的感谢！由于掌握原始基础资料不全等方面的原因，难免存在疏漏或谬误，敬请广大读者特别是亲身经历油气勘探者多批评及指教，同时多包涵及多提建议。

最后特别感谢马在田院士为本书写序并提出很多宝贵建议。2011年2月26日在上海参加由马在田院士、李庆忠院士倡导召开的油气地球物理高层论坛会期间，笔者拜访了马在田老师并汇报了把以前发表论文整理出版一事，并请马老师写几条意见，马老师欣然同意，并说在一周之内可把材料看完。之后，马老师又先后几次来电，对论文提出中肯的意见和建议，并请我把在胜利油田进行的稠油热采地震监测效果、高精度地震勘探效果以及效果应用可持续性方面提供一些实例及数据。马老师的这种认真严谨的求实态度和科学治学精神让我深受感动。的确，马老师既是我们油气地球物理工作者的老师，也是我们的学习榜样。

赵殿栋

2011年5月

目　录

第五篇　国际学术交流

附录

第一篇

高精度地震勘探

高精度三维地震勘探技术发展回顾与展望

赵殿栋

中国石油化工股份有限公司油田勘探开发事业部　北京　100728

摘要　历史上物探技术的每一次进步都会带来油气储量的快速增长，高精度地震勘探技术必将成为推动国内油气储量又一次大幅增长的主要技术手段。回顾1998年田家地区第一块高精度三维地震勘探史例，阐述其历史地位，说明田家地区高精度三维地震的勘探思想一直影响着胜利油田以及中国石化高精度地震勘探技术发展的轨迹。分析了中国石化高精度三维地震技术的发展水平，综述了其应用现状和应用效果。针对当前隐蔽油气藏、海相碳酸盐岩、山前带三大领域的勘探需求，提出了继续优先推广应用高精度三维地震技术，深入开展高密度三维地震技术先导试验和配套处理、解释技术创新研发，朝着高精度地震勘探技术方向更好更快发展。

关键词　1998年　田家地区　高精度三维　应用现状分析　应用效果分析　发展方向

　　油气勘探开发的需求是物探技术进步的源动力，物探技术的发展和进步来源于对油气地质问题的拉动与推进。事实上，历史上物探技术的每一次进步都会带来油气储量的快速增长。20世纪我国油气勘探探明石油地质储量有5次大幅度增长，每一次都与地震技术进步有着极为密切的关系[1]：第1次大幅增长是1961年，核心技术是综合物探技术；第2次是1965年，核心技术是复杂断块地震技术；第3次是1976年，核心技术是数字信号多次覆盖地震技术；第4次是1984年，核心技术是常规三维地震技术；第5次是1998年，核心技术是复杂储层预测地震技术。目前，物探技术面临着新区要寻求新突破和新发现、老区要保持增储稳产这两大迫切需求，高精度地震勘探技术成为解决新需求的主要技术手段。可以认为，国内第6次油气地质储量的大幅稳定增长，必将归功于已推广应用并继续发展的高精度地震勘探技术[2]。

　　三维地震技术良好的勘探效益得益于其信息量大且信息成分丰富。增加地震信息量的途径，一是通过提高采样密度和采集空间来增加数据信息的数量，二是提高频率域的地震信息的质量，即提高地震资料的品质和分辨率。前者与采集仪器装备性能及采集设计有关；后者与工区的地震地质条件、采集工艺及资料处理技术有关。增大排列片宽度，减小面元尺度，提高空间采样率，并配合以相应的去噪处理技术，是国内外三维地震技术向高精度发展的主要途径。目前，进入应用阶段的高精度地震勘探技术有3种比较典型的代表：一是以PGS为代表的海上单检波器拖缆采集技术；二是Geco的陆上野外单个检波器高密度接收而室内组合压噪处理的技术；三是国内根据现有技术条件和装备水平，因地制宜发展起来的采用检波器组合接收、小面元和高覆盖次数为特征的高精度三维采集技术(多用于二次采集)。为了区别于国际上现已采用全数字单点高密度全波场采集系统 "高密度三维地震技术"，我们把国内提高空间采样密度的三维地震新技术称为"高精度三维地震技术"。从"高精度三维地震"向"高密度三维地震"发展，是具有中国特色的地震勘探技术发展应用之路。

1　高精度三维地震技术回顾

　　中国东部探区自20世纪70年代开始实施简单三维地震勘探，勘探对象是规模较大的单一构造型油气藏，主要集中在浅中层。三维地震资料的构造解释精度比以往二维资料明显提高，为加快油田勘探开发建设做出了重大贡献。但前期的常规三维地震工作受地质需求、地震设备和技术水平等条件限制，地震资料的缺陷也是明显的。仪器动态范围小，地震采集数据精度低；接收道数少，一般为120～480道，排列片窄，方位角窄，炮检距受到限制(最小炮检距大，最大炮检距不够)，不利于各向异性复杂地质体的成像；面元大，在25m×50m以上，横向分辨率低；覆盖次数少，一般为20次，其中横向只有2次；激发能量偏小，中深层资料信噪比低；对地面障碍采取回避做法，地震剖面存在较大的缺口。由于当时的地震工作重点在于浅中层勘探，所以浅中层资料的品质较好，而深层地震资料的信噪比低，成像质量较差。即使后来重新进行地震资料目标处理或地震资料连片处理，对深层采取针对性能量补偿等一系列措施，但由于老资料的"先天"不足，深层资料品质的改善仍然较小。随着油气勘探开发的深入发展，前期的三维地震资料已难以适应新的需求，如凹陷深部隐蔽油气藏、深部潜山油气藏等。

1998年以后，根据油气勘探开发的迫切需求，顺应物探技术的发展潮流，中国石化积极开展提高空间采样密度的高精度三维地震技术试验，使得油气地震勘探工作逐步进入高精度地震勘探技术时代[3, 4]。回顾高精度地震技术的诞生及发展历史，能对当前地震勘探的主要手段——高精度三维地震技术的现状及未来发展有进一步的深刻理解。

1.1 高精度三维地震技术诞生的背景

20世纪90年代后期，我国石油工业的发展方针是"稳定东部，发展西部，油气并举，国内为主，国外为辅，开发与节约并重"，其中稳定东部是基础。要稳定东部，关键在于胜利油田，原因是胜利油田的地下地质情况特别复杂。胜利油田在勘探开发过程中，勘探强度大，勘探成熟度高，1966年在辛镇地区完成了世界上第一块三维地震勘探，到1998年已采集完成三维地震13000km²，是当时国内实施三维地震工作量最多的油田，同时也成为三维地震已基本有效覆盖勘探全区的国内第一个油田。随着勘探的不断深入，勘探难度越来越大，而地震勘探技术储备不足的问题日益突出。当时，人们提出了这样的问题：胜利油田还要不要继续开展三维地震勘探？如何开展三维地震勘探？三维地震技术向何处去？

1998年4月，胜利油田召开了"高精度三维地震研讨会"，会议目的就是要在三维地震已基本覆盖的胜利油区，探讨和寻找今后地震工作的出路，如何进一步发展和挖掘三维地震技术的潜力，寻找更多的油气储量。胜利油田地质科学研究院、物探公司、计算中心以及有关采油厂进行了关于地震采集、处理、解释和开发应用现状的汇报，李庆忠院士等12位专家做了指导性发言。会议形成的主要共识为：

(1)在三维地震有效覆盖勘探区的情况下，胜利油田仍有很大勘探潜力，油田的持续稳定发展需要有新的三维地震技术做支撑，新的复杂勘探目标需要高精度地震资料才能满足要求，有必要开展新一轮高精度地震勘探，综合采用新技术，进行二次采集。

(2)进行新一轮勘探的基础是对前期勘探工作的全面总结，要认真总结30多年来的勘探经验和不足，要对整个盆地进行综合研究，对所有地质情况进行比较和分类，哪些问题已经清楚？哪些问题还比较模糊或不清楚？找准目标进行针对性勘探，由易到难，循序渐进。

(3)提高工程化水平。一是要有一个统一规划、分步实施的整体部署方案；二是要开展多学科联合，包括采集、处理、解释和油气开发一系列前期试验在内的详细技术设计；三是要重视针对难题的技术开发创新，杜绝低水平重复；四是要进行全过程的质量管理。

(4)先选择开发井多一点的地区进行小面积高精度三维地震攻关试验，改造扩展现有仪器的接收道数，增大接收排列片纵向和横向偏移距，尽力做到偏移距均匀、方位角均匀，逐步提高解决地质问题的能力。

面对严峻的勘探开发形势，胜利油田明确强调：勘探重中之重的地位不能变，勘探领先的原则不能变，勘探投入的比例不能变。这一方面表明大家都充分意识到物探对油田稳定和发展的重要性，另一方面也是对地震勘探工作寄予了极大期待和更高要求。

1.2　田家地区高精度三维地震勘探技术系列

1.2.1　高精度勘探思路及试验区选择

胜利油田开展新一轮高精度地震勘探或者二次勘探的基本思路是：在油田有油的地方找油，目标确定，目的明确，经济有效。由此确定试验工区选择的原则为：一是针对重要的勘探开发区域，选择油气聚集的有利场所；二是该区域以前采集的地震资料不能满足当前勘探开发的需求；三是地质目标明确，有具体的落实圈闭数量或新增石油地质储量的目标。

田家地区处于惠民凹陷中央隆起带构造最为复杂的地区，东部为商河油田，北接滋镇洼陷，南临生油洼陷，具有得天独厚的油源条件，极为破碎的构造孕育了勘探及滚动勘探的巨大潜力。平均钻井密度为1口/km²，勘探开发程度较高。1983年采集的第一次三维地震资料主频为20～30Hz，浅层(东营组以上)资料存在许多缺口，断层层位延伸不清楚；中层(沙一、沙二和沙三段)资料尤其是T_2—T_6的资料分辨率低，难以进行储层研究；深层(沙四以下)资料即T_7以下的资料信噪比低，无法用于解释工作。原始资料经过多次目标处理，但没有见到明显效果。到1998年已不能继续开展研究工作，进一步勘探及滚动勘探的难度加大。

为了进一步查明田家地区深层的构造形态，落实高点埋深以及断裂系统，搞清沙河街组二段、三段砂体的横向变化规律，进行储层描述工作，以打开该区勘探开发的新局面，故选择了该区作为开展高精度三维地震采集的首个试验区。

1.2.2　采集设备的革新改造

当时，地震采集仪器的最高道数是480道，为了完成高精度三维采集试验的目标，首先必须提高仪器的总道数。为此，将2台480道GDAPS-4系统合并成为1台960道地震仪，通过革新手段，使仪器在稳定性、可靠性、操作界面、质量监控方面具有明显的优势，且还有下列优点：

(1)采集站使用了24位A/D转换器，检波器采集的信号传输到采集站后转换成数字信号，再经大线传输到仪器，其信号不会受到大线传输衰减和外界干扰的影响，提高了瞬时动态范围，减少了相移和频率畸变，同时降低了噪声水平，有利于记录微弱高频有效信号。

(2)仪器的采样率为1ms；通过提高Alias滤波器的陡度，频带扩展至400Hz；增加仪器野外现场数据处理能力，能在仪器监视屏幕上看到背景噪声及信噪比的大小。

1.2.3 观测系统论证和优化

早期的常规三维地震采集参数论证一般只按照公式利用计算器或计算机进行单点的覆盖次数等少数几个参数的计算和论证，没有形成参数图件，缺乏综合性和直观性。田家地区高精度三维地震首次使用了绿山软件设计系统，采用相关参数图表、CMP面元属性分析、二维地质模型、三维地质模型等方法，对观测系统各项参数进行了优化设计。通过对4线6炮、8线5炮、8线14炮、12线14炮等观测系统进行优化分析，认为8线5炮面元细分观测系统适合本区，具有宽长排列片、全炮检距等优点，还有覆盖次数、炮检距、方位角分布比较均匀等特点(表1)。

表1 新老观测系统参数

参数	1983年	1998年	1998与1983年比值
观测系统	3线10炮	8线5炮	
接收道距/m	50	50	1
接收线距/m	100	125	1.25
激发点距/m	100/200	100	1
激发线距/m	150	125	0.83
接收道数/道	120	960	8
纵向炮检距/m	600~2550	2000~3950	1.55
排列片面积/m²	1950×200	5950×875	13.3
采样率/ms	2	1	0.5
覆盖次数/次	2×10	12×4	2.4
CDP面元/m²	25×50	25×25	0.5
道密度	16000	76800	4.8

新观测系统进步显著，总接收道数从120提高到960，排列片面积提高到13.3倍、方位角大幅度增加，见图1，小方框为老观测系统排列片。尽管接收道距、接收线距、激发点距和激发线距等4个参数变化不大，但CDP面元、覆盖次数、道密度等参数提高明显[5]。

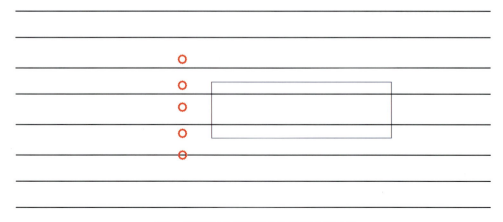

图1 田家地区高精度三维观测系统示意

新观测系统的道间距(50m)与炮线距(125m)为非整数倍，接收线距(125m)与炮点距(100m)也为非整数倍，这是构成面元细分的关键。主面元为25m×25m，覆盖次数为48次，可细分为4个12.5m×12.5m的子面元(12次)，也可合并面元形成大面元，如50m×50m(192次)。小面元适用于浅层开发，提高资料的分辨率，大面元适用于深层勘探，提高资料的信噪比。

1.2.4　高精度地面测量技术

测量技术是提高地震勘探精度的基础之一。GPS系统具有实时动态定位、高度自动化和高精度等特点，田家地区高精度三维地震勘探率先引进及应用了该系统，利用GPS逐点定位方式和全站仪坐标实测模式，采用联合配套使用的工作方法，逐点放样检波点和炮点，进行城区和水域导线实测工作。相对于传统测量技术来说，GPS定位测量新技术具有点位精度高、携带搬运方便和工作效率高等优点，可提供平面位置与高程三维精确坐标，可进行恢复炮点现场实测以及不受环境影响。

1.2.5　精细近地表地质调查

采用将小折射测量、双井微测井和岩性取芯等技术有机结合的综合研究方法[6~8]，进行田家地区的低降速带调查。在4个试验点进行了试验，完成小折射测量36个，微测井5口，取芯井4口，试验炮97炮。通过双井微测井的单井解释对小折射解释的低降速带厚度进行了校正，同时获得了虚反射界面和潜水面深度。近地表岩性分为泥沙、泥、沙、胶泥，其中胶泥最有利于激发，流沙对地震能量吸收严重。将岩性取芯与小折射相结合，充分了解工区近地表胶泥和流沙的分布规律，坚持尽量避开流沙而在胶泥地段设置激发点的原则，合理设计每个激发点的井深。

1.2.6　现场施工质量监控

现场质量监控是保证资料采集质量的有效措施，主要包括现场监督和噪声监控。现场监督是对检波器埋置和炮点布设的质量状况进行实时监督。检波点埋置监督主要针对的是检波器埋置是否满足平、稳、正、直、紧的要求，是否挖坑埋置；在特殊地形区域如果无法按照设计图形进行检波器埋置，新图形的检波器组合中心必须对准桩号，杜绝"开会式"的埋置方式。对炮点的监控主要是针对激发点位置、井深、药量和雷管位置的监督。对噪声的监控是通过仪器录制的噪声记录，分析噪声水平，寻找干扰源，采取针对性的压制噪声的有效措施。此外还要对风力进行监控，风力监控采用风速仪，数据采集要求在相对平静的气候条件下进行，避免产生高频噪声。

1.2.7　县城城区的数据采集技术

在老三维地震剖面上，县城城区部位形成了宽3550m、t_0时间为2250ms的"V"型空白区[9]。高精度采集对工区内的城区提前进行了勘测和测量，制定并采取了可行且有效的方案和方法。在接收方面，因地制宜地设计了多种检波器埋置方式，确保不空一道，包括水上公园、水泥地面和公路，确保检波器组合图形最大限度地压制环境干扰。在激发方面，提前设计炮点，现场进行炮点恢复定位，在确保安全的前提下，使炮点的分布做到相对均匀。施工时，白天布设检波点和激发点，确保位置准确，在晚上低噪声环境中生产，以提高资料信噪比。分析噪声记录可知，晚上的环境噪声比白天要低15dB，这等于拓展了有效信号的频带宽度。在勘探工区内面积达11km²的县城城区，获得了与城区外近似一样高品质的完整地震资料。

1.2.8 方位角叠加和超级面元叠加

田家地区高精度三维地震勘探数据采集技术的设计体现了全方位角采集方式的理念，在一个CMP面元内有较宽的炮检距方位角。为了消除由地层各向异性引起的速度和振幅随方位角变化的影响，进行了划分方位角扇区的叠加。具体实现方法是：以CMP面元的中心点为中心，把炮点和检波点的分布区域划分为若干个等弧度的扇形区，把落在每一个扇形区的炮点和检波点所产生的地震道视为具有同一方位方向，在同一方位角内进行速度分析和叠加。为了解决深层资料噪声大、同相轴连续性差等问题，应用超级面元叠加技术，以达到提高地震资料信噪比的目的。超级面元叠加的实现方法是：在三维时空域内，基于25m×25m主面元重构共深度面元，形成新的CMP道集，然后进行叠加。超级面元叠加要考虑t_0值、动校正量、时间倾角、倾斜层动校正时差在横向上的变化、梯度和动校正量在垂向的变化以及方位角的影响。

1.3 田家地区高精度三维地震资料的应用效果分析

对单炮记录分别针对浅层(500~1000ms)、中层(1000~2000ms)和中深层(2000~3000ms)进行了频率分析。

表2 单炮记录频率分析结果

频率参数	浅层	中层	中深层
有效频带宽度/Hz	8~104	7~91	5~74
主频/Hz	48	36	30
反褶积后的有效频带宽度/Hz	8~125	7~115	5~91
反褶积后的主频/Hz	56	51	45

对地震剖面也分别针对浅层(500~1000ms)、中层(1000~2000ms)和中深层(2000~3000ms)进行了频率分析。

表3 地震剖面频率分析结果

频率参数	浅层	中层	中深层
有效频带宽度/Hz	8~114	7~101	5~75
主频/Hz	58	47	35
Q补偿后的有效频带宽度/Hz	8~125	7~116	5~90
Q补偿后的主频/Hz	64	56	45

假设中深层的地层速度为3300m/s，主频是45Hz，波长则为73.3m(v/f)，1/4波长是18.3m，那么可以分辨的地层厚度为18.3m。与井资料联合应用，可以进一步提高分辨地层的能力。

田家地区1983年常规老三维地震剖面(图2右)频率较低，断点不清晰，同相轴的连续性较差，波形不一致现象严重，在反射时间为2000～3000ms左右的主要目的层(T_6、T_7)有效波能量较弱，连续性差。通过以上一系列新方法新技术的应用，最终获得的1998年田家地区高精度三维地震偏移剖面(图2左)真实地反映了构造形态和地层分布情况，资料品质明显提高，主要体现在：①浅中层资料的分辨率和信噪比较高；②尽管断裂系统复杂，但在剖面上断点干脆，断层清晰，构造样式清楚；③深层的T_6和T_7反射同相轴具有较好的信噪比和连续性。

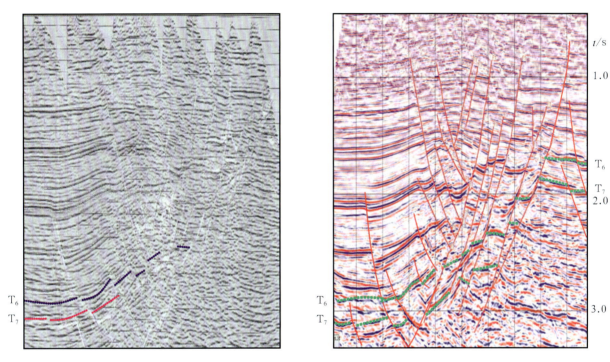

图2 田家地区地震剖面

左—老三维地震剖面；右—新三维地震剖面

1.3.1 提高了小断层、小断块的落实程度

田14断块区位于田家地区花式背斜中心，断裂发育，构造破碎。利用新资料对田14断块区构造进行了重新落实，理顺了断层的组合关系，在东营组和馆陶组发现了一系列含油断块。田5～9区块馆陶组三段发育有一条近南北走向的断层，老资料的解释结果为该断层向北延伸但未与北界断层相交，高精度资料清晰显示出该断层与北界断层搭接，相交处的断距较小。这条断层的落实，为该区块有效圈闭预测创造了条件，新增含油面积1.8km²。

位于东北部的商64区块，有多口井钻遇沙河街组二段下段的油层，用老构造图无法解决油藏的油水关系问题，因而严重制约了该区的增储和产能建设。新资料精细地描述了沙河街组二段下段的构造形态，构造面貌整体清晰，断层组合与老构造图的差别较大(图3)。后续开发井的钻探验证了新资料构造成图的正确性，新探明该区块含油面积0.9km²。

1.3.2 实现了复杂断块区的整体评价

受老资料品质的限制，前期对沙河街组三段下段、沙河街组四段的滚动勘探主要以"零敲碎打"为主，一直未能全区成图，制约了对这两套地层的整体评价。品质良好的新资料给全区构造解释成图和断块整体评价提供了基础，对深部的T$_6$和T$_7$两套层系开展了解释和成图工作，进行了断块的整体评价。评价步骤及方法为：①以二级断层为基础，理顺全区的断裂体系，进行断层编号，确定三级断块区的范围；②针对三级断块区，分层系进行断块描述；③应用钻井资料对钻遇的断块进行评价，分区进行油气成藏规律研究；④对未钻遇断块进行油源、储层、圈闭、封堵等条件综合评价。

对断块进行了分类，划分为三类：①有利断块—构造落实，边界断层封堵性好，油源条件、储层物性好，周围类似断块含油或位于本断块低部位的井有油气显示；②较有利断块—构造较为落实，边界断层封堵性较好，储层物性较好；③风险断块—构造落实，边界断层封堵性较好，周围断块无油气显示。

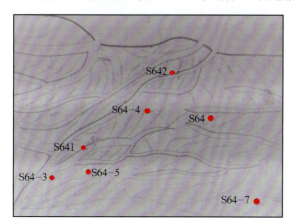 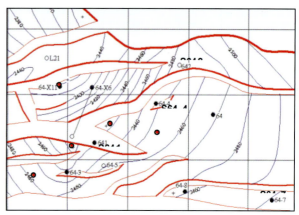

图3　田家地区沙二下构造

左—老资料；右—新资料

1.3.3 提高了岩性油藏的预测精度

自1973年完钻的商5井、商54井发现基山砂岩体岩性油藏以来，由于基山砂体为低渗透油层，且主体部位埋深大(一般为2800~4200m)，同时受地震资料品质及开发工艺技术的限制，基山砂体的勘探开发一直没有大的突破。1998年利用高精度三维地震资料，结合地质、钻井、测井、试油等资料，从区域沉积体系以及基山砂岩体的成因、分布规律、储层物性、成藏规律及其勘探目标等方面展开了综合研究工作，着重对基山砂体进行描述和区带评价，从储层物性、构造配置、储盖组合、钻井情况诸方面进行成藏分析，提供岩性及构造-岩性油藏勘探目标，先后部署了6口井，有5口见到了油层。证实了基山砂体储量的规模和勘探的巨大潜力，基山砂体被列为主要勘探开发对象。

2001~2008年田家地区勘探开发成果显著，石油探明储量达2210×10^{4}t，新钻井106口，新建产能20.2×10^{4}t。

1.4 高精度三维地震技术首次应用的启示

勘探技术应用史例的总结也是一种勘探方法研究，而且是更重要的方法研究。田家地区勘探目标隐蔽且复杂，油藏类型以复杂小断块油藏为主，滚动开发目标也向着风险大的复杂小断块方向发展，老三维地震资料已不能满足进一步开发的需要。在这种紧迫形势下，在一次常规三维勘探技术的基础上，提出了二次勘探的高精度三维地震技术思想与方法。

1998年田家地区高精度三维地震勘探拉开了向高精度地震技术进军的序幕，首次使用960道仪器，实现了从"百道仪"向"千道仪"的跨越；采集站形成数字化数据，减少了大线传输衰减和外界干扰造成的信号畸变；使用专用采集设计软件系统进行技术设计，实现了观测系统参数论证和优化；应用面元细分观测系统，采用宽长排列接收、中间激发方式，开启了宽方位、全偏移距、小面元、高覆盖次数、全数字化数据接收与传输的地震采集技术发展方向。

在施工工艺方面实现了较多创新，首次采用GPS测量系统，精度高、实时性强；对平原地区近地表进行精细调查，直接从井中提取近地表地层岩芯，掌握了全区近地表岩性和速度信息，为激发点的井深和岩性的选择，以及后续的资料动、静校正处理等打下了基础；针对不同地表条件采用多种激发震源，保证大型城区不空炮，使得单炮资料的质量得到提高，资料不存在信息空白区；开展采集过程质量监督、现场资料处理监督等质量控制工作。

应用高精度三维地震技术在识别小断层和小断块、解决油藏的油水关系、整体评价复杂断块区、预测岩性油藏等方面取得了突破，自此以后，"千道仪"得到广泛应用，高精度三维地震勘探技术在国内油田得到迅速推广和发展。

2　高精度三维地震技术现状分析

在1998年以来的10年间，地球物理勘探技术发生了巨大而深刻的变化，这一过程大致可分为两个阶段：前5年是初级阶段，联合应用常规勘探技术和高精度勘探技术；后5年是成熟阶段，几乎全部采用高精度勘探技术。

高精度三维地震勘探技术是一项整体设计、分步实施、实时质量监控、一体化思路贯穿始终的地震勘探系统工程，涉及项目部署、地震数据采集、资料处理和解释及油藏滚动勘探开发的全过程。整个过程的各环节要合理衔接，每个环节要保持高质量，所有单项新技术要协调有效配合，以提高资料的信噪比、分辨率、保真度和成像精度为宗旨，以解决复杂地质问题和完成油气地质目标为目的。

2.1　高精度三维观测系统分析

要以综合考虑勘探区带的油气潜力、勘探目标的复杂程度和当前物探技术的能力，作为高精度三维地震勘探选择观测系统的依据原则。观测系统设计主要考虑三个方面：①针对地下地质目标；②考虑复杂地表条件；③着眼后续资料处理和解释。目前，前两个方面的技术相对成熟，后一个方面是今后进一步发展的方向。

针对地下地质目标的观测系统设计步骤是：①老资料综合分析；②观测系统基本参数论证，包括接收点距和线距、激发点距和线距、排列片的长度和宽度等；③观测系统属性分析，包括CDP面元、覆盖次数分布、炮检距与方位角分布、炮与道密度分析、采集脚印分析、压制干扰能力分析等；④建立模型进行正演模拟分析，包括射线追踪、照明分析、CRP分析等；⑤提出拟采用的观测系统方案。

分析近几年中国石化实施的典型高精度三维地震观测系统的面元和覆盖次数等采样密度参数，可以将其分成四类(表4):一是常规采集方法,如马王庙三维项目;二是较高覆盖次数的两次采集方法,如五号桩三维项目;三是面元变小的高覆盖次数方法,如垦71和王集三维项目;四是细分面元方法,如永新、马厂和十屋三维项目,这3个勘探区域断裂均非常发育。

表4 高精度三维地震观测系统分类

分类	三维地震项目	观测系统	面元/m²	覆盖次数/次	道密度(道/km²)
1	马王庙	12L24S168T	25×25	84(14×6)	134400
2	五号桩	24L24S210T	25×25	252(21×12)	403200
3	垦71	12L66S200T	10×10	120(20×6)	1200000
4	永新	48L75S128T	25×25,5×5	600(40×15),24(8×3)	960000

第1类观测系统采取了技术-经济平衡型方法,适用于一般勘探目标,成本较低;第2类是常规网格、高覆盖次数,适用于强噪声发育区和弱有效信号区,存在的问题是,当覆盖次数达到一定程度时,过高的那部分覆盖次数会变得不很有效;第3类是小面元、高覆盖次数,适用于小断块发育区,可提高横、纵向分辨率,但勘探成本大增,此方法今后要注意地质目标、技术条件与经济成本的匹配;第4类是新兴的细分面元方法,炮点密度均匀,道密度均匀,炮距与道距相近,能较大程度地压制干扰波,提高有效波保真度和横向分辨率,提高叠前偏移成像精度。

细分面元方法的优点还在于可以形成多种面元,其中纵、横向尺寸均匀的面元有25m×25m、20m×20m、15m×15m、10m×10m和5m×5m等,可以相应地应用在勘探开发的5个不同阶段,即常规解释、精细解释、勘探目标锁定、井位设计和油田开发等阶段。其中10m×10m面元是实际应用中的主面元。

预计细分面元方法会得到广泛应用,其中接收道网格、激发炮网格会受到人们的特别关注。今后的发展趋势是,在观测系统道网格50m×50m、炮网格80m×80m的基础上追求炮网格与道网格一致,比如,道网格保持不变,而炮网格缩小,向道网格接近,炮距从目前的80m依次变小为70、60、50m。另一种趋势是,保持目前的炮点线网格不变,而加密接收点距和线距,由目前的道网格50m×50m加密为50m×25m和25m×25m。

中国石化单台地震仪器接收道数能力已超过万道,地震观测方式发生了深刻变化。观测系统一般为:接收线数10~50,激发点数6~40,单线道数100~400;接收道距20~50m,接收线距50~240m,激发点距25~60m,激发线距80~320m;CDP面元多数为25m×25m,细分面元可达5m×5m,覆盖次数60~600,道密度(5~100)×10⁴。

对观测系统做简单评价可从三个方面考虑:一是密度参数,道距A、线距B、炮点距C、炮线距D等4个参数的值越小越好;二是均匀性参数,A/B、C/D和(A/B)/(C/D)等3个参数越接近1越好;三是数量参数,总道数越多越好,纵、横两个方向的道数越相近越好(纵向上要保证足够的偏移距),此时,横纵比接近1。其中,参数均匀性主要通过观测系统优化技术来实现,其他两类则依赖于装备水平和成本投入。按照这一评价标准推断，中国石化目前已实施的永新三维项目和马厂三维项目的观测系统是比较好的，它们的接收道网格均为50m×50m、激发点网格80m×80m，而总道数分别为6144和4096。

2.2 高精度地震技术的应用现状与效果

从近几年油气勘探开发的实践与应用效果看，中国石化的高精度地震技术取得了长足进步，应用效果显著(表5)。

表5 中国石化高精度地震技术应用现状

技术分类	技术名称	应用现状
成熟技术	高分辨率地震勘探	国际先进水平
	叠前时间偏移成像	国外开始应用波动方程法，国内以克希霍夫法为主
	叠后储层预测	软件主要依赖进口，应用居国际先进水平
	可视化地震解释	开始应用，没有产业化
发展技术	复杂地表地震勘探	山前带、滩浅海区有优势，大沙漠区与国外同等水平
	深海地震勘探	离国际水平差距较大
	叠前深度偏移	国外海上已得到普及，国内开展部分试验
	叠前储层预测	与国际先进水平有一定差距
	烃类检测	天然气识别达国际先进水平
前沿技术	高密度地震勘探	国外已获生产应用，国内开始试验，会得到较快发展
	多波地震勘探	已经开始应用并初见成效
	井中地震	国外普及，国内小规模应用
	时间推移地震	国外北海大规模应用，国内小规模试验

1998年以来，中国石化每年三维地震工作量从3000km^{2}增加到9000km^2，每年新增油气探明储量从1.8×10^8t(油当量)增加到4.5×10^8t(油当量)，二者均呈逐年递增态势。探明储量的增长与三维地震工作量的增加成正比关系，发现1×10^8t油气探明储量需要配置2000km^{2}的三维地震工作量。物探技术尤其是高精度三维地震技术对油气勘探的贡献是十分显著的。

高精度三维地震技术有效地提高了地震资料的信噪比和成像精度，为隐蔽油气藏勘探和复杂断块油气藏滚动勘探开发提供了可靠的资料保证。随着中国石化高精度地震勘探技术的逐步完善和推广应用，地震资料的纵、横向分辨率得到较大提高，在2500m深度，能分辨断距为10m的断层，厚度8~10m的储层，落实面积为0.02km^{2}的圈闭。

截至2009年2月，胜利、中原、江苏、江汉、河南等油田在富油凹陷内共完成高精度三维地震满覆盖面积10276km²，占三维地震工作量的11%。以东营凹陷为例，共完成高精度三维地震8块，满覆盖面积为1113km²，资料面积为1706km²。应用这些高精度三维地震资料发现和落实各类圈闭212个，落实圈闭面积274km²，部署探井井位33口，滚动井近40口，上报探明含油面积8.98km²，探明石油地质储量1140×10⁴t，上报预测含油面积19.9km²，石油地质储量5048×10⁴t，圈闭资源量9060×10⁴t，取得了明显的经济效益。2005～2006年，中原油田在马厂地区完成高精度三维地震满覆盖面积131km²，通过处理与解释，精细刻画出以往常规地震资料无法落实的小断块(图4)，取得了东濮凹陷复杂断块群油气藏勘探新进展[10]。2006～2008年实施探井10口，成功率为100%，平均单井钻遇油层厚度为27.4m，比2006年以前平均单井油层厚度(13.8m)增加了13.6m，探明石油地质储量240×10⁴t。在开发方面，由于构造划分更细，井间油水关系清楚，有力地指导了开发井的调整，加快了储量动用。2007年以来主要开发了4个区带，实施21口井，累计产油1.86×10⁴t，新增动用储量105×10⁴t。

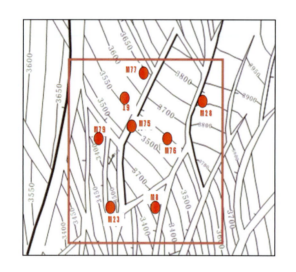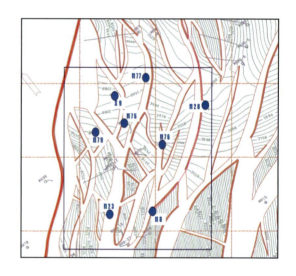

图4 马厂地区沙河街组三段下段1砂组底构造特征常规资料(左)和高精度资料(右)

3 高精度地震勘探技术发展展望

油气勘探开发对地球物理技术的需求主要在于两个方面：一是勘探方面，如何在新区、老区找到更多的圈闭和储量，解决资源接替问题；二是在开发方面，如何提高采收率，延长油田寿命，实现油田价值的最大化。

自1998年高精度三维地震技术诞生以来，面对隐蔽油气藏、海相碳酸盐岩、山前带三大勘探目标，经过持续不断的攻关试验和研发创新，以高精度三维地震技术进步为基础的中国石化陆上物探技术已经发展形成了五项关键技术系列，并且分别具备了较强的解决油气地质问题的能力(表6)。根据各探区的地质-地球物理特征、主要勘探难点、钻探成功率等情况分析，目前的物探技术能力与探区实际地质需求之间尚存在着差距，实现下步的攻关目标尚有较大难度，这也是高精度地震勘探技术发展的动力和方向。

表6 关键物探技术的现有能力及下步攻关目标

关键技术	配套技术	目前能力	攻关目标
隐蔽油气藏圈闭评价	薄储层地震预测	东部预测精度8~10m	预测精度5~8m
	圈闭可靠性评价	东部符合率70%	符合率80%
		西部符合率50%	符合率60%
前陆冲断带构造建模	叠前深度构造成像	西部构造精度200~300m	预测精度100m
	构造建模	西部准确率50%	准确率60%
海相碳酸盐岩缝洞预测	缝洞储层地震预测	塔中预测精度30~50m	预测精度15~30m
老区目标精细评价	油气资源空间预测	预测符合率60%	预测符合率70%
	目标评价	符合率60%	符合率70%
天然气藏地震检测	叠前储层预测	川西精度15~20m	预测精度10~15m
	天然气藏评价	川东北符合率80%	符合率85%

3.1 优先推广应用高精度三维地震技术

中国石化老区隐蔽油气藏勘探领域剩余资源量大,增储潜力大;新区海相碳酸盐岩油气藏埋藏深、规模大,发展高精度三维地震勘探技术具有广阔的前景,需要优先重点推广应用高精度三维地震技术[11~13]。目前,中国石化的地震勘探工作以每年满覆盖面积8000km²的三维工作量向前推进,其中高精度三维占85%以上。

进一步提高高精度地震勘探的工程化设计水平,优化技术方案。目前的采集技术设计水平仍基本处于较少考虑后续资料处理及解释应用的技术阶段,下一步将向资料采集、处理、解释技术一体化的方向发展,模型正演和反演技术得到实质性发展。

观测系统将广泛采用小网格、宽长排列、小面积检波器组合,获得小面元、高覆盖次数、宽方位的海量数据。其中,宽方位采集方式会得到快速发展,即增加排列片宽度,横纵比由目前的0.4~0.6向1发展。

室内处理将采用分方位角的叠前处理技术,获得不同方位角的叠前道集和偏移剖面,进行构造断裂系统及岩性非均质性的精细描述。处理过程包括划分方位角扇区、扇区叠前时间偏移道集、多次波衰减、扇区高密度剩余动校正、分方位角叠加、全方位角叠加等。资料的频带会展宽10Hz左右,纵、横向分辨率将得到进一步提高。

资料解释将充分利用井资料,进一步发展叠前反演技术、叠前属性提取技术、复杂储层预测技术,更直接向油藏建模和油藏模拟地震技术发展。继续提高分辨率、信噪比、成像精度和保真度,使薄互层、特殊岩性体、复杂小断块、裂缝发育带的成像特征更加清楚,满足现阶段老区隐蔽油气藏和新区海相碳酸盐岩复杂储层油气勘探的需要。

3.2 开展高密度三维地震技术先导试验

2008年9月,在胜利油田罗家地区实施了高密度三维三分量(3D3C)地震先导试验采集。观测系统为28L10S400T2R140F，道间距12.5m，炮点距25m，接收线距125m，炮线距125m，检波器道数11200道(400×28)，仪器记录道数33600(三分量，11200×3)，横纵比0.724，面元6.25m×6.25m，覆盖次数140(20×7)，道密度358.4×10^{4}道(仅单分量)，获得资料面积为42km^2。

罗家高密度3D3C地震先导试验的数据采集特点为：

(1)仪器因素为宽频带(0~800Hz)、大动态范围(0~120dB)、24位A/D转换。

(2)超万道采集。野外接收道数11200道，仪器记录道数33600道，形成了海量数据，单炮数据量940.8MB。海量数据对仪器带道能力、数据存储、数据高速运算、超万道生产质量监控和生产组织等均提出了严峻挑战。

(3)放弃了传统的检波器组合，采用单点全数字采集，波场面貌更为真实，远道有效波反射能量没有畸变。

(4)三分量采集，记录了多波全波场信息。

高密度地震采集的单炮资料频带宽、主频高，信噪比较好。单炮记录的主频比老资料提高了10~15Hz，频带展宽了40~50Hz，其中，沙河街组一段优势频带(-18dB，以下同)为5~85Hz，有效频带宽度为2~115Hz，主频为45Hz；沙河街组三段、沙河街组四段优势频带为4~60Hz，有效频带宽度为2~90Hz，主频为33Hz。在资料处理中，通过在叠前和叠后应用提高分辨率技术[14]，使剖面的优势频带比老资料提高了16~18Hz，其中，沙河街组一段的优势频带宽度达到6~91Hz，比老资料提高了18Hz；沙河街组三段、沙河街组四段的优势频带宽度达到7~83Hz，提高了16Hz。

中国石化的高密度三维地震技术研究工作已经启动，在未来几年会得到稳步发展：

(1)采集仪器采用大道数、轻便、有线和无线兼容的方式；

(2)观测方式以单点数字检波器、小网格、宽方位、高炮密度、高道密度、高覆盖次数为特点；

(3)激发方式[15]仍以炸药震源激发为主，在沙漠、戈壁区将主要使用可控震源，发展可控震源多台异地随机激发而连续接收信号的新技术，采集海量数据，同时提高生产效率；

(4)资料处理方面，基于全波动方程的逆时叠前深度偏移技术将得到快速发展；

(5)资料解释将向叠前解释、全信息解释发展，重点研究以地震属性分析为核心的综合构造描述、储层预测、油气检测[16, 17]、地质综合研究、油藏地质建模和油藏模拟等技术；

(6)可视化及虚拟现实等新技术将得到广泛使用，全三维解释、多属性体联合解释及多学科一体化研究、异地同步综合分析是必然发展方向。

4 结束语

油气地质的需求是推动地球物理技术进步的源动力。1998年胜利油田召开的高精度三维地震研讨会意义重大，它所提出的二次勘探思想一直影响着胜利油田以及中国石化地震勘探技术的发展轨迹。从田家地区高精度三维地震技术的首次创新性应用开始，经过10年多的攻关试验和研发创新，高精度三维地震技术已经成为中国石化解决复杂油气地质问题，特别是隐蔽油气藏勘探和复杂断块油气藏滚动勘探开发的有效技术手段。

随着高精度地震勘探技术的发展，地震采集技术遵循采集、处理、解释一体化的发展思路，借助于先进仪器装备和各种采集新技术的不断推出，不断向着适应更恶劣地表条件、更复杂地下构造和更隐蔽油气圈闭的勘探需求方向发展。具体体现在采用24位超万道地震仪、数字检波器加网络技术支撑的全数字采集系统，进行单点接收、大动态范围、超多道记录、小面元网格、高覆盖次数、高品质震源、多分量接收、全方位信息、环保型作业的高密度三维全波场采集。有利于提高深层弱反射信号和拓展地震频带；全波场采集同时获取转换波资料，有利于缝洞识别、各向异性研究和油气流体的检测。

从国外目前已经推出的高精度地震采集新技术来看，无论是WesternGeco的Q技术、CGGVeritas的Eye-D技术、PGS的HD3D采集模式，还是海上宽方位多缆采集技术和海底电缆(OBC)以及海底节点地震(OBN)新技术，都是强调以质量和环保为核心的精细地震采集系列技术方案，更是贯穿油气藏勘探开发全过程的地震数据采集、处理、解释一整套新技术的综合。高密度地震数据采集给地震资料的处理和解释带来的一系列新技术和新成果，包括高品质成像、多道滤波、Radon保真去除多次波、地表相关去除多次波(SRME)、精确的AVO-AVA分析、油藏描述与流体检测、四维地震监测、方位数据规则化、方位偏移、方位各向异性计算与应用，等等。

由此可见，高精度地震勘探技术的发展是地球物理勘探整体进步的体现，更是油气勘探开发战略思想、技术思路和管理水平整体进步的体现。所以，面对中国石化东部、西部、南方等地区油气勘探开发的迫切需求，针对隐蔽油气藏、海相碳酸盐岩、山前带三大勘探领域，围绕以"复杂地表、复杂构造、复杂储层"为显著特点的勘探目标，中国石化将制定有针对性的技术对策，发展有针对性的物探技术系列，大力发展和推广应用高精度地震勘探技术，在未来至少5年时间内，高精度三维地震技术将继续发挥主导作用。同时，致力于开展高密度三维地震技术的先导试验和配套处理、解释技术的创新研发，使新兴的高密度三维地震技术与日趋成熟的高精度三维地震技术共存发展，针对不同的地质需求发挥各自的技术优势，将高精度地震勘探技术推向一个崭新的水平，以解决更为复杂的油气地质问题，发现更多难以发现的油气资源。

致谢：本文撰写过程中，于世焕、王炳章、宋桂桥、闫昭岷、杨德宽等工程师给予了大量帮助，在此表示感谢！

参考文献

[1] 刘雯林，张颖. 石油地球物理发展历程回顾、启示及对策建议[J]. 石油科技论坛，2003(10)：42~52

[2] 李庆忠. 走向精确勘探的道路[M]. 北京：石油工业出版社，1993

[3] 马在田. 地震成像技术有限差分偏移[M]. 北京：石油工业出版社，1989，41~161

[4] 赵殿栋，吕公河，张庆淮，等. 高精度三维地震采集技术及应用效果[J]. 石油物探，2001，40(1)：1~8

[5] 钱荣钧. 关于地震采集空间采样密度和均匀性分析[J]. 石油地球物理勘探，2007，42(2)：235~243

[6] 于世焕，丁伟，徐淑合，等. 延迟震源技术在三维高分辨率地震勘探中的应用[J]. 石油物探，2004，43(2)：111~115

[7] 陆从德，凌云，高军. 陆上地震勘探的近地表影响检测与分析[A]. CPS/SEG Beijing 2009 International Geophysical Conference & Exposition[C]. 北京：中国石油学会石油物探专业委员会，2009，1063

[8] 李磊，梁德勇，戴云，等. 乍得Maye三维工区表层调查和静校正方法研究[A]. CPS/SEG Beijing 2009 International Geophysical Conference & Exposition[C]. 北京：中国石油学会石油物探专业委员会，2009，1081

[9] 邱毅，白旭明，唐传章. 中国东部大型城矿区高精度三维地震勘探技术[J]. CPS/SEG Beijing 2009 International Geophysical

Conference & Exposition[C]. 北京：中国石油学会石油物探专业委员会，2009，1055

[10] 秦亚玲，侯春丽，计平，等. 东濮凹陷高精度地震资料处理[J]，勘探地球物理进展，2002，(2)：16～20

[11] 胡中平，孙建国. 高精度地震勘探问题思考及对策分析[J]. 石油地球物理勘探，2002，37(5)：530～536

[12] 熊翥. 高精度三维地震 I：数据采集[J]. 勘探地球物理进展，2009，32(1)：1～11

[13] 赵贤正，张以明，唐传章，等. 高精度三维地震采集处理解释一体化勘探技术与管理[J]. 中国石油勘探，2008，13(2)：74～82

[14] 秦晓华，李虹，蔡希玲. 高密度地震数据处理技术研究及应用[A]. CPS/SEG Beijing 2009 International Geophysical Conference & Exposition[C]. 北京：中国石油学会石油物探专业委员会，2009，1116

[15] 吕公河. 地震勘探中次生干扰弹性动力学分析[J]. 石油物探，2001，40(3)：76～81

[16] 唐建明，徐向荣，李显贵. 三维三分量技术在深层致密储层裂缝预测中的应用——以新场气田上三叠统须家河组二段气藏勘探为例[A]. CPS/SEG Beijing 2009 International Geophysical Conference & Exposition[C]. 北京：中国石油学会石油物探专业委员会，2009，1244

[17] 王兴谋，韩文功，李红梅，等. 浅层岩性气藏地震检测的陷阱分析[J]. 石油大学学报：自然科学版，2003，27(1)：19～22

观测系统面元细分问题分析

于世焕[1]　赵殿栋[1]　李钰[2]　赵文芳[3]　宋桂桥[1]

1.中国石油化工股份有限公司油田勘探开发事业部　北京　100728

2.大庆石油学院地球科学学院　黑龙江大庆　163318

3.同济大学海洋与地球科学学院　上海　200092

摘要　建立了均匀性判别法则，利用总道数和炮检距统计数据，说明了细分面元比固定面元有更好的均匀性。针对当前对面元细分方法的不同认识，提出了最小面元是实面元而其他大面元均是虚面元的观点，最小面元和覆盖次数有一定的匹配关系。最小面元应该有足够的但又不能过高的覆盖次数，覆盖次数与信噪比存在一定的函数关系；最小面元越小，分辨率越高，实际资料解释中应该采用最小面元。以面元细分观测系统在MC、YX和SH地区的应用为例，对于不同复杂地质情况及信噪比情况，分析了面元和覆盖次数的细分程度和效果，指出了前两个观测系统存在过于追求小面元而导致覆盖次数偏低的问题，实际资料解释无法采用最小面元而采用大面元资料，降低了分辨率；而SH地区观测系统的最小面元和覆盖次数搭配合理，覆盖次数在合适范围内，实际资料解释时使用了最小面元，应用效果较理想。

关键词　面元细分　均匀性判别法则　最小面元　实面元　虚面元　面元与覆盖次数匹配

20世纪80年代初，三维地震勘探观测系统面元参数一般为25m×50m，覆盖次数20次(按标准面元25m×25m，覆盖次数仅10次)，道密度$1.6×10^4$次。30年来，地震采集仪器有了突飞猛进的进步，带道能力明显提高，使得观测系统覆盖次数快速增长。2005年，国内已经出现万道地震仪，目前实际生产接收道数达到33600道，大多数地震项目在4000～11000道的水平，总道数的增加意味着可以实施高道密度和高覆盖次数方法[1]。那么对超高覆盖次数如何认识呢？选什么样的覆盖次数是合适的？为此人们根据观测系统理论方法和以往生产经验对观测系统进行了一些调整，发展了面元细分技术[2~7]，一方面使纵向接收点距和横向接收线距趋于相等、纵向激发线距和横向激发点距趋于相等，还有接收点和激发点平面分布尽量均匀，使观测系统更加优化；另一方面减少面元尺寸，提高横向分辨率，同时降低过高的覆盖次数，提高纵向分辨率。2005年，中国陆上某油田在三维地震观测方面有重大的飞跃，与20世纪80年代初的观测系统相比，覆盖次数750次，为后者的75倍；最小面元达到5m×5m，缩小到0.02倍；道密度达到$120×10^4$次，是75倍。

目前，人们对观测系统面元细分技术有不同的理解和认识，第一种观点认为传统固定面元观测系统好，面元细分将导致属性参数在偏移距和方位角分布上不均匀；第二种观点认为面元细分优势明显，原因是激发点和接收点平面分布更加均匀。持第二种观点又同时存在不同倾向，一种倾向是细分面元越小越好，而不关心覆盖次数的大小；另一种是细分面元不能太小，应考虑有足够的覆盖次数，考虑最小面元和覆盖次数的匹配关系。因此，如何正确认识和使用面元细分技术在当前地震勘探中显得非常迫切和关键。

1　面元细分技术

1.1　面元细分技术及存在问题分析

所谓三维地震观测系统面元细分技术就是将面元划分成更小的面元，具体做法是在面元纵向和横向上进行相等间隔划分[2~8]，可依次划分1、2、3、4、5或更多，将两边的划分间隔数值进行乘积，就形成新的小面元数量。面元细分在纵向与横向上可以是相等间隔，也可以是不等间隔。实现面元细分方法的条件是同一纵向方向的检波器道距与炮线距不是整数倍数关系，或者同一横向方向的检波器线距与炮点距不是整数倍数关系。

为什么要进行面元细分？面元细分观测系统参数，包括检波器道距、检波器线距、炮线距和炮点距，可以在较大程度上均匀分布，在后续资料处理中获得高质量的地震成像；其实，也可以使用同样数量的装备资源，使检波器道距加密而检波器线间隔抽稀，还有炮点距加密而炮线距抽稀，形成同样的小面元和覆盖次数，但均匀性显然变差。比如，48线75炮面元细分观测系统，检波器道距和线距均50m，炮线距和炮点距均80m，可以形成细分面元，最小面元为5m×5m；如果采用固定面元方法，在尽量保持激发点和接收点密度不变的条件下，选择12线150炮观测系统，检波器道距为10m、线距为250m，炮点距为10m、炮线距为640m，形成固定面元5m×5m(表1)。对上述两种观测系统，模拟纵向10排炮及横向10束线进行属性分析，为了便于分析比较，将最大炮检距及总道数归一化，总道数与炮检距统计见图1。总道数梯形曲线上底(蓝实线)分布越宽、梯形曲线高(蓝虚线)越低，即呈"胖矮"特点，则均匀性越好(图1a)；反之，梯形曲线上底(蓝实线)分布越窄、梯形曲线高(蓝虚线)越高，即呈"瘦高"特点，则均匀性越差(图1b)。总道数分布均匀性判别法则可近似表述为，均匀性(A)与梯形上底(x)成正比，与梯形高(h)成反比，即

$$A = x/h \qquad\qquad\qquad (1)$$

A越大，均匀性越好。图1a的A值是0.555/0.440=1.26，图1b的A值是0.390/0.619=0.63，因此细分面元有更好的均匀性。

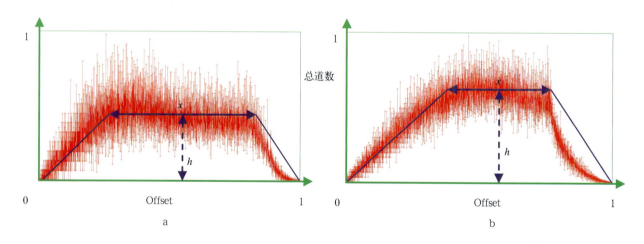

图1　总道数与炮检距统计
a—48线75炮；b—12线150炮

以面元25m×25m细分为最小面元5m×5m为例。在面元25m×25m垂直两边上进行各5等间隔划分，则生成5种细分面元类型，即5m×5m、10m×10m、15m×15m、20m×20m、25m×25m(此处，只考虑纵向和横向最小面元数量相等的情形，而纵横向最小面元数量不相等的情形更多)，见图2。最小面元5m×5m只有1个CDP点，并且这个点的位置准确真实，称为实面元(蓝色小面元)；面元10m×10m是由4

个最小面元5m×5m组合而成，该面元中心点是在4个最小面元的几何中心，准确说，其实这个中心没有任何信息，只是周围小面元的组合近似值，真实性明显降低，称为虚面元(绿色面元)；面元15m×15m是由9个最小面元组合而生成，该面元中心点是在9个点的几何中心，只有中心1个最小面元(蓝色小面元)是实面元，而周围8个面元(绿色面元)是虚面元，这样9个最小面元的简单组合当然是虚面元；其他2个面元20m×20m、25m×25m的分析方法是一样的，最后多个最小面元的简单组合必定是虚面元。对于组合面元的中心点，要么只存在1个最小面元，要么不存在最小面元，而不在组合面元中心点的其余最小面元均是虚面元，具体数据见表2。

表1 细分面元和固定面元观测系统比较

观测系统	48线75炮	12线150炮
面元类型	面元细分	固定面元
接收道距/m	50	10
接收线距/m	50	250
激发点距/m	80	10
激发线距/m	80	640
束线距/m	1200	1500
最大炮检距/m	3759	3320
横纵比	0.52	0.83
每线道数	128	512
总道数	6144	6144
面元/m²	5×5	5×5
覆盖次数	24	24

表2 面元细分

面元类型	5m×5m	10m×10m	15m×15m	20m×20m	25m×25m
最小面元数量	1	4	9	16	25
最小面元实面元数量	1	0	1	0	1
最小面元虚面元数量	0	4	8	16	24

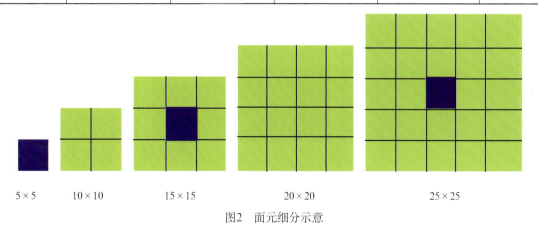

图2 面元细分示意

浪费；②如果只考虑面元，那么面元越小越好，并且资料解释只能使用最小面元。所以，选择观测系统参数面元和覆盖次数的原则：应该同时考虑最小面元和覆盖次数之间的匹配问题，即在保持必需的覆盖次数条件下，尽量缩小最小面元。

生产应用中选择观测系统的步骤：①考虑覆盖次数，依据该地区噪音程度，将信噪比分为高、中、低3个等级，依次选定对应的覆盖次数；②考虑面元，可将面元分为几个等级，比如25m×25m、20m×20m、10m×10m、5m×5m，针对地下地质体构造或岩性等的复杂程度，满足地质任务及勘探目标的要求，选择面元尺寸；③综合确定覆盖次数和面元尺寸后，选择及优化观测系统。目前常规三维地震勘探一般采用固定面元25m×25m，其实在装备和面元不变的条件下，也可采用细分面元即标准面元为50m×50m而细分面元为25m×25m。

2 实际应用及效果分析

2.1 应用实例

2.1.1 MC地区

MC地区发育复杂断块油气藏，具有"小、碎、薄、深、隐"的特征，断块面积以0.1~0.2km²居多，有的小到0.01km²；砂泥岩薄互层与多套盐膏岩共生，宏观连续而微观断裂；单层厚度一般小于5m，地层倾角在30°左右。地质研究需要更高品质的地震资料。按横向分辨地质体所需道数至少为3道的原则，那么小面元的优势是明显的(表4)。

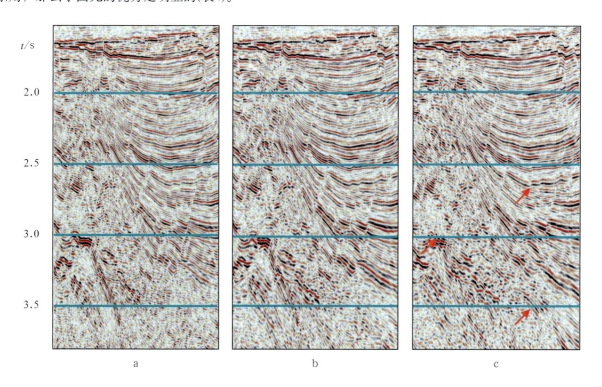

图5　MC地区不同面元得到的地震剖面

a—25m×25m；b—10m×10m；c—5m×5m

表4 地质体分辨能力与地震道数

油藏宽度(m)	地震道数(面元25m×25m)	地震道数(面元5m×5m)
34	1	7
52	2	10
86	3	17
172	7	34

为了在MC地区进行精细层位标定、"多体"断层解释、沿层属性分析、可视化断块描述等,选择了面元细分观测系统[9~11],主要参数见表5。偏移剖面见图5。面元5m×5m剖面(图5c)上2.65s箭头处断层断点是明显的;而面元25m×25m(图5a)和面元10m×10m(图5b)剖面的对应处没有断点痕迹。图5c上3.00s箭头处有4排大倾角同相轴,横向距离平均为222m,最小的两排横向距离为167m;而图5a和图5b对应处却变为1排错断的平缓同相轴。图5c上3.50s箭头处指示深层存在倾角地层,此处地层速度大约为4000m/s,估算地层倾角为18.5°;而图5a和图5b对应处基本为噪声。所以,图5c所示面元尺寸为5m×5m的剖面分辨率是最好的,图5b次之,图5a最差。

表5 MC地区观测系统有关参数

面元(m×m)	5×5	10×10	15×15	20×20	25×25
覆盖次数	16(8×2)	64(16×4)	144(24×6)	256(32×8)	400(40×10)

2.1.2 YX地区

YX地区总体构造形态复杂,断块破碎,北部断层走向模糊,三、四级断层发育。为此,采用面元细分技术进行勘探,采集参数见表6。成果剖面见图6,尽管小面元5m×5m剖面比面元10m×10m和25m×25m剖面分辨率高,但整体来看效果不是很明显。

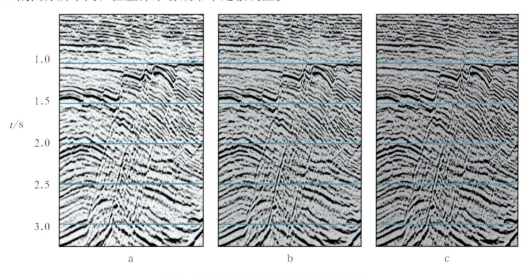

图6 YX地区不同面元得到的地震剖面

a—25m×25m;b—10m×10m;c—5m×5m

将地震资料与井孔资料相结合，进行联合解释与验证。当采用面元25m×25m时，对比地层断点244个，地震资料与井孔资料吻合率达76%，不吻合主要体现在YX大断层附近的破碎带和断距小于20m的断层；当采用面元10m×10m，对比上述地层的244个断点，吻合率达85%，提高了9%。

采用10m×10m面元方法，横向偏移归位精度提高，地质体刻画精确，断层主次分明，断层组合合理，断块描述准确。

表6　YX地区观测系统参数

面元(m×m)	5×5	10×10	15×15	20×20	25×25
覆盖次数	24(8×3)	96(16×6)	216(24×9)	384(32×12)	600(40×15)

2.1.3　SH地区

SH油田碳酸盐岩储层主要为缝洞储集体[12]，储集空间以溶蚀孔洞和裂缝为主，发育在奥陶系鹰山组、一间房组和良里塔格组，埋深大于5300m，纵、横向非均质性强，油藏具有多期成藏、后期调整的特点，油、气、水关系复杂，难动用储量规模大。

该地区老资料的检波器接收排列短、横纵比小、束线滚动距大、叠加次数低、面元大，已经不能满足碳酸盐岩缝洞型油藏的精细勘探和开发需求。通过钻井、测井和地震预测，碳酸盐岩缝洞储集体目标地质体宽30m，高10m左右。首先进行物理模型试验，模型模拟溶洞深度为5300m，围岩速度为4500m/s，溶蚀孔洞填充速度为2500m/s，孔洞大小分别为10、15、20、25、30、40和50m，接收道距分别为10、20、30、40和50m，试验表明道距大小对分辨溶洞能力的影响是明显的，特别是分辨10m的溶洞时，道距不能超过20m，最好在10m以下。最终选择面元细分观测系统，基础面元为15m×15m，细分面元为7.5m×7.5m(表7)。

表7　SH地区观测系统参数

面元(m×m)	7.5×7.5	15×15
覆盖次数	80(20×4)	320(40×8)

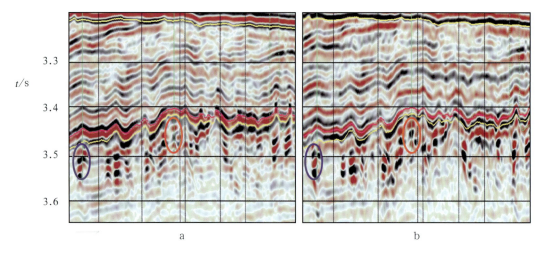

图7　SH地区不同面元得到的地震剖面

a—15m×15m；b—7.5m×7.5m

图7是面元细分剖面，整体来看剖面品质相当，但在一些局部，面元7.5m×7.5m还是具有较高一些的分辨能力。在蓝色圆处两个孔洞是分开的，两洞之间相距70m，而在面元15m×15m剖面表现为一个大孔洞，原设计井孔在该大孔洞中央，实际上这恰好在两个相近小孔洞之间的部位，如果连通性差，钻井就会落空。在红色圆处面元15m×15m剖面上孔洞是模糊的，而在面元7.5m×7.5m剖面上孔洞现象是明确的。

2.2 面元细分效果分析

从观测系统面元细分选择原则的角度考虑，MC和YX地区应用实例的缺陷是明显的，尽管最小面元较小，均为5m×5m，但覆盖次数偏小(分别只有16和24次)，资料信噪比偏低。解释应用时没有采用5m×5m最小面元资料，而使用10m×10m大面元，此时覆盖次数分别为64和96次，尽管符合覆盖次数选取准则，但使用的面元是一个虚面元，分辨率降低是无疑的。另外，此两个地区断层发育特点不一样，MC地区断块更多、更小，地震剖面上MC地区小面元5m×5m剖面分辨率高于大面元剖面，最小面元可以采用5m×5m，但覆盖次数应有较大的提高，应调整在64次(16次的4倍)以上，当然这需要更多的接收线数或激发线数，比如，从当前观测系统纵横向覆盖次数大小看，横向覆盖次数明显偏小，所以，可行而有效的方法是通过增加接收线数，增大横纵比，扩大横向覆盖次数，达到扩大总覆盖次数的目的，这样不仅会有利于消除噪音，而且可以实施分方位角处理，研究地层各向异性，提高成像精度；而YX地区构造带断块比MC地区要大一些，YX地区最小面元5m×5m剖面与大面元剖面分辨率差别不明显，没有必要追求更小的5m×5m面元，所以最小面元可采用10m×10m(此时是实面元)，覆盖次数保持96次不变，而接收线数或激发线数等装备数量保持不变。所以，尽管在生产中MC和YX地区取得了较好的效果，但按上述技术方案调整，会取得品质更好的地震资料。

对于SH地区，采用面元7.5m×7.5m和15m×15m剖面分辨该地区碳酸盐岩缝洞储集体都是可以的，但在一些局部或者较小尺度缝洞体上，最小面元7.5m×7.5m的清晰度有明显提高，此时的覆盖次数是80次，实际资料解释采用面元7.5m×7.5m资料，所以SH地区面元细分观测系统在技术方法和实际应用两个方面都是合适的[13]。

3 结束语

进行面元细分观测系统设计首先要确定的参数是覆盖次数。最小面元的覆盖次数要有一定规模，我国陆上地区一般应该在80次以上。信噪比较高的地区，覆盖次数可以选择为80~120；如果信噪比中等，覆盖次数应该选择为120~140；如果信噪比较低，覆盖次数应该大于140，但不能大于210次。当前横向覆盖次数明显偏小，可行而有效的方法是通过增加接收线数，扩大横向覆盖次数。

在最小面元有足够的覆盖次数条件下，面元尺寸越小，其分辨率越高。不管面元如何细分，资料解释应用应该采用最小的那个面元，只有最小的面元才是一个实面元，其他大面元都是虚面元。观测系统面元细分的程度与地质需求紧密相关，我国陆上地区较为复杂地质情况下，采用最小面元10m×10m；当地下断裂系统非常复杂、断块多而小、地层埋深大且有一定倾角时，应该采用更小的面元，比如最小面元5m×5m。

　　观测系统细分面元的均匀性明显好于固定面元。细分面元的检波器道距、检波器线距、炮线距、炮点距等参数可以在较大程度上进行均匀分布，最小面元与覆盖次数存在一个合理的配置关系，一味追求更小的最小面元而使覆盖次数极大降低的做法是不可取的。针对当前复杂地质问题，综合考虑地震装备、技术水平与采集成本，最小面元7.5m×7.5m和覆盖次数80次细分程度较为合适。

致谢：本文得到了中国石油化工股份有限公司王兴谋、于静、张树海和张星航等资深工程师的大力帮助，在此表示衷心的感谢。

参考文献

[1] 赵殿栋. 高精度地震勘探技术发展回顾与展望[J]. 石油物探，2009，48(5)：425～435

[2] 范国增. 双奇偶小面元三维观测系统的设计及应用[J]. 石油地球物理勘探，2001，36(2)：227～230

[3] 周峰，杨雁清. 可变面元三维地震勘探方法在江苏地区的应用[J]. 海洋石油，2004，24(2)：22～27

[4] 赵生斌. 可分面元三维观测系统设计研究[J]. 石油地球物理勘探，2000，35(3)：333～338

[5] 商建瓴，钱绍瑚. 常规与面元细分三维观测系统浅析[J]. 石油地球物理勘探，1997，32(5)：709～716

[6] 陈浩林，刘军，李文杰，等. 关于面元细分观测系统的讨论[J]. 石油地球物理勘探，2005，40(5)：569～575

[7] 陈学强. 三维地震勘探应慎用Flexi面元法[J]. 勘探地球物理进展，2005，28(5)：335～340

[8] 王赢，贾烈明，朱艳保，等. 可分面元三维观测系统浅析[J]. 石油物探，2009，48(3)：299～302

[9] 李阳. 油藏地球物理技术在垦71井区的应用[J]. 石油物探，2008，47(2)：107～115

[10] 谢金娥，郭全仕，刘财，等. 高密点地震资料面波压制的自适应波束方法[J]. 石油物探，2009，48(2)：110～114

[11] 碗学俭，吴树奎，杨素玉，等. 马厂油田高密度三维观测系统设计研究[J]. 石油物探，2008，47(6)：598～608

[12] 王从镔，龚洪林. 塔中地区奥陶系碳酸盐岩储层岩石地球物理特征研究[J]. 石油物探，2009，48(3)：290～293

[13] 王征，庄祖垠，金明霞. 海上三维拖缆地震资料面元中心化技术及其应用[J]. 石油物探，2009，48(3)：258～261

高分辨率地震勘探采集技术

赵殿栋 郑泽继 吕公河 谭绍泉 张庆淮 徐锦玺

胜利石油管理局 山东东营 257100

摘要 "九五"期间，胜利油田开展了高分辨率地震采集技术方法研究，取得了较好的研究成果。采用地质雷达、双井微测井等新方法，形成了一套表层结构调查方法；研制了高分辨率激发震源系列技术，拓宽了地震子波的频带宽度，增加有效波的高频成分；通过选择合适的激发参数，抑制虚反射，提高震源能量转换效率；研究了不同检波器类型及检波器埋置方式对地震采集信号的影响，采用抗干扰高灵敏度加速度检波器和选择合适的接收因素，接收到了宽频带的地震信号；通过对干扰波的能量分析，认为激发后产生的各种噪音是影响地震记录信噪比的主要原因，提出了在地震波的激发和接收过程中减少噪音产生和压制干扰波的有效方法。通过对地震波理论以及地震数据采集技术方法研究，总结出一套适合于胜利探区特点的高分辨率地震勘探野外采集的技术方法。实例表明，在高信噪比前提下，最大限度拓宽了地震采集信号的有效频带，野外地震资料在2.0s的反射波有效频率达到100Hz，取得了较好的研究效果。

关键词 胜利油田 高分辨率 地震勘探 采集 干扰信号 垂直叠加震源 有效频带

序 言

随着油气勘探开发的不断深入，对地震勘探技术的要求越来越高，面对国内油气产业的形势，更是迫切需要提高地震勘探的精度。同时，由于国内地震勘探市场的萎缩，也要求地震勘探只有提高地震勘探的技术水平，才能在激烈的竞争中占有一席之地。因此，高分辨率地震勘探技术得到了地质家和物探工作者的高度重视[1]。在过去的四年里，国内开展了较大规模的高分辨率技术攻关，胜利油田作为环渤海湾地区的代表，做了大量细致的研究工作。对单项技术进行了分析研究，如表层结构调查、激发震源、接收方式及检波器埋置、干扰波分析等，形成了一套适合胜利探区的高分辨率地震采集技术方法。在车408和车22地区进行了高分辨率三维采集技术的应用，取得了较好的效果。

1 高分辨率地震勘探激发技术

高分辨率地震勘探需要激发出高频率、高信噪比、宽频带的地震波。由于激发围岩、表层结构以及药型、药量等因素的制约，很难满足以上要求。长期以来，人们在激发井深、药量等方面进行了反复的试验，但仍没有较大的突破。低爆速细长药柱给人们带来了一线希望，可在实际操作中却很难控制，存在拒爆现象。同时又由于表层岩性纵向变化剧烈，细长药柱在不同深度上激发的子波有很大差异。为克服这些问题，提高激发地震波的质量，力求从激发方式、药型结构的基础工作入手来达到目的。

1.1 表层结构调查

1.1.1 双井微测井技术确定虚反射界面

在地震勘探中，由于受虚反射界面的影响，使激发产生的有效波与虚反射叠加，起到了一个低通滤波作用，降低了激发地震波的频率，影响了高分辨率地震勘探的水平。而且激发点在虚反射界面以下的距离

差。大药量激发提高的高频有效波能量远没有产生的高频噪音能量强,因此药量的选择必须同时考虑地震波频率和信噪比。

2 高分辨率地震勘探的接收技术

高分辨率地震勘探中接收技术非常重要,应将它和激发的研究放到同等重要的位置,尽管地震勘探已进行了近一个世纪,从接收检波器到接收方式都形成了一套较为完善的技术,但对于新的勘探形式还需要进一步进行深入细致的研究。近几年的工作主要是从检波器的结构、响应特性、抗噪以及埋置方式进行了研究,并且有了一定的效果。

2.1 抗50Hz干扰高灵敏度加速度检波器

以往使用的检波器一般采用速度型检波器,为了补偿大地对地震波高频成分的吸收衰减,涡流型加速度检波器应运而生,但起初存在灵敏度较低的问题。通过几年来的努力,加速度检波器不仅有了较大的提高,达到了勘探的需要,而且在过去的四年里成功研制并试验了一种新型的抗噪加速度检波器,具有抗50Hz干扰和高灵敏度的特点。这种检波器不仅从补偿幅度上有较大的提高,而且考虑了在工业电干扰区如何压制50Hz干扰的问题,而不影响地下有效信号;它将提高分辨率与信噪比结合起来考虑,见图3。

2.2 检波器埋置技术

随着高分辨率地震勘探技术的不断发展,检波器埋置越来越受到高度的重视。各种埋置方法也应运而生,其目的是为了使检波器能够与大地有良好的耦合。

检波器与大地之间的耦合谐振问题,无论检波器与大地耦合多好,都存在振动测试技术中称为接触频率的问题,也就是检波器本身与大地之间形成了一个具有质量、弹簧和阻尼的振动系统。这种振动系统的固有频率依赖于检波器与大地的接触情况和检波器的自身质量。刚度系数增大谐振频率提高,质量增大谐振频率降低,因此,多芯集中组装的检波器与大地形成的谐振系统频率较低。

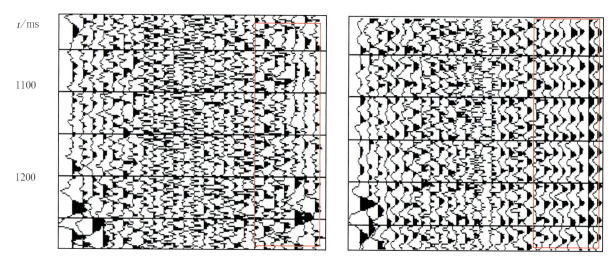

图3 高灵敏度抗干扰检波器(左)与普通检波器(右)对比

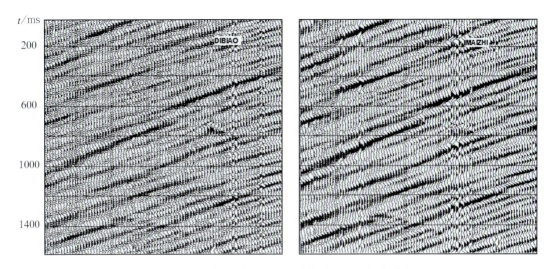

图4　地表埋置(左)和挖坑埋置(右)检波器埋置方式对比

关于检波器地下埋置问题，在埋置过程中为减弱地面的环境噪音和避免近地表的低速层的吸收衰减作用，采取井中接收的方法，在近海边的地带，近地面的土层相对较结实，而地下含水的土壤变得较为稀松，与检波器的接触类似在一个松软的弹簧垫上，其接触频率较低；其次由于地下的埋置困难，耦合效果差；除此之外，井中接收的地震波还存在一个"伪陷波"问题，不利于地震信号的接收。经过大量试验，在胜利探区检波器埋置只有在近地面的硬地壳层中采用分散的检波器串挖浅坑埋实，接收效果最好，见图4。检波器埋置地表时，记录的高频噪声强；检波器挖坑埋置时，记录的高频噪声弱。

3 噪声分析及压制

3.1 干扰波能量分析

随着高分辨率地震勘探的不断深入，人们对噪音的研究越来越重视，尤其激发以后产生的各种干扰，其中包括伴生干扰和次生干扰，伴生干扰的产生与激发源同源，如面波、声波等；次生干扰是激发以后的各类波在传播过程中，在一定的地表和地面条件下产生的各类干扰，其中包括：表层不均匀造成的波动干扰和地面障碍物被激励产生的振动干扰；当有效信号传播到地面，同样诱发出的各种干扰，其中包括有效波与近地表传播的波相遇产生的干扰。有效波对在地面上与大地形成的各种振动系统的激励，也会形成次一级的振动。这些干扰可以说是无处不在，形形色色，其结果是形成了一个杂乱无章的干扰背景，有效信号就寄存在这个干扰背景之中。图5是对环境噪音、有效波、干扰波及其信噪比的对比曲线，环境噪音是比较微弱的，真正影响地震记录信噪比的是激发后产生的各种噪音。

3.2 干扰波压制方法

影响信噪比的干扰主要是激发带来的，这些干扰有一个共同的特点：一是在近地表产生的，而且大都是近地表传播，低频往往传播较远，而高频信号在近地表层中很快衰减，传播相对较近；二是速度较低，而频率范围很广，各种次生干扰的干扰源千差万别。因此，在压制噪音时，要有选择压制一些干扰信号，突出信噪比较低频段的有效波，对于优势频带而言，它不是压制噪音的主要范围，因此根据干扰波的频率来拓宽优势频带才能真正做到实处。主要从以下两个方面压制这些干扰：①在激发过程中，增强向下传播的地震波能量，减弱表层中的各种干扰(这是造成干扰的主要能量来源)。延迟叠加震源起到了减弱传向地表的地震波能量。②接收过程中，有选择地压制信噪比较低频段的噪音信号，充分利用干扰波的近地表传播的特点和组合压制干扰的方向性，合理地设计组合基距，达到拓宽优势频带的目的。如图6为组合与不组合时滤波的对比记录，从图中可以看出：检波器面积组合滤波效果最好，其频带宽，信噪比高；检波器线性组合时，滤波效果次之；检波器不组合时，滤波效果最差。

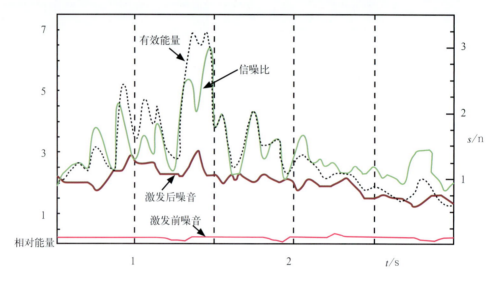

图5　有效波、干扰波、环境噪音能量对比

高分辨率地震勘探中，由于目前采用的检波器灵敏度的提高和仪器动态范围的加大，已满足了勘探的需要。对于大地对地震信号衰减的补偿技术，只有震源的补偿才是真正的补偿，而检波器的补偿作用和仪器低截的补偿作用是建立在高频有较高信噪比的基础上的。即使在震源的补偿方面也要注意对产生地震波高频噪音的压制。高分辨率地震勘探最重要的问题是在保持能够记录较高频率信号的基础上，提高信噪比，在一定条件下，压制干扰波。

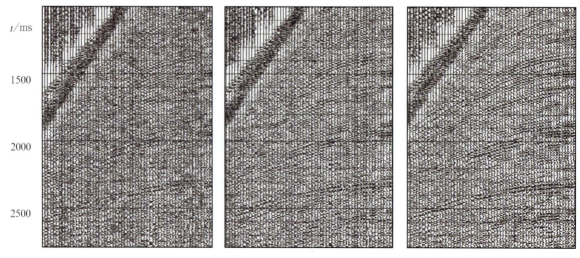

图6　点(左)、线性组合(中)、面积组合(右)检波器不同组合方式对比

4 效果分析

选择了"四高"、"两组合"、"两技术"、"两埋实"、"两措施"的工作方法。"四高"：高定位精度(GPS定位误差小于1m)、高采样率(1ms)、高覆盖次数(48次)、高空间采样率(CMP 25m×25m)；"两组合"：激发震源组合，检波器组合；"两技术"：垂直延迟叠加震源，抗50Hz高灵敏度加速度检波器；"两埋实"：激发井闷实，检波器挖浅坑埋实；"两措施"：干扰严重时不放炮，复杂地表时用地震锤激发。车408地区高分辨率地震勘探采用了单点加速度检波器接收、组合井激发方式，获得资料分辨率较高，但信噪比却很低。

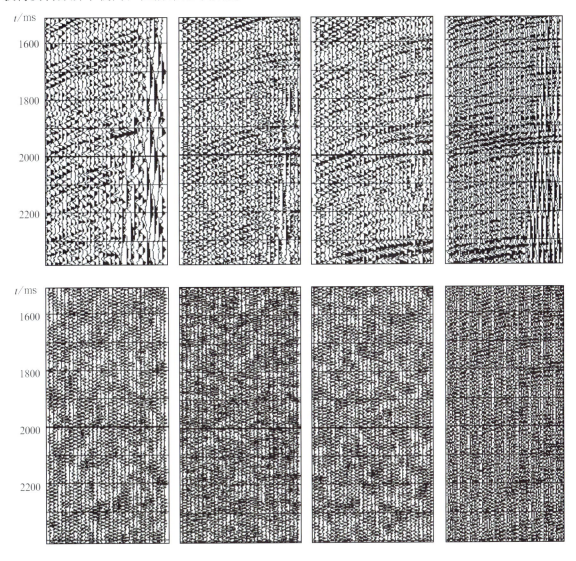

图7 不同采集方法记录对比

上图为解编记录；下图为80~160Hz滤波记录。从左至右：车408老资料、车408新资料、车22老资料、车22新资料

通过总结，进一步认识到，高分辨率地震勘探必须建立在一定信噪比的基础上，通过采用表层结构调查确定了虚反射界面的深度，采用先进的激发方式和高灵敏度检波器小面积组合压噪的接收方式，在车22地区获得的资料信噪比和分辨率都大大提高，从采用不同的施工方法获得的单炮记录上可以看出，

攻关的成果比较突出，在2.0s处，单炮地震记录反射波的主频提高到80Hz(图7)。高分辨率攻关剖面在信噪比和分辨率都上了一个较高的台阶，叠加剖面在2.0s处频带宽度达到10~200Hz，主频达到100Hz，反射资料从低频到高频信息丰富。以往利用声波合成记录与地震剖面匹配时，难以较好吻合，已知井的油层也难以准确标定，更谈不上进一步描述。新资料对此有了较大改善，通过与合成记录的对比，发现吻合度较好，说明野外采集方案、参数选择及处理流程较合理。

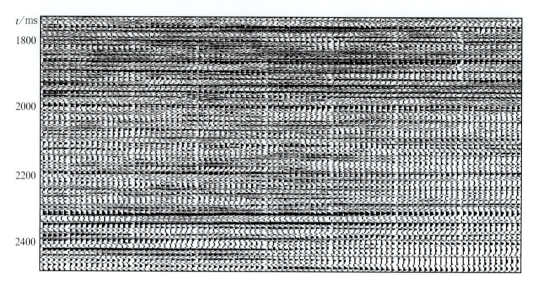

图8　高分辨率剖面

5　结论及建议

通过近几年来的攻关实践，对胜利油田探区探索出了一套行之有效的高分辨率地震勘探采集方法，使采集的地震资料在80~160Hz的滤波记录上2s处反射轴较连续(图8)，频带宽度达到10~200Hz，主频达到100Hz；综合解释后，可分辨5~10m厚的薄地层。同时对地震勘探的一些基础性的理论有了进一步的认识，在下一步的高分辨率采集方法研究中应加强以下工作：

(1)加强基础理论研究，加强表层结构的研究，力求解决激发与接收机制问题，从根本上改进激发与接收技术；

(2)重视压制噪音技术的研究，这与提高地震信号频率同样重要；

(3)加强多学科的协作，促进野外采集技术水平的提高。

参考文献

[1] 李庆忠. 走向精确的勘探道路. 北京:石油工业出版社，1993

[2] 愈寿朋. 高分辨率地震勘探. 北京:石油工业出版社，1993

[3] 陆基孟. 地震勘探原理. 东营:石油大学出版社，1993

高精度三维地震勘探采集技术及应用效果

赵殿栋　吕公河　张庆淮　谭绍泉

胜利石油管理局　山东东营　257100

摘要　由于油田勘探开发的需要，高精度三维勘探技术在胜利油田得到了一定的发展，从观测系统基本参数论证、属性分析到模型正演模拟分析，形成一套完善的采集参数综合论证技术。激发技术采用了定向叠加震源和科学选择激发因素的技术方法。接收方面使用新型加速度检波器和采用提高耦合谐振方法。压噪方面形成了一套有针对性的压噪技术。通过这些技术的应用，胜利探区车西和田家地区取得了良好的效果。

关键词　高精度三维；叠加震源；地震锤；抗噪检波器；浅层分辨率；深层信噪比

引　言

随着油气勘探开发的不断深入，大型整装油气藏已逐步被发现，面对的勘探目标越来越隐蔽，越来越复杂，岩性地层隐蔽油气藏所占的比例逐渐增加，常规的三维地震勘探技术已无法满足新的勘探形势的需要，尤其老油区的挖潜和滚动勘探开发更加需要新的勘探技术；为此，高精度三维地震勘探技术应运而生。经过近几年来高精度三维地震勘探技术的探索，取得了一定进展。在采集方法论证方面，从基本的采集参数论证，到观测系统的属性分析以及正演模拟综合分析，形成一套完整的论证技术方法；野外激发采用了垂直延迟叠加震源，并且以虚反射界面为基础合理选择激发深度和岩性；在接收技术上，成功使用了抗噪高灵敏度加速度检波器，围绕检波器与大地耦合谐振做了研究，提出近地表硬土层检波器埋实，提高检波器与大地接触的刚度系数和阻尼，达到提高耦合谐振频率的目的；在压噪方面，取得了新的认识，从激发、接收两方面有针对性地压制噪音，达到拓宽地震记录优势频带的目的。综合以上方法，形成一套完整的高精度三维勘探技术方法。在实际的油气勘探应用中取得了较好的效果。

1　技术方法

1.1　高精度三维采集方法论证技术

利用现有的软件对采集的参数进行论证，包括面元大小、覆盖次数、最大炮检距、道距、组合基距、纵横分辨率等；根据采集参数设计观测系统，并对观测系统进行分析，包括反射点方位角分布均匀、大小炮检距分布均匀、覆盖次数分布均匀等；运用正演模拟技术进行模拟观测，对整个观测系统的性能进行综合分析，合理确定观测系统，图1是胜利油田某区高精度8线5炮束线状三维观测系统，总道数960道，25m×25m面元细分成4个小面元，面元尺寸12.5m×12.5m，覆盖次数48次。

1.2　高精度三维的激发技术

1.2.1　特殊震源的研制与应用

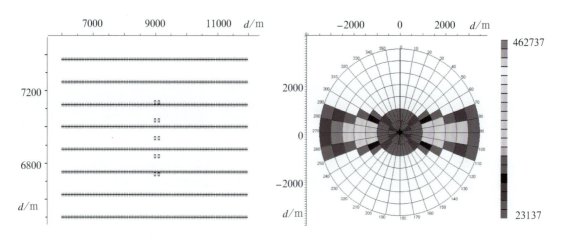

图1　8线5炮束线状观测系统(左)及方位角分布图(右)

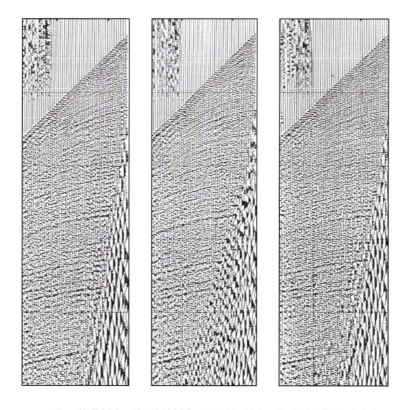

图2　炸药(右)、地震锤(中)与延迟叠加(右)三种震源单炮记录对比

研制并采用了垂直延迟叠加震源和爆炸地震锤，提高激发信号频率，增加有效波能量，减少干扰波能量，图2是与普通震源的对比记录，延迟叠加震源的记录无论频率还是信噪比都是最好的，爆炸地震锤次之，普通炸药震源最差。

1.2.2　科学地选择井深

结合表层的岩性情况，根据以下三个条件，科学确定激发深度。利用双井微测井确定虚反射界面，采用相距5m、井深30m的两口井，其中一口接收井在井底与井口各放置一个检波器，在另一口井中激发，由井底每隔1m激发一个雷管，直到井口，这样得到的双井微测井资料可以容易地确定虚反射界面，再对每一道记录进行频谱分析，可以清楚地看出激发频谱最宽的位置和激发点的变化引起的虚反射的影响(如图3)。

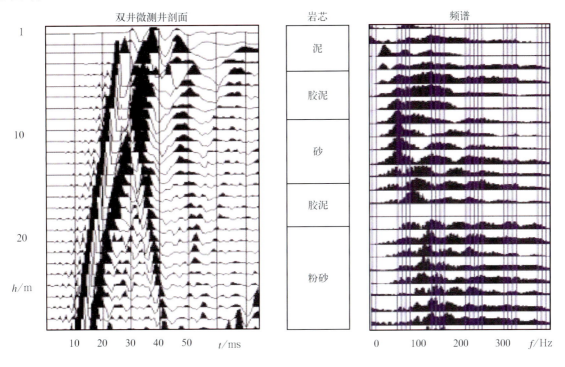

图3 双井微测井记录(左)、表层岩性(中)与频谱(右)对比

根据需要保护的地震信号的最高频率时差小于1/4波长，计算药包距虚反射界面的距离；$h \leqslant V/4f_{max}$，图4是距离h与表层速度V和需要保护的最高频率f_{max}的关系曲线图。

距虚反射的距离不应小于炸药的爆炸半径$r(r=1.5Q^{1/3}$，Q-药量)，才能保证激发的能量和信噪比。

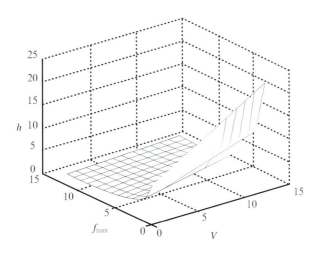

图4 炸药距虚反射界面距离与速度和最高频率的关系

1.3　高精度三维的接收技术

1.3.1　高灵敏度加速度检波器(AG-3)

利用加速度检波器随频率提高灵敏度提高的特点，提高高频信号记录能力，压制50Hz的工频干扰，图5是与普通加速度检波器对比记录，压制50Hz的工业电干扰十分明显，初步开始了检波器自身压噪技术的研究工作；加速度检波器与普通检波器叠加剖面的对比，可明显看出加速度检波器记录具有较高的视频率。

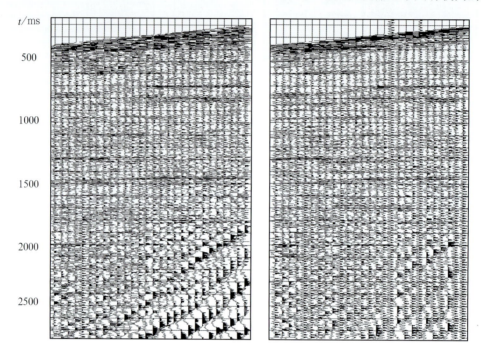

图5　抗干扰加速度(左)与普通加速度(右)检波器对比记录

1.3.2　提高检波器与大地的耦合谐振频率的技术

(1)检波器与大地间的振动系统分析，在振动测试技术中，传感器的安装和放置，存在安装频率和接触频率问题，同样检波器与大地之间绝不是刚性接触，既然是弹性接触，二者之间就存在刚性系数和粘性阻尼，形成了一个振动系统，自然也就有了固有频率；当受到外部激励时，条件满足就可以发生共振；不可能消除这种谐振，只能使谐振的频率离开所需要的频率范围，增加接触刚性和阻尼就是解决该问题的最好办法。

(2)检波器自身结构的问题。壳体质量增大降低记录频率，影响记录分辨率，尾锥长度试验表明，太长的尾锥记录信号的频率反而降低，能做到即能与大地有较好耦合又尽量做到检波器是一个点接收就是最好的。

(3)检波器埋置技术。地面埋置干扰大，谐振强；挖坑放置检波器不埋实，效果仍然较差；挖浅坑(不离开近地表硬土层，使检波器与大地保持较强的刚性系数)埋实可以达到较好的效果；关于井中埋置检波器，表面上看是具有减弱环境噪音和降低表层吸收的优势，但存在耦合问题和伪陷波问题，试验效果不理想。

1.4 压制噪音技术

通过对噪音能量的分析,平静的环境噪音与激发地震信号的能量相差较大,对信噪比不足以造成很大的影响;即使记录上在时间3~4s处60~120Hz滤波记录也远大于环境噪音的能量;因此,激发之后产生的各类干扰(包括伴生干扰和次生干扰),尤其是次生干扰,形成了一个噪音背景平台,而且这个背景平台随着激发能量的大小而变化。

充分利用表层结构和激发方式来减少传向地表的能量,这不仅是减少表层干扰波的问题,而且可以相应地减少各种次生干扰波的能量,这是一种主动压制噪音的做法。

接收组合压制高频背景噪音。接收尽管是一种被动压噪方法,但也可以利用各种干扰的特点和组合的方向性来有选择地压制某个频率范围内的噪音,达到拓宽优势频带的目的。

1.5 采集措施

施工措施概括为"四高"、"两组合"、"两埋实"、"两均匀""两优化"、"一措施"。四高:高定位精度、高空间采样率、高时间采样率、高覆盖次数;两均匀:反射点方位角分布均匀、炮检距分布均匀;两优化:优化采集参数、优化试验方案;两组合:组合检波、组合激发;两埋实:检波器挖坑埋实、激发井埋实(闷井);一措施:干扰严重时不放炮。

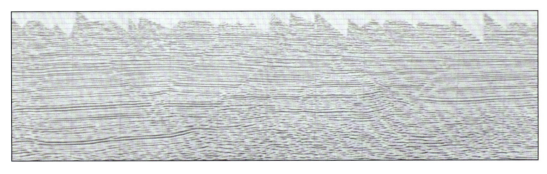
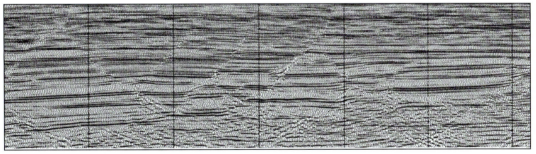

图6 田家地区常规三维(上)与高精度三维剖面(下)对比

2 应用实例

2.1 田家地区高精度三维采集效果

采用高覆盖次数、小面元、小采样间隔等获得了丰富的地震地质信息。图6显示新剖面相对老资料剖面整体面貌有较大改观，断层、断点清楚可靠，提高了中浅层分辨率和深层信噪比；从单炮分频扫描看，2s处地震波的视主频可达50~70Hz。老三维剖面深层资料基本无可靠同相轴，而新资料的深层可以追踪解释，有利于深部构造的识别和落实。同时，对于复杂地表的城区取得了资料，填补了老资料的空白区。

2.2　车西地区高精度三维取得勘探效果

2.2.1　地质效果明显

高精度三维资料的振幅、频率特征能够较好地反映有利储层的分布，从利用高精度资料对车44断阶进行预测的结果来看，储层的分布呈南北向条带状，与该区储层为浅滩背景上的沟道充填沉积相吻合；而利用常规资料预测的结果，储层的分布呈网状，分布杂乱，无明显的规律。高精度资料与常规资料相比无论在纵向上还是在横向上对单砂体的分辨能力都有大幅度的提高，车43砂体老资料解释一个砂体，而高精度三维资料解释为南北两个砂体，与钻井比较吻合。高精度三维资料分辨率的提高，使得在刻画小幅度构造、小落差断层方面有着不可替代的优势，从图7车西高精度地震剖面和常规剖面的对比可以看出：高精度剖面上断点更干脆，断面更清晰，发现了新的小断层和小幅度构造；从图8高精度三维和常规三维的T_2构造图对比结果：高精度三维构造图上增加了5条小断层和3个小构造，且车408和车406处断层的组合有较大的改变，常规三维构造图上连在一起控制断阶发育的大断层，经高精度资料落实，为相互平行、各自消失的两条断层，对正确认识该区的油气藏类型及其控制因素有较大帮助。

2.2.2　勘探开发效益明显提高

车西高精度三维资料综合解释，完成了T_2、T_4、T_6三个反射标准层的构造解释，解释层剖面16486.2km，成图层面积743km²，发现圈闭面积61.1km²；追踪预测有利砂体23个，展开面积43.3km²，有利面积28km²，预测石油地质储量$3360×10^4$t；车142井区新增探明含油面积1.12km²，新增探明储量$195×10^4$t。提供勘探开发井位19口，完钻9口，均见到了油气显示。

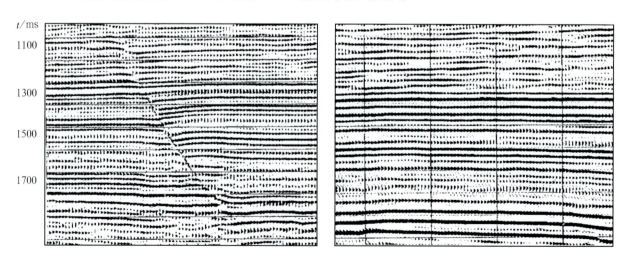

图7　高精度三维(左)与普通三维(右)比较

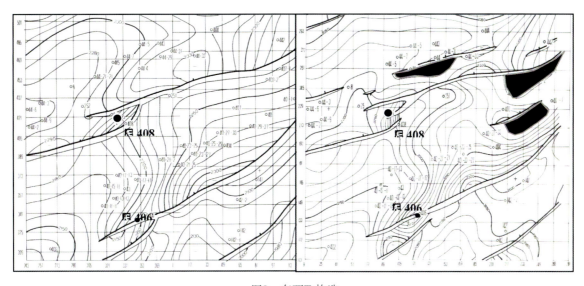

图8 车西T$_2$构造

左—常规三维；右—高精度三维

3 结论

高精度三维地震勘探采集技术经过近几年来的发展，无论在室内方法论证，还是在野外激发与接收以及压噪等方面都有了新的进展，形成了一套具有自身特色的技术方法，通过采用新型的定向延迟叠加震源、抗噪高灵敏度加速度检波器以及有针对性的技术方法，高精度三维地震在油气勘探开发中取得了良好效果，说明该技术在勘探程度较高的老油田挖潜和滚动勘探开发方面是行之有效的。随着油田勘探形势的不断发展，该技术越来越受到重视，必定会成为油气勘探开发的一种重要手段。

致谢：本文得到胜利石油管理局的杨云岭副总地质师、物探公司韩文功总工程师、郑泽继副总工程师的大力支持、指导和帮助，在此表示感谢。

参考文献

[1] 何樵登等. 地震勘探——原理与方法. 北京:地质出版社, 1980

[2] 李庆忠. 走向精确勘探的道路. 北京:石油工业出版社, 1994

[3] 王本吉(译). 检波器的地面耦合问题. 国外石油地球物理勘探, 1986, 2(1)

[4] 徐锦玺, 吕公河, 谭绍泉. 检波器结构对地震采集信号的影响. 石油地球物理勘探, 1999, 34(2)

第二篇　地震采集方法

基于模型面向目标的观测系统优化设计技术

赵殿栋[1] 郭建[1] 王咸彬[1] 董良国[2]

1.中国石化西部新区勘探指挥部 新疆乌鲁木齐 830011

2.同济大学地震波传播与成像学科组 上海 200092

摘要 准噶尔盆地南缘山前复杂构造带推覆构造发育，由于推覆构造上盘速度较高，上覆地质结构又比较复杂，造成推覆断面及下伏构造的地震成像效果普遍比较差。根据波动方程地震波照明结果，利用照明统计法确定了针对某勘探目的层的地面最优炮点加密范围；利用射线追踪和波动方程模拟联合照明，综合分析了地下各目的层覆盖次数和能量的贡献分布曲线，确定了针对这些目的层的最优检波器排列方式和排列长度。应用结果表明，整个地震剖面成像质量有了较大的提高，推覆面下隐伏构造形态完整，成像效果好。

关键词 观测系统 优化设计 推覆构造 地震波照明 成像质量

　　山前复杂构造带是中国石化西部新区油气勘探的三大主攻领域之一，山前带具有断裂发育、构造圈闭幅度大、成排成带分布、烃源岩发育的特点。近年来，众多山前带的勘探突破表明，新区在山前带的勘探大有可为。准噶尔盆地南缘山前带紧邻生油坳陷，发育大型构造圈闭，山前逆冲滑脱断裂下盘和前缘隐伏带是油气勘探的有利地区[1]。

　　准噶尔盆地南缘山前带由于其特殊的表层地震地质条件和深层复杂地质结构，造成地震波场复杂、地震资料信噪比低。近几年来，中国石化西部新区勘探指挥部在准噶尔盆地南缘的柴窝堡、米泉等区块，作了大量的地震、非地震等地球物理勘探技术攻关工作，所获地球物理资料品质较老资料有较大改善，基本能够反映准噶尔盆地南缘山前带的基本构造特征，但要准确落实和评价有利构造还有相当大的困难。

　　山前带地震资料信噪比普遍低的原因除了地震数据处理因素外，野外观测系统设计是一个关键因素。不同的勘探目标需要不同的炮点和检波点分布，以便对它们进行更好地成像。也就是说，勘探目标决定着观测系统[2~5]。

　　在地质模型比较复杂的情况下，传统的射线理论不完全适应于描述地震波的传播过程，需要结合波动理论来刻画复杂介质中地震波的一些复杂传播现象[4]。地震波照明分析是一种进行面向地质目标的野外观测系统设计的直观方法。地震波照明技术可分析特定地质模型的照射强度和范围，从而合理布设检波点和炮点，达到最佳激发和接收效果，提高能量的有效叠加，提高复杂地质构造的成像质量。

1 基于模型面向目标的观测系统优化设计

　　在逆掩推覆构造发育地区，复杂的上覆地质结构以及高速推覆体的存在，造成下伏勘探目的层照明强度的显著下降，目的层界面成像困难。根据波动方程地震波照明结果，利用照明统计，可以确定针对某勘探目的层的地面最优炮点分布范围，提高这些地下阴影区的地震波照明度。另一方面，目的层上各CRP点的覆盖次数和地震波照射能量共同决定了该点的成像质量。利用射线追踪和波动方程模拟来确定各目的层上不同炮检距地震道对各CRP点的覆盖次数和照射能量的贡献分布曲线，综合分析这些分布曲线来确定针对这些目的层的最优检波器排列方式和排列长度[1]。

1.1 炮点加密范围确定

根据波动方程地震波照明结果，利用照明统计法，可以确定针对某勘探目的层的地面最优炮点分布范围。通过单程波方程利用波场局部角度域分解方法，计算每炮地震数据对地下的照明强度分布。该方法与通常的照明方法相比，考虑了观测孔径对照明强度的影响。在此基础上，统计不同位置激发的地震波对目标区域的照明强度分布曲线。分布曲线高的区域，说明在该范围激发对目标区域照明强度高，在该范围激发地震波有利于该目标区域的成像。因此，该方法可以用来确定炮点加密范围，这种方法称为"照明统计法"。

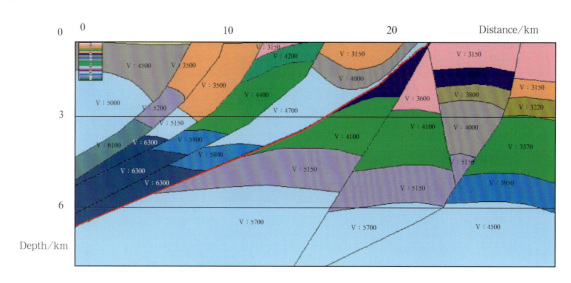

图1 逆掩推覆构造DK模型

图1为充分利用以往地震、非震、地质等资料建立的初始模型，推覆面(红线)以上速度明显高于推覆面以下的速度，造成推覆构造下目的层界面的照明强度非常低。该区由于勘探程度比较低，构造样式不清，特别是下伏结构不是非常清楚。因此，在该地区进行面向目标的观测系统优化非常必要。

对DK模型进行地震波照明分析，得到地震波对地下的双向照明强度分布(图2)，从该图可以看出推覆体下面明显的照明非常低的阴影区(红线圈出部分)，这就是实际资料成像不好的主要原因之一。

在地面何处加密炮点可以提高该阴影区的照明强度？对图2中用红线圈出的阴影区，统计地面不同位置激发的单炮地震波对该区域总的照明强度的贡献(图3)，曲线值高，说明在该处激发对标定区域的照明较强。从图3可以看出，对于红色阴影，在7.4～16.8 km范围内激发的地震波对该区域的照明贡献比较大，而在其两侧激发的地震波对该区域的照明贡献非常低。

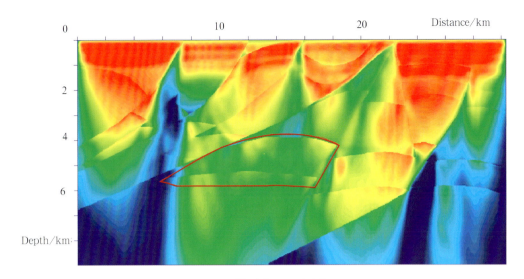

图2　DK模型地下照明强度

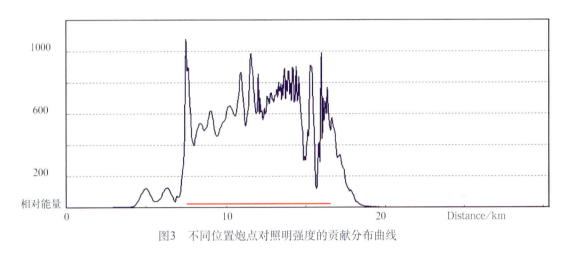

图3　不同位置炮点对照明强度的贡献分布曲线

图4是在地面7.4～16.8km范围内炮点加密一倍后地下双向照明强度分布图。可以看出，炮点加密范围内的地震波照明强度得到明显加强，高速推覆体所引起的地震波照明阴影区得到比较好的消除。

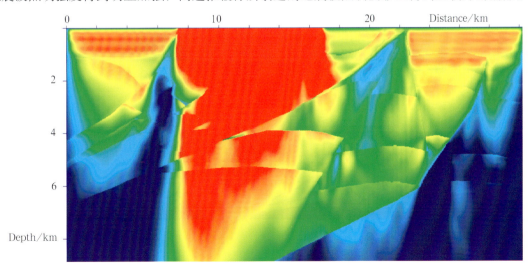

图4　DK模型炮点加密一倍后地下照明强度

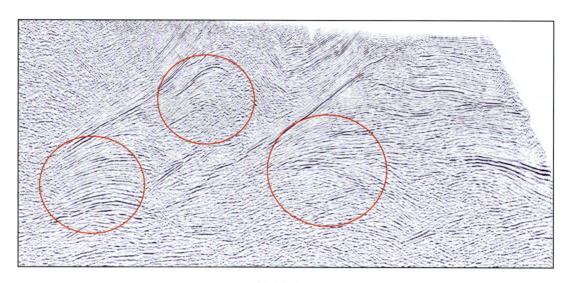

图8 新采集地震剖面

3 结论

在地质模型比较复杂情况下，传统的射线理论不完全适应于描述地震波的传播过程，需要结合波动理论来刻画复杂介质中地震波的一些复杂传播现象。利用照明统计法确定了针对某勘探目的层的地面最优炮点加密范围；利用射线追踪和波动方程模拟联合照明，综合分析了地下各目的层上覆盖次数和能量的贡献分布曲线，确定了针对这些目的层的最优检波器排列方式和排列长度。应用结果表明，整个地震剖面成像质量有比较大的提高，推覆面下面隐伏构造形态完整，成像效果好。

致谢：本文得到了同济大学马在田院士、中国石化康玉柱院士、中国石化西部新区勘探指挥部专家组组长秦顺亭教授的指导和关心，特此表示感谢！

参考文献

[1] 董良国，吴晓丰，唐海忠，等. 逆掩推覆构造的地震波照明与观测系统设计[J]. 石油物探，2006，45(1)：40～47

[2] 尹成，吕公河，田继东，等. 基于地球物理目标参数的三维观测系统优化设计[J]. 石油物探，2006，45(1)：74～78

[3] 秦顺亭. 当前中国西部新区物探工作的几点思考[J]. 中国西部石油地质，2005，1(2)：124～127

[4] 熊翥. 山前冲断带物探技术的改进思路[J]. 中国石油勘探，2005，10(2)：28～32

[5] 熊翥. 我国西部山前冲断带油气勘探地震技术的几点思考[J]. 勘探地球物理进展，2005，28(1)：1～4

沙漠区低降速带地震波的吸收补偿方法研究与应用

赵殿栋[1]　郭建[1]　王咸彬[1]　魏福吉[1]　吴长祥[1]　贾洪顺[1]　丁士平[1]　李鼎民[1]　徐峰[2]

1.中国石化西部新区勘探指挥部　新疆乌鲁木齐　830011

2.胜利油田物探研究院　山东东营　257061

摘要　由于沙漠地区巨厚低降速层的存在，地震资料的分辨率和信噪比大大降低，研究地震波在低降速层的传播特征，补偿地震波被吸收的能量，对油气勘探非常有意义。根据沙漠区被调查点低降速带的厚度、地形地貌特点，设计野外采集观测系统进行品质因子野外调查，采用频谱比法计算品质因子，用粘弹性波动方程，把地表接收到的信号，延拓到高速层的顶面，从而完成低降速带对地震资料吸收衰减的补偿。通过实际资料的应用，获得了比较好的效果。

关键词　沙漠区　低降速带　吸收补偿　品质因子　频谱比　波场延拓

引　言

我国西部盆地最主要的特点是表层覆盖着厚度不均的沙层，地震波在这些流动松散的表层沙中传播，速度很低，人们习惯把它称之为低降速带。地震波在低降速带地层传播时，其能量的衰减非常大，通过沙漠及周边地区的地震资料分析可以得出这样的结论：即使是同样的采集参数，同样的处理流程，基本相同的地层和地质构造条件，沙漠地区地震资料的分辨率和信噪比远低于其周边地区，而且表层砂层越厚，资料越差。

沙漠地区低降速带对地震波的强烈吸收是地震资料分辨率和信噪比降低的主要原因，补偿被低降速带吸收的能量，展宽变窄的频带，是提高地震资料分辨率的关键[1][2][3]。沙漠地区低降速带对地震波吸收规律与补偿方法研究属粘弹性理论研究范畴。1845年，Stocks首次着手研究粘弹性介质中的地震波，其后这种地震波的传播理论和应用得到极大的发展。

描述地震波在沙漠低降速带这种粘弹性介质中的传播规律，利用它对地震资料的能量进行补偿，首先要确定介质的品质因子Q。如何利用地震勘探资料，求取准确的品质因子，是地震资料吸收补偿处理的难题和关键所在。在此基础上，利用粘弹性波动方程延拓手段，补偿地震波被吸收的能量，校正相位，从而达到提高地震资料的信噪比和分辨率的目的。

1　品质因子野外调查方法

对沙漠表层品质因子的求取，国内外有许多学者做了卓有成效的工作。其中最有代表性的是分别从大炮记录、小折射资料和微测井资料对表层品质因子进行研究[2][3][4]。然而，在常规地震勘探中，针对调查低降速带品质因子的采集工作做得非常少，要获得低降速带准确的品质因子数据，目前的方法还存在一定的局限性。

1.1 野外采集方法

为了研究地震波在低降速带中的传播特征，野外地震资料的采集非常重要，它是整个研究工作的基础。根据沙漠区被调查点低降速带的厚度、地形地貌特点，经过对比试验，设计了野外采集采用地表接收井中激发观测系统(图1)。这种观测系统和目前常用的微测井观测系统相同。它主要适合于地势平坦的地区。要求各激发点的药量和类型一致。各接收点要求等间距，并在同一直线上，以便品质因子计算方便。

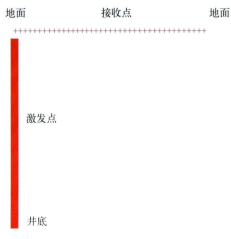

图1　井中激发与地表接收观测系统示意

该类观测系统的优点是简单方便，易于实施。由于检波器埋置在地表，接收条件得天独厚，特别是如能保持各激发点所激发的子波相同，根据激发和接收点互换原理，其效果相当于把各检波器埋置在地层的不同深度，从而能准确地计算出不同深度的品质因子。

1.2 品质因子计算

在弹性波动理论研究中，速度是最关键的物理参数。而在粘弹性波动理论[5]的研究中，品质因子(Q)和速度一样至关重要。计算品质因子方法很多[6][7]，根据前期的研究成果，采用频谱比法。频谱比法理论推导严密，假设条件少，是目前地表品质因子计算的有效方法。

频谱比法(Bath，1974；Babbel，1984)，定义Q：

$$\frac{2\pi}{Q} = -\frac{\Delta E}{E}$$

把上式写成微分形式：

$$-\frac{2\pi}{Q} = \frac{\mathrm{d}E}{E} \cdot \frac{\tau}{\mathrm{d}t} = \frac{\tau \,\mathrm{d}E}{E\mathrm{d}t}$$

上式中 τ 表示周期，通过上式可得到：

$$E = E_0 e^{\frac{-2\pi}{Q}\frac{t}{\tau}}$$

振幅S可以表示为：

$$S = S_0 e^{\frac{-\pi t}{Q\tau}} = S_0 e^{\frac{\pi f t}{Q}}$$

假设在点Z_1、Z_2记录到的振幅谱是$S_1(Z_1,f)$和$S_2(Z_2,f)$，它可表示为：

$$S_1(Z_1,f)=T(Z_1)A_1(f)e^{\frac{-\pi f Z_1}{QV}}$$

$$S_2(Z_2,f)=T(Z_2)A_2(f)e^{\frac{-\pi f Z_2}{QV}}$$

其中$T(Z)$表示几何的散射因子；$A(f)$表示激发和接收函数的谱。

把以上两式相除，取对数得：

$$\ln\frac{S_1(Z_1,f)}{S_2(Z_2,f)}=\ln\frac{T(Z_1)}{T(Z_2)}+\ln\frac{A_1(f)}{A_2(f)}-\frac{\pi f(Z_1-Z_2)}{QV}$$

考虑到几何的散射因子和激发和接收函数的谱是常数，频谱比法求Q的公式为：

$$\ln\frac{S_1(Z_1,f)}{S_2(Z_2,f)}=C+\frac{\pi\Delta f}{Q}$$

图2为通过频谱比法计算的塔中沙漠区某测线品质因子剖面。

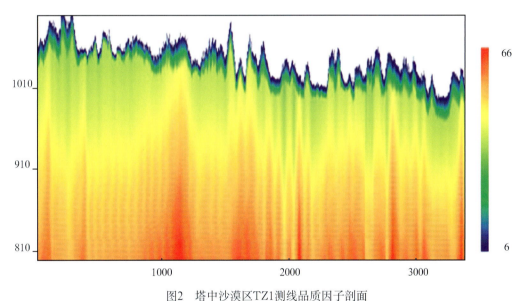

图2　塔中沙漠区TZ1测线品质因子剖面

2　地震波吸收衰减补偿方法

通过地震微测井等方法对低降速带的速度、厚度和品质因子进行详细的调查，获得了低降速带准确的速度和品质因子空间分布数据。利用粘弹性波动方程延拓方法，把地表接收到的地震记录延拓到高速层顶面(相当于把检波器埋置在高速层顶)，完成低降速带吸收补偿。

若已知常数品质因子Q的分布情况(多设为水平层状模型)，则在粘弹波动方程中引入的复波数K就可确定波动方程解的形式。据此，就可在延拓过程中来完成对地震波振幅和频率成分的补偿。

目前，粘声介质中地震波波场延拓方法主要可归纳为两类：一类是单道相移补偿方法：

$$U(t+\Delta t,\omega)=U(t,\omega)e^{-i(K_\omega-iL_\omega)\Delta t}=U(t,\omega)e^{iK_\omega\Delta t}e^{L_\omega\Delta t}$$

另一类是解频率−空间域粘滞声波方程：

$$\frac{\partial^2 P}{\partial x^2}+\frac{\partial^2 P}{\partial y^2}+\frac{\partial^2 P}{\partial z^2}+\frac{\omega^2}{M(x,y,z,\omega)/\rho}P(\omega,x,y,z)=0$$

此时可以定义复波数 $k(\omega)$ 为：

$$K(\omega)=\omega/v(\omega)=K_\omega-iL_\omega$$

把速度表示成复数源于把体积模量表示成复体积模量：

$$M(x,y,z,\omega)=M_R(x,y,z,\omega)+iM_I(x,y,z,\omega)$$

通过上下行波场外推，可以进行地震波吸收与衰减的补偿。

2.1 水平层状介质假设下的单道补偿

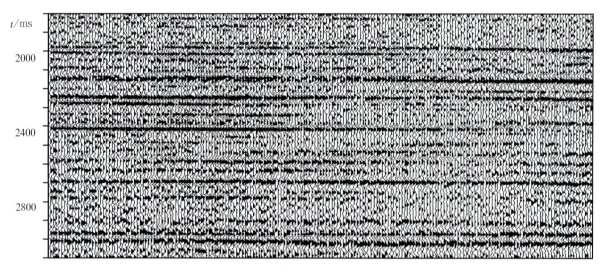

图3 塔中沙漠区TZ1测线补偿前剖面

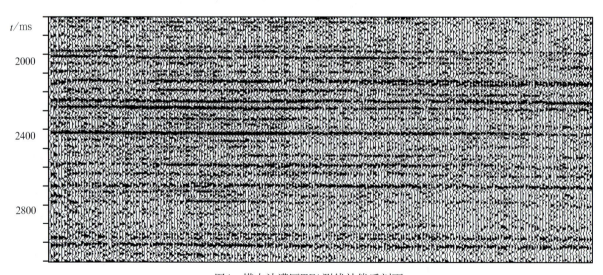

图4 塔中沙漠区TZ1测线补偿后剖面

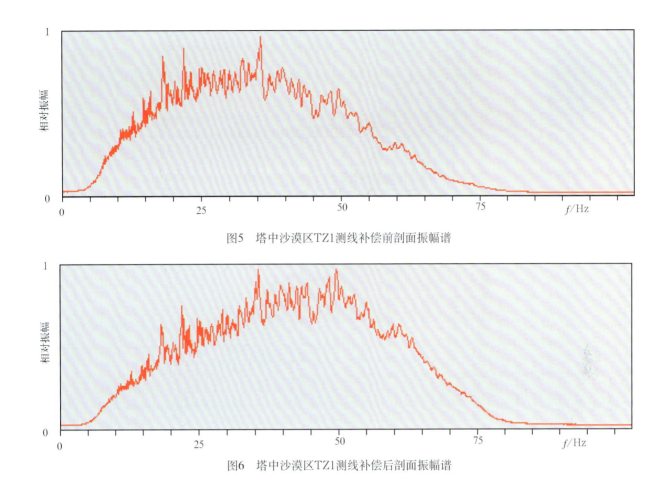

图5　塔中沙漠区TZ1测线补偿前剖面振幅谱

图6　塔中沙漠区TZ1测线补偿后剖面振幅谱

　　单道相移补偿方法具有计算速度快、算法稳定、噪音小的特点，在实际资料处理中有一定的应用价值。图3、图4是塔中沙漠区TZ1测线地震资料补偿前后的对比　，图5、图6是该剖面补偿前后振幅谱对比图。从图中可以看出，补偿后地震剖面的分辨率有明显改善，频带宽度有所展宽，信噪比也有所提高。

2.2　非水平层状介质假设下的低降速带吸收衰减补偿

　　图7是TZ1线实际单炮补偿前后单炮记录，图8、图9是补偿前后的振幅谱。从图中可以看到单炮中高频部分得到补偿，同时，各道有一个向上的时移量(静校正量)，也就是说，补偿和静校正同时进行。

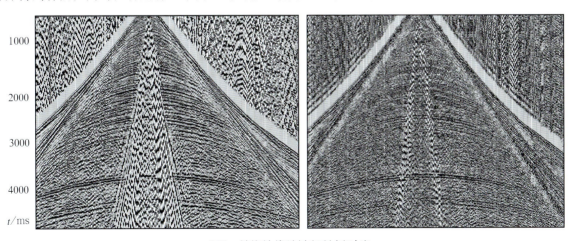

图7　单炮补偿前(左)后(右)对比

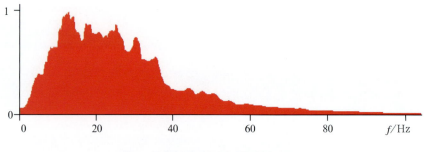

图8 单炮补偿前深层资料的振幅谱

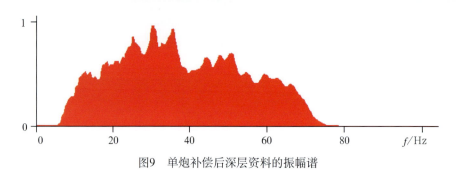

图9 单炮补偿后深层资料的振幅谱

3 结束语

沙漠地区巨厚低降速层的存在，使地震资料的分辨率和信噪比大大降低，沙丘越大，地震资料品质越差；准确求取沙漠地区低降速层的品质因子，开展低降速带对地震资料吸收衰减的补偿工作是提高沙漠地区地震资料分辨率和信噪比的有效途径。通过研究与应用获得以下认识：

1)在沙漠地区低降速层的品质因子调查资料野外采集中，应根据地表条件，灵活设计相应的观测系统。

2)频谱比法理论推导严密，假设条件少，是目前地表品质因子计算的比较有效方法。

3)用粘弹性波动方程，把地表接收到的信号，延拓到高速层的顶面，从而完成低降速带对地震资料的补偿工作。这种方法的计算稳定性好，计算精度和效率比较高。

4)由于受许多条件的限制，目前野外实测品质因子的工作做得还比较少，实测的品质因子数据量还远不能满足理论研究和实际应用的需求。

致谢：本文得到了中国石化康玉柱院士、中国石化西部指挥部专家组组长秦顺亭教授的指导和关心，特此表示感谢！

参考文献

[1] 李庆忠. 走向精确勘探的道路[M]. 北京：石油工业出版社. 1993

[2] 凌云，高军，张汝杰. 基于一维弹性阻尼波动方程理论的沙丘Q吸收补偿[J]. 石油地球物理勘探，1997，32(6)：795～803

[3] 凌云. 大地吸收衰减分析[J]. 石油地球物理勘探，2001，36(1)：001～008

[4] Yih Jeng, Jing-Yih Tsaiz and Song-Hong Chen.An improved method of determining near-surface Q[J].Geophysics, 1999, 64(1):608~617

[5] 周光全，刘孝敏. 粘弹性理论[M]. 合肥：中国科学技术大学出版社. 1986

[6] 刘学伟，邬圣宏. 用面波反演风化层Q值[J]. 石油物探，1996，35(2)：89～95

[7] 梁光河，刘清林，何樵登. 用非线形参数拟合法反演Q值[J]. 石油地球物理勘探，1992，27(2)：230～234

地震勘探中特殊震源的研制与应用

赵殿栋　谭绍泉　张庆淮　吕公河　徐锦玺

胜利石油管理局　山东东营　257100

摘要　基于球腔震源的纵波位移方程、激发子波的振幅及频率与药量的关系理论，总结了纵波质点位移与药量成正比、振幅均方根值与空穴半径的3/2次方根成正比的定量关系。在此基础上，研制了垂直延迟叠加震源、聚能弹震源和爆炸地震锤震源。垂直延迟叠加震源通过控制装药方式和控制炸药爆炸速度来达到与围岩地最佳匹配，最大限度利用其激发能量，激发出高频成分丰富、频带宽、高频能量大的地震信号。聚能弹震源采用定向聚能的原理，使激发的能量集中向下，减少了对地面的冲击。爆炸地震锤震源由爆炸射流抛射锤头撞击地层，激发的地震波具有较高的频率，同时弥补了聚能震源弹能量利用率不高的缺点。这三种震源可适用于多种地表条件和地质任务的勘探，应用效果较好。

主题词　地震勘探　激发震源　研制　应用　定向聚能　效果

引　言

炸药震源在常规的地震勘探中应用相当广泛。随着勘探程度的不断深入，勘探要求也越来越高，对具有特殊要求的地震勘探，普通的成型炸药由于产生的振动大，对地表的破坏作用明显，且普通震源激发后信噪比低，次生干扰严重等，已经不适合当前地震勘探的要求，所以人们开始研究新型的激发震源，以求得到比较好的勘探效果。根据地震波传播、吸收衰减规律，高频、低频信号衰减差异较大，高频信号因地层滤波作用和地层的吸收作用，反射能量大幅度衰减，通过深层反射到地面来的信号大多是微弱的低频信号，甚至这些有效反射信号常常被"淹没"在干扰中。大地衰减作用是非人为因素所能改变的，只有通过对激发震源这一重要环节进行研究，使其激发后具有比常规震源更宽的频带，在有效频带范围内振幅向高频方向增强，提高激发地震波的下传能量，性能要稳定，保证分辨率和信噪比。

1　震源的爆炸机制

在地震勘探中炸药爆炸的瞬间压强高达几十万个大气压，炸药包附近的岩石在强压力的作用下发生永久形变，形成一个实际的空穴区(随着炸药量的不同，这个空穴的范围一般为1m至几米)。在此空穴之外，压力迅速衰减，空穴区以外的一定范围内，岩石虽然不像空穴区那样被破碎、粉化，但由于压力仍然超过岩石的弹性限度而使岩石的形变不能全部恢复，产生了所谓塑性形变区。过了这个区域，压力衰减到没有超过岩石的弹性限度，虎克定律便得到满足，岩石的形变就能接近全部恢复，即进入弹性形变区。

实际空穴区(永久形变区)和塑性形变区都不满足虎克定律的条件，都属于非弹性区。因此，塑性区以内的范围称为等效空穴区。等效空穴区的边缘(也就是弹性区的起始界限)所产生的岩石质点扰动才是地震波的起始扰动，称之为地震激发波。这种扰动是一种弹性波，服从固体介质中弹性波的传播规律，在均匀介质中，它的波前面是一个球面。

从理想介质中球状震源的假设条件出发，推导出纵波位移方程，结合爆炸的有关原理，可定量分析激发子波振幅、频率与药量大小的关系。

1.1 球腔震源的纵波位移方程

假设在均匀各向同性的无限大的弹性介质中，挖一个半径为r的球形空腔来模拟实际炸药的爆炸，当药包体积很小而r又足够大，可认为在球腔壁上只产生弹性形变，爆炸引起介质质点的振动，可以通过表达式加以说明纵波的位移方程：

$$u = \frac{r^2 p\mathrm{o}}{2\sqrt{2}\,\mu svp}\, e^{-k\tau/\sqrt{2}} \sin k\tau$$

$$k = \frac{2\sqrt{2}}{3}\frac{V_p}{r} \tag{1}$$

式中，$p\mathrm{o}$为作用于腔壁上的起始应力；μ_s为切变模量；τ为波的传播时间；k为圆频率；s为传播距离。从(1)式可知位移是按指数规律衰减的正弦振动，位移随传播距离的增大反而减小，随r的增大而增强，r又随药量的增大而增加，即位移与药量成正比关系。

1.2 激发子波的振幅、频率与药量的关系

在爆破理论中认为球形药包药量的大小与被爆破的岩石体积成正比，即为：

$$Q = qv \tag{2}$$

式中，Q为药量；q为单位体积岩石的炸药消耗量；v为体积，r和ω为药包爆炸漏斗的底圆半径和最小抵抗线，对标准抛掷爆炸来说，$r=\omega$，其漏斗体积为：

$$v = (\pi r_2 \omega /3) \approx r_3 \tag{3}$$

故可得：

$$Q = qr^3 \tag{4}$$

由(4)式可得，球腔半径与药量的立方根成正比，激发子波的强度与药量的立方根成正比。因此，在地震勘探中激发子波的振幅A与Q的立方根成正比关系(即$A=cQ^{1/3}$)，当药量Q增大到一定量时，随着Q的增加，振幅A增加的很小，主要是由于此时的药量大部分用于岩石的破坏作用，只有小部分转化为弹性能量。

而激发子波的频率与药量的立方根成反比，即$f=cQ^{(-1/3)}$，随着Q的增大，频率f变低，药量增加到一定的值时，f随药量的变化处于平稳。

在地震勘探中记录的是质点运动速度，它是位移对时间的导数即：

$$s(t) = \frac{\mathrm{d}u}{\mathrm{d}t} \tag{5}$$

对$s(t)$做Fourier变换，可以得到频率域表达式：

$$s(\omega) = \frac{i\omega}{\frac{1}{k}(\frac{k}{\sqrt{2}}+i\omega)^2 + k^2} \tag{6}$$

于是振幅谱为：

$$|s(\omega)| = \frac{\omega}{k\sqrt{(\frac{3k^2}{2}-\omega^2)^2 + 2k^2\omega^2}} \tag{7}$$

由此可以得到振幅谱的极大点频率：

$$\omega = \sqrt{\frac{3}{2}}k = \frac{2V_p}{\sqrt{3}r} \tag{8}$$

即振幅谱的极大点频率与孔穴半径成反比。把 ω 代入式(7)，得振幅谱极大点的幅度：

$$|s(\omega)|_{max} = \frac{1}{\sqrt{2}k^2} = \frac{9r^2}{8\sqrt{2}V_P^2} \tag{9}$$

振幅谱的均方根值：

$$|s(\omega)|_{rms} = (\int_{-\infty}^{\infty}|s(\omega)|^2 d\omega)^{\frac{1}{2}} = (\frac{27\kappa}{64V_P^3})^{\frac{1}{2}}r^{\frac{3}{2}} \tag{10}$$

振幅谱均方根与孔穴半径的3/2次方成正比。爆炸产生的震源子波的振幅与孔穴半径平方成正比，而震源子波的视频率则与孔穴半径近似成反比。在离开药包的距离超过孔穴半径几倍时，震源子波与孔穴半径的关系是比例缩放关系，孔穴半径增加1倍，则震源子波的振幅也增大1倍，沿时间方向也拉长1倍。

2　特殊震源的类型及激发方式

2.1　垂直延迟叠加震源

按照高分辨率和深层地震勘探的要求研制的地质勘探定向爆炸延迟叠加震源，是由多个单元定向爆炸，并且从顶端起爆，因而使爆炸各单元之间的延迟速度可近似于地震波在周围介质的传播速度；依次爆炸，使在垂直向下方向上爆炸各单元产生的波前面重合，而垂直向上方向上，波前面相差较大距离，从而达到加强了向下能量，压制了上传能量，有效地压制了向上的面波和虚反射；并且采用了高爆速、高猛度、大威力炸药和厚壁高强度金属外壳，以及先进的激发传爆机理，提高了爆炸后形成地震波的频率。该震源还可根据不同地质情况的需要，调整各单元激发震源之间传爆延迟时间，并可根据不同要求进行二单元、三单元、多单元的组合，扩大了应用范围，增加了使用灵活性。

2.2　聚能弹震源

为了降低或消除炸药爆炸瞬间对周围介质的强烈冲击而造成的破坏，减缓地表质点的振动速度，保证在建筑物近距离使用该震源有绝对的安全性，和使用该震源后能获取较为理想的地震资料。要实现上述构思要求爆炸必须增加下传能量(有效信号)，减少对地面的冲击。要达到这种激发效果，经过分析研究，采用了定向聚能的原理，研制出了定向聚能弹，如图1是特殊地表聚能震源弹的结构示意图，主要由以下几个部分组成：护盖、密封圈、装药弹体、密封槽、密封盖。激发能量集中向下，减少了对地面设施的冲击，达到了最初目的。

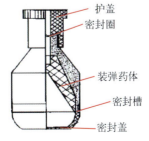

图1　聚能弹结构示意　　　　图2　爆炸地震锤激发示意

2.3 爆炸地震锤

聚能震源弹仅使炸药爆炸产生的射流物质沿轴线汇集向下射击地层，而真正能够转换成地震波的能量不大，该种聚能震源弹虽有聚能向下的作用，但产生的能量大部分用来以穿透地层，只有爆炸产物射击地层时的摩擦力产生地震波，能量利用很小一部分。为了研制一种充分利用炸药爆炸产生的能量来转换成地震波的震源，并且能够解决特殊地震勘探中在复杂地表区的激发问题，同时激发的地震波要具有较高的频率，研制成功了爆炸地震锤震源(图2)，它是爆炸射流抛射锤头撞击地层，产生振动，从而产生地震波。

3 特殊震源的试验资料对比和应用效果

3.1 垂直延迟叠加震源和普通炸药震源对比

通过在不同地区的试验资料对比分析，普通炸药单井记录上面波较强，垂直延迟叠加震源记录面波较弱。从反射层的能量、连续性、记录背景以及反射波的频率等品质来看，垂直延迟叠加震源的信噪比和分辨率都比普通炸药有明显的提高，垂直延迟叠加震源激发后获得地震信号高频成分丰富，波组特征明显(图3)。从两种震源的激发能量上可以看出，垂直延迟叠加震源由于采用延迟叠加的效果，利用小药量激发与大药量的普通炸药激发后在能量上有明显的差异，垂直延迟叠加震源比普通震源能量强，频率也有很大的提高，从整体面貌上来看，信噪比有了明显提高。垂直延迟叠加震源还可以根据不同的要求，适当增加延迟个数，达到既增加激发高频的能量，又增加地震波的频率。

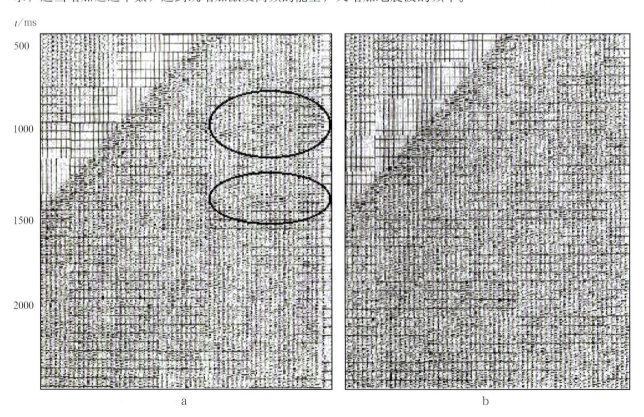

图3 垂直延迟叠加(a)与普通(b)震源记录对比

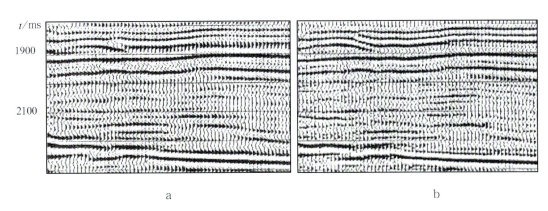

图4 叠加剖面对比

a—普通震源；b—延迟震源

在车西地区的试验结果表明，三级延迟的效果要好于四级延迟和二级延迟，三级延迟震源的频率较高，干扰小。这是因为在不同的地表条件下激发，要适当考虑激发深度和激发岩性，合理调整激发的延迟速度与围岩的速度相匹配，才能更好激发高频率、高能量的地震波。由于垂直延迟叠加震源采用了与激发介质速度耦合的垂直延迟叠加方式，增加了下传的高频能量，减少了上传干扰波的影响，对于压制干扰效果明显。图4为垂直延迟叠加震源和普通震源剖面对比，延迟叠加剖面明显比普通震源频率高，层间信息丰富，断点清晰、可靠，信噪比高，达到了提高资料分辨率的目的，取得了较好的效果。

3.2 聚能震源弹和普通炸药震源对比

根据普通震源与聚能震源弹的对比记录分析(图5)，聚能震源弹获得资料的高频成分丰富，中浅层的地震信号的信噪比明显比普通震源高，波组关系清楚，250g的震源弹效果最好。从激发后对地表的破坏作用效果来看，聚能震源弹由于采用了聚能的特点，充分利用了爆炸的下传能量，压制上传的能量，所以对地表的震动小，获得的地震信号的信噪比和频率较高。利用聚能震源弹解决复杂地表激发问题，野外采集已经具有在复杂地表不空炮的水平。图6为某地区施工的新老剖面对比，使用聚能震源后，填补了该区的资料空白，取得了较好的效果。

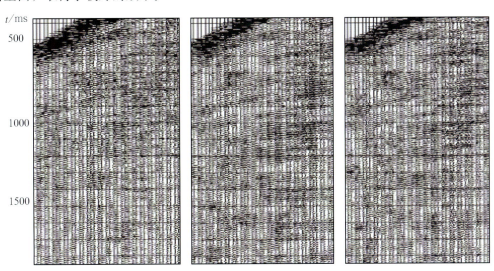

图5 普通炸药2kg(左)、聚能弹250g(中)和聚能弹90g(右)震源记录对比

3.3 地震锤和普通震源对比

从地震锤系列试验的效果来看，随着地震锤的药量增加，反射波能量也增强。图7是地震锤与普通震源的单炮对比记录，从记录对比效果分析，定向地震锤激发后获得资料的信噪比较高，增加了有效地震波的能量，减弱了爆炸带来的干扰和对地面的破坏作用，提高了信噪比，这种震源在砾石区等一些特殊地表条件的地震勘探中具有较好的效果。

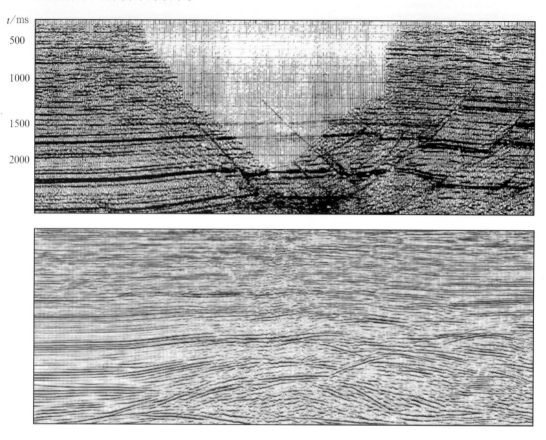

图6　聚能震源弹老剖面(上图)与新剖面(下图)对比

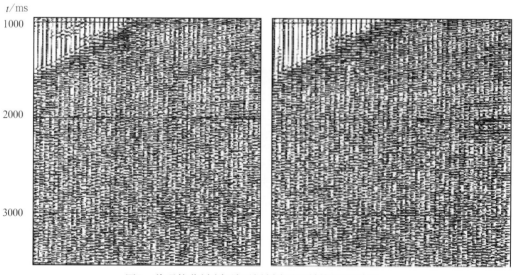

图7　普通炸药(左)与地震锤(右)震源单炮记录对比

4　结束语

　　垂直延迟叠加震源和爆炸地震锤震源的研制在国内属于首创。它与普通炸药相比，通过控制装药方式和控制炸药爆炸速度来达到与围岩的最佳匹配，最大限度地利用其激发的能量，激发出高频成分丰富、频带宽、高频能量高的地震信号。采用延迟和定向爆炸原理，减少了对地面的震动和破坏性，解决了在城镇房屋密集区等特殊障碍区的激发问题，在复杂地表勘探中应用前景广阔。

参考文献

[1] Thigpen, B.B., Dalby A.E.and landrum, R.1975, Special report of the aubconnittee on polarity standards.Geophysics, 40, 694～699

[2] 龙维祺. 爆破工程. 北京：冶金工业出版社, 1992

[3] 俞寿朋. 高分辨率地震勘探. 北京：石油工业出版社, 1993

地震采集中低截滤波的试验分析

赵殿栋　谭绍泉　徐锦玺　任福新　张庆淮

胜利石油管理局　山东东营　257100

摘要　根据高分辨率地震勘探对高低频能量均衡的要求，对低截滤波进行多次试验。通过试验分析，认为在胜利探区，进行1.0s以下地层勘探，在没有有效提高高频信号信噪比的条件下，应结合检波器型号，不加或加小陡度的小低截滤波器，可以增大地震波优势频带内的有效波低频端成分。

关键词　地震勘探　低截滤波　频率　能量　信噪比

引　言

在地震勘探中，由于大地对低频信号和高频信号的不同衰减作用，使得反射回到地面的低频信号和高频反射信号能量相差很大，高频信号能量很弱，造成仪器无法记录，使地震资料的分辨率降低。为了提高地震资料的分辨率，解决高频反射信号的可记录性，提高接收信号的反射频率，常常采用加低截滤波器的方法。

李庆忠院士从理论上分析了地层的吸收衰减模式[1]，并提出了解决高频信号可记录性的方法，其中之一是在野外采集加低截滤波器，根据这一思路在不同地区做了多个试验，试验效果清楚。以HG地区的不同低截滤波试验进行分析。

1　试验概况

采用GDAPS-3仪器，记录方式为16位瞬时浮点(IFP)记录，前放增益为36dB，检波器型号为20DX，自然频率28Hz，灵敏度0.28，线圈阻尼395，用12、28、44、60、76、92、108和124Hz等8个低截档进行同时接收，低截陡度分别为18dB和36dB。

2　试验资料分析

2.1　不同低截资料的原始资料分析

从获得的不同低截原始解编记录(图1)分析，随着低截值(Lc)的不断提高，面波的强度和范围得到有效的控制。对18dB陡度，在原始记录上2.0s处，由Lc=12Hz时的20道、Lc=28Hz时的4道降到Lc=44Hz时几乎看不见；反射波视主频在不断提高，在2.0s处Lc=124Hz时反射波的视主频达80Hz。对36dB陡度而言，面波能量衰减得更严重，在原始记录上2.0s处，由Lc=12Hz时的10道降到Lc=28Hz时几乎看不见；反射波视主频在不断提高，在2.0s处Lc=124Hz时反射波的视主频达90Hz以上。但是，随着低截不断提高，地震资料的信噪比在不断降低；对36dB陡度，信噪比变化更明显。2.0s处的反射层，在Lc=92Hz时没有表现出来，对1.2s反射层，在Lc=108Hz时看不见了。

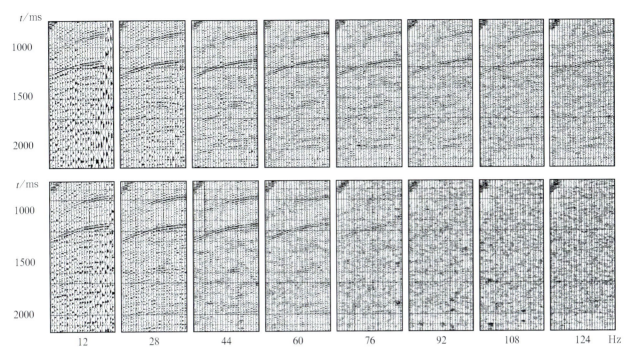

图1　不同低截滤波器解编记录对比

上—18dB陡度；下—36dB陡度

2.2　原始资料的不同分频扫描分析

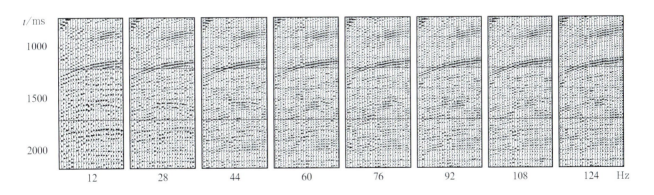

图2　18dB陡度时不同低截滤波器分频扫描记录对比(20～40Hz)

对原始记录进行5～10、10～20、20～40、40～80、60～120、80～160、100～200、150～300和200～400Hz不同分频扫描，在不同频率范围内，不同低截滤波有不同的表现。在10～20Hz扫描中，对18dB陡度，由于6～12Hz频段压制小，故$Lc=12Hz$和$Lc=28Hz$的低频特别强，1s及1.3s的同相轴不清楚，其余较清楚。在20～40Hz扫描中，对18dB陡度，在2.0s处，$Lc=12Hz$和$Lc=28Hz$的信噪比不如高的低截，表明在小于20Hz的频带内，仍然要以压制干扰为主，保证20～40Hz主频段的优势(图2)。在40～80Hz扫描中，对18dB陡度，在1.1～1.2s处的高低截不如低低截好，在2.0s处，高低截的视主频比低低截的高；而在36dB陡度，2.0s处的同相轴在$Lc=92Hz$时看不见了，表明低频压制过大，没达到加低截的目的。在60~120Hz扫描中，记录的视频率升高，但在1.1~1.2s处的信噪比越来越小，在2.0s处，高低截也没改善。在36dB陡度上，2.0s处的同相轴在Lc=60Hz时看不见了，表明低频压制过大。在80~160Hz扫描中，记录的视频率升高，但在1.1~1.2s处的信噪比越来越小，在Lc=92Hz时看不见了。在100~200、150~300Hz以上扫描中，高频有效信号能量微弱，信噪比越来越小。

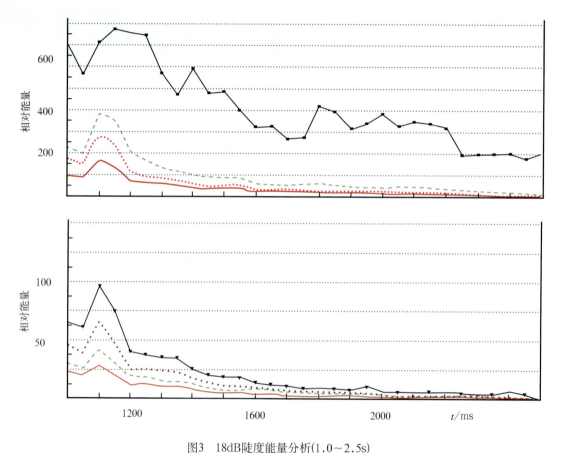

图3　18dB陡度能量分析(1.0~2.5s)

上图曲线从上至下为12、28、44、60Hz；下图为76、92、108、124Hz

2.3　不同低截的能量对比分析

对不同低截滤波资料取相同道进行能量分析(计算均方根振幅值)，随低截的提高，地震道的能量迅速下降(图3)，说明低频能量很大。在18dB陡度记录上，在1.1s处，由Lc=28Hz的振幅约是Lc=12Hz的1/2；在1.4s处，由Lc=28Hz的振幅约是Lc=12Hz的1/5；在2.0s处Lc=28Hz的振幅是Lc=12Hz的1/8。对36dB陡度的记录，低频能量压制的更厉害，在1.1s处，由Lc=44Hz的振幅约是Lc=12Hz的2/5。在不同频率滤波挡上，随着滤波挡提高(图4)，不同低截的能量差越来越小，在100~200Hz频带内上，在1.2s以下不同低截的能量几乎相当，高低截资料的优势没有表现出来。

通过研究表明，采用普通激发因素(11m、6kg)，用16位瞬时浮点仪器，在1.2s以下同样能记录下微弱的高频信号，没有出现高频信息记录不下来的现象。

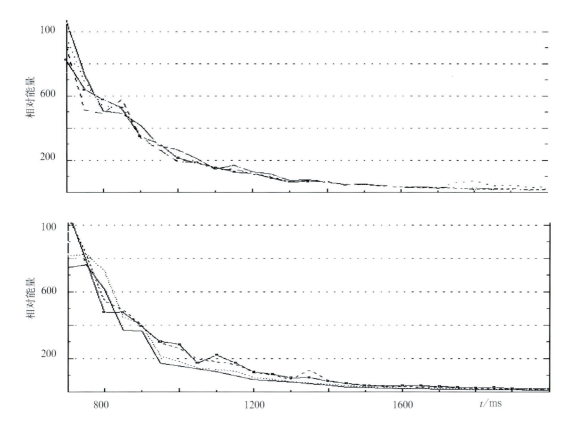

图4　18dB陡度时不同低截滤波器不同频带能量分析(700～2000ms)

上图曲线从上至下为12、28、44、60Hz；下图为76、92、108、124Hz

2.4　不同低截的频率对比分析

对不同低截滤波资料取相同时窗、对应道进行频谱分析，随着低截的提高，地震资料中频率没有缺失，只是地震道的主频在提高(图5)。但通过分析知道，这是以压制低频为代价的。其实，地震波中高频的能量并没有得到有效提高，只是相对于低频信号，高、低频信号能量相差缩小了，二者之间能量得到均衡。

2.5　不同低截的信噪比对比分析

对不同低截滤波资料在浅层1.0～2.0s进行信噪比分析，随低截数值的提高，地震道的信噪比在降低。在18dB陡度记录上，在1.15s处，$Lc=44$　Hz和$Lc=60$Hz的信噪比高。对36dB陡度的记录，仍然是$Lc=44$Hz的信噪比最高。产生这种情况的原因，是由于大地对不同频率信号的衰减程度不同，造成高频反射信号强度远小于低频反射信号强度。而此时高频环境噪音的能量与高频有效信号的能量相差不大，在高频端，它的信噪比本身就很小。由于低截滤波压制了低频信号的能量，使低频信号的能量和信噪比优势体现不出来，造成了信噪比随Lc提高而降低的情况。

虽然高、低频信号的能量均衡问题得到改善，但高频有效信号的能量太低，说明在地震波的优势频带内，可以保证有较高的信噪比，如果没有在有效的压制高频噪音方面有足够的进展，加低截会使低频带的优势信噪比丧失，起不到提高分辨率的目的。

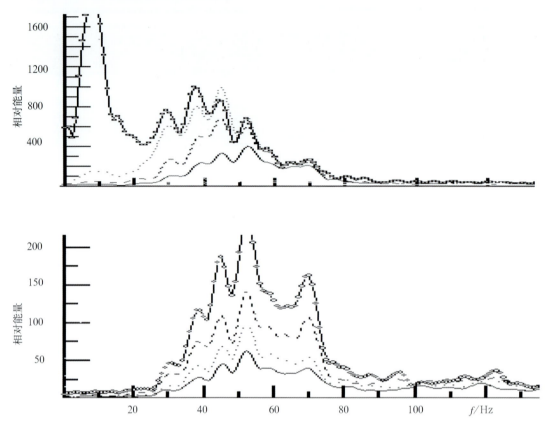

图5　18dB陡度时不同低截滤波器频谱分析(1.0~1.2s)

2.6　模拟滤波与数字滤波对比

　　对不加低截资料采用和模拟滤波资料相同的滤波参数进行数字滤波，发现二者相差不大(图6)，在目前条件下，模拟滤波可以用数字滤波代替，野外用全频带接收，室内根据不同的处理目的采用不同的滤波参数。

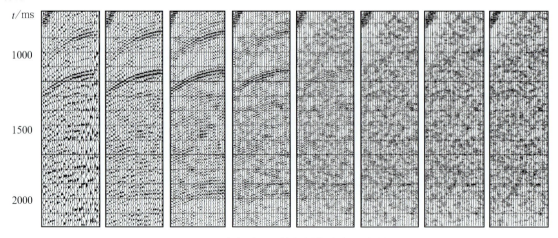

图6　36dB陡度时不同数字低截滤波器对比记录

从左至右分别为：12、28、44、60、76、92、108、124Hz

3　认识

根据以上分析，仪器加低截滤波器可以改善地震波低频和高频能量的均衡，对浅层勘探有改进，可以提高地震波的主频。但在胜利油田进行地震勘探，对1.0s以下地层勘探，如果采用低截，由于高频有效信号淹没在各种干扰信号中，优势频带内(20～50Hz)的地震信号遭到很大压制，使地震记录的信噪比降低，仪器加低截的最终效果不大，可以不用。提高分辨率需要全频段的信息，少那一段都不行。很高的低截使低频信息缺乏，以后无法再补。在野外录制时，要考虑检波器型号，进行全波段录制或小低截、小陡度录制较好，以后根据不同的目的进行室内处理。

参考文献

[1] 李庆忠. 地震高分辨率勘探中的误区与对策. 石油地球物理勘探，1997，32(6)：751～783

桂中山区宽线地震采集观测系统优选

于世焕 赵殿栋 秦都

中国石油化工股份有限公司油田勘探开发事业部 北京 100728

摘要 广西中部喀斯特地貌区地表非均质性强，共炮点记录和共接收点记录品质在每一条单线的不同岩性段存在较大的不一致性，单线叠加方式不能很好地解决这个问题。为此，进行了3线3炮宽线地震采集试验，采用数值方法分别对共炮点记录、共接收点记录以及叠加剖面的信噪比和频率进行了对比分析，得出以下相同结论：当3条单线的信噪比曲线变化趋势较为一致时，相加后的宽线信噪比提高幅度不大，采用宽线方式的优势不明显；当3条单线的信噪比曲线变化趋势不一致或剧烈变化时，其相加的宽线信噪比提高幅度较大，这种情况下采用宽线方式的优势明显；但宽线方式多线接收不可避免地降低了资料的频率成分。在此基础上提出了宽线方式信噪比提高率和主频降低率的最大幅度计算方法，探讨了不同宽线剖面信噪比和主频存在的近似反比关系，拟合出了近似公式，据此选取桂中山区合理的宽线观测系统为3线2炮观测方式。

关键词 喀斯特地区 共炮点记录 共接收点记录 宽线观测系统 信噪比提高率 主频降低率

近年来，黄土塬地区、南方山区、准噶尔盆地南缘山前带、塔里木盆地西缘库车地区等广泛应用了宽线地震技术[1~13]。宽线采集方式为5线5炮至2线2炮，其中以2线2炮和3线2炮居多。但由于近地表条件差，原始记录信噪比低，地震剖面品质不高。人们对宽线和单线的单炮记录进行了比较，认为宽线记录质量比单线记录质量有较大提高；对宽线和单线地震剖面进行了比较，认为宽线剖面比单线剖面品质有较大改善[2~4]。但上述研究仅仅是用"肉眼"方式进行比较，没有对信噪比、频率等关键地震参数进行定性分析和定量计算，无法获得单线和宽线地震资料信噪比、频率等参数的变化规律。

本文通过定量分析手段，对桂中山区非均质性地表宽线和单线地震资料品质进行了研究，给出了桂中山区宽线地震采集观测系统优选方案。

1 桂中山区地表、地下地质特征及勘探现状

桂中坳陷位于雪峰山隆起南侧，东部以龙胜-永福断裂及大瑶山隆起为界，西部以南丹-都安断裂为界，是晚古生代在加里东变质褶皱基底上发育形成的大陆边缘盆地。其基底为元古界-下古生界，岩性为大套轻变质岩系。沉积盖层主要为泥盆系-中三叠统海相沉积地层，发育层位齐全，厚度达14000m。

地表出露地层主要为三叠系(T)、二叠系(P)、石炭系(C)、泥盆系(D)，其中石炭系大片分布，二叠、三叠系等多分布于向斜两翼。出露岩性以灰岩为主，局部有砂岩、泥岩、砾石。地形起伏变化大，岩溶发育，属典型的喀斯特地貌。地下地质条件复杂，不仅地层倾角大，而且岩溶和断裂发育，折射波、侧面波、散射波等各种干扰严重。

2003年以来，在该区进行过3次二维地震勘探，CDP线距10m、覆盖次数90次。资料中、深层可看到有效反射，但局部波组特征不明显。其中泥盆系、石炭系、三叠系地震反射层位品质较好，波组特征明显，能可靠追踪；而二叠系地震反射层位品质相对较差，波组特征不明显，不易连续追踪。整体资料信噪比较低，影响了进一步勘探进程。

2　宽线观测系统试验

2.1　观测系统设计

通过对前期地震资料进行分析，本次试验选用3线3炮观测系统。其中接收线数3条，接收线距40m，道距20m，接收道数540×3=1620道；激发线数3条，炮间距40m，炮排距60m；5条CDP线，面元10m×10m，总覆盖次数为810次(图1)。

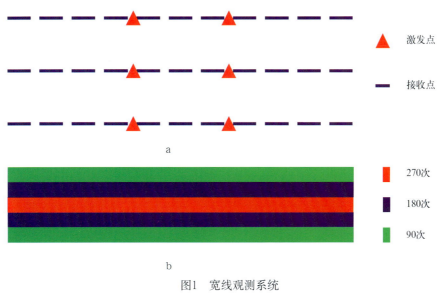

a

图1　宽线观测系统

a、3线3炮；b、CDP线及覆盖次数

2.2　资料采集

采用2.5m单位电极距高密电法进行表层结构调查，获得近地表电阻率剖面，见图2。图中蓝绿色等低电阻率区域被解释为溶洞和空隙度较高的灰岩，对地震波的传播、接收以及激发都存在不利影响。宽线试验完成满覆盖次数长度16km，生产炮数为1136炮，其中一级品率为72.4%，二级品率为27.6%。

对大部分炮点来说，由于接收排列段上岩性发育的地质年代不同，地震信号接收的一致性受到了影响。图3为不同岩性段单炮记录，二叠系厚层状灰岩段的42道(长度420m)记录质量明显降低，而石炭系、三叠系、二叠系薄层状灰岩段的记录质量较好。同样是二叠系岩性，其记录品质也有很大区别，二叠系薄层状灰岩比二叠系厚层状灰岩记录品质高。二叠系岩性出露地表，是导致原始地震资料一级品率较低的主要原因。

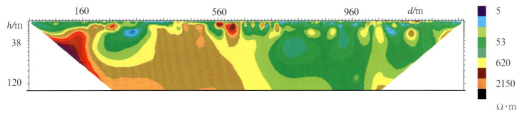

图2　近地表电阻率剖面

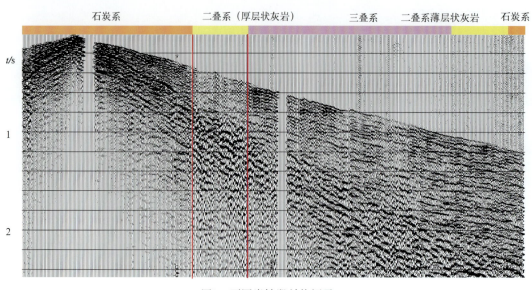

图3　不同岩性段单炮记录

3　宽线地震资料分析

3.1　共炮点资料分析

　　对于宽线来说，单炮记录品质在不同岩性段存在较大的不一致性，那么每一条单线上连续的一段多炮记录信噪比(r)和主频(f)特征也有可能存在较大的不一致性。将多条单线相加后的宽线炮记录品质能否得到改善？改善程度如何？

　　抽取1炮3线单炮记录，其简单去噪结果见图4。在1200～2200ms时间窗口进行信噪比分析，如图5所示。横坐标0～700m范围为石炭系接收段，3条单线的信噪比曲线差异不大，信噪比值在2.6～2.8，并且与3条单线相加的宽线(3L)信噪比变化趋势近乎一致；而横坐标700～1700m范围为二叠系接收段，3条单线的信噪比曲线呈现出较大差异，比如横坐标1400m处L1线信噪比是2.7，L3线信噪比低于2.55，3线相加的宽线信噪比较高，一般在2.65～2.83。

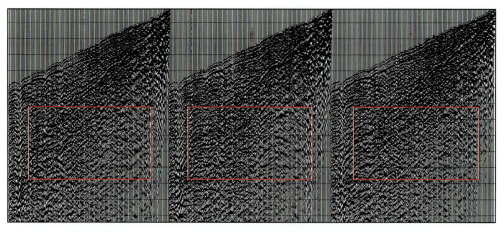

图4　1炮3线单炮记录

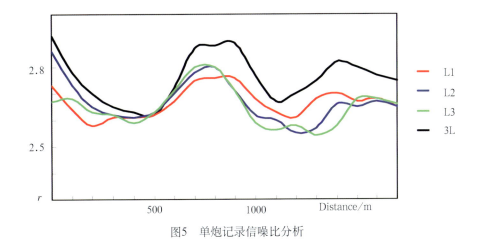

图5　单炮记录信噪比分析

从上述分析可以看出，石炭系地层接收排列段记录品质较好，二叠系地层接收排列段记录品质较差。当3条单线单炮记录信噪比变化趋势较为一致时，其相加的宽线单炮记录信噪比提高幅度不大，在0～4.7%，因而这种情况下采用宽线方式的优势不是很明显；当3条单线单炮记录的信噪比趋势不一致或剧烈变化时，其相加的宽线单炮记录信噪比提高幅度比较大，在3.8%～8.3%，这种情况采用宽线方式就非常必要。很明显，每一条单线的信噪比曲线并不总是高于或低于另外一条，而是互有高低，采用宽线方式能在较大程度上提高这些变化区域的资料信噪比。

在1200～2200ms时间窗口进行频率成分分析，结果如图6所示。3条单线的主频曲线差异不大，主频一般在28～34Hz，单线之间相差2Hz左右，而3线相加的宽线主频略低，一般在24～28Hz，其变化趋势与3条单线近乎一致。可见采用宽线方式多线接收不可避免地降低了单炮记录的主频。

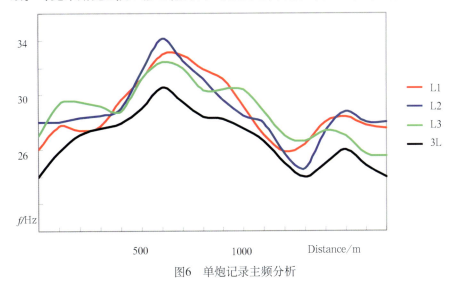

图6　单炮记录主频分析

3.2　共接收点资料分析

上述研究表明，共炮点记录品质在不同岩性段存在较大的不一致性，将多条单线相加后的宽线共炮点记录信噪比得到了明显改善。根据激发点和接收点互换原理，共接收点记录也应该存在与共炮点记录同样的现象与规律，即不同炮线上的共接收点记录信噪比和频率应该有较大的不一致性，将多条炮线相加后的宽线共接收点记录信噪比会明显提高。

图7是去噪后的共接收点记录，在550～1300ms时间窗口进行信噪比分析，结果如图8所示。在横坐标0～600、900～1200、1300～1600m处，3条单线信噪比曲线呈现出较大差异。如在横坐标410m处，L1线信噪比低至2.15，L2线的信噪比是2.55，二者相差0.4，变化率为19%，而3线相加的宽线(3L)信噪比较高，一般在2.4～2.65。但在横坐标600～900、1200～1300m处，3条单线的信噪比曲线差异不大，并且与3线相加的宽线变化趋势近乎一致，3线相加的宽线信噪比提高幅度不大。

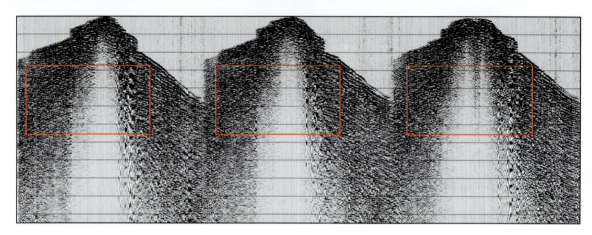

图7　共接收点记录

由此可见，当3条单线的共接收点记录信噪比曲线趋势不一致或剧烈变化时，其相加的宽线记录信噪比提高幅度比较大，这种情况采用宽线方式就非常必要；当3条单线共接收点记录的信噪比曲线变化趋势较为一致时，其相加的宽线记录信噪比提高幅度不大，这种情况下采用宽线方式的优势不明显。

在550～1300ms时间窗口进行频率分析，如图9所示。在横坐标0～850m处，3条单线的主频曲线呈现出较大差异，主频一般在32～42Hz，单线之间主频差异达10Hz，3线相加的宽线主频明显降低，主频一般在30～34Hz；但在横坐标850～1600m处，3条单线的主频曲线差异不大，一般在22～40Hz，3线相加的宽线变化趋势与单线近乎一致，但比单线低4Hz。可见采用宽线方式多线激发同样不可避免地降低了共接收点记录的主频。

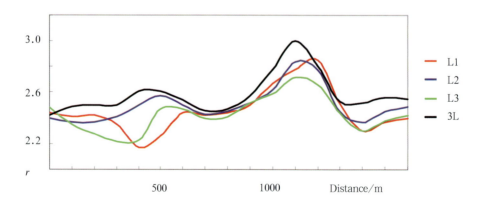

图8　共接收点记录的信噪比分析

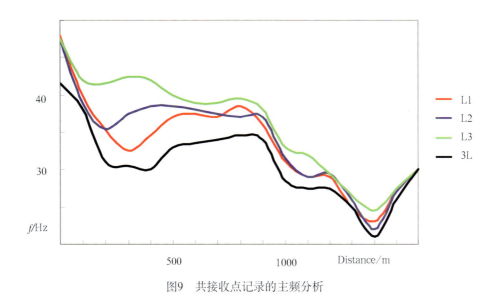

图9　共接收点记录的主频分析

3.3　叠加速度分析

对比3线3炮810次覆盖次数剖面和1线1炮90次覆盖次数剖面的速度谱，在1500ms以上，二者能量团区别不大，而在1500ms以下则区别明显，如图10所示。在810次覆盖次数的速度谱上，3个红色箭头处的聚焦能量较强，叠加速度值也有所不同，分别为6300、6700、6950m/s，而90次覆盖次数的叠加速度值分别为6400、6700、7050m/s，差值在100m/s之内。根据速度谱上的能量团，前者红色箭头处选取叠加速度的途径至少有3种，从而可进行尝试和优选，而后者红色箭头处选取叠加速度的途径只有1种，并且很难确定这种方式是否正确。可见宽线方式为正确选取叠加速度提供了有利条件，能保证资料的同向叠加，提高资料信噪比。

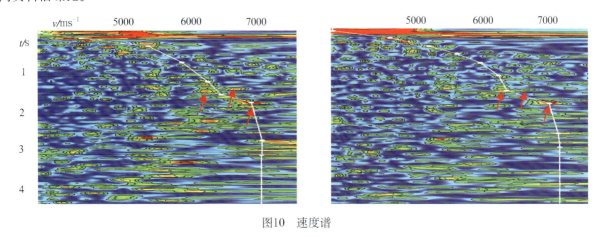

图10　速度谱

a、3线3炮810次覆盖次数；b、1线1炮90次覆盖次数

3.4　叠加剖面分析

以上研究表明，共炮点记录和共接收点记录品质在每一条单线的不同段存在较大的不一致性，将多条单线相加后的宽线共炮点记录和共接收点记录信噪比得到明显改善。那么，每一条单线的叠加剖面和

宽线叠加剖面是否存在同样的现象和规律呢?

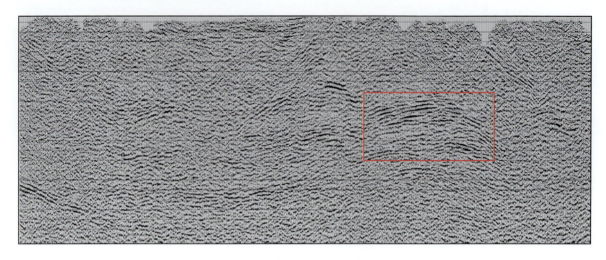

图11 1线1炮90次叠加剖面

图11是1线1炮90次覆盖叠加剖面，图12是3线3炮810次覆盖叠加剖面。选取与图11或图12相同的窗口，对1线1炮(1S1L)、2线1炮(1S2L)、3线1炮(1S3L)、2线2炮(2S2L)、3线2炮(2S3L)、3线3炮(3S3L)等宽线叠加剖面进行信噪比分析，如图13所示。横坐标800～1300m处，3条单线剖面的信噪比曲线差异不大，并且与3线3炮剖面的信噪比曲线变化趋势近乎一致；而横坐标0～800、1300～2100m处，3条单线剖面的信噪比曲线呈现出较大差异。如200m处L1线的信噪比是2.9，L2、L3线的信噪比是3.1；1700m处L3线信噪比是2.6，L1线信噪比是3.2。3线3炮剖面的信噪比较高，一般在2.8～3.7。选取3线3炮剖面的信噪比与对应的单线剖面信噪比最低值进行比较，可计算出3线3炮剖面的信噪比提高率$\triangle r$:

$$\triangle r_i =(R_{33i} \ / \ R_i)-1 \tag{1}$$

式中：R_{33}为3线3炮剖面信噪比；R为单线剖面信噪比最低值；$i=1,2,3...,n$(n为道数最大值)。

剖面上窗口所在段横坐标0～1500m处提高幅度为10%～20%；横坐标1500～2000m处提高明显，在10%～36%，见图14。

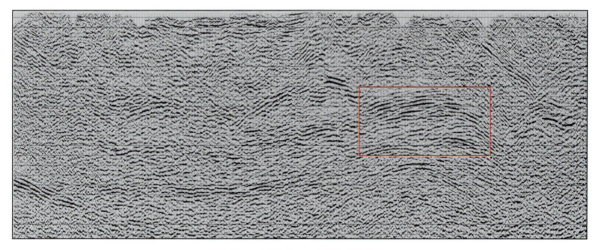

图12 3线3炮810次叠加剖面

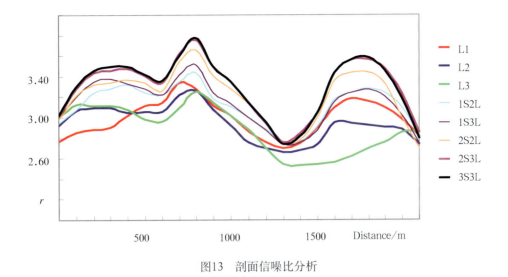

图13　剖面信噪比分析

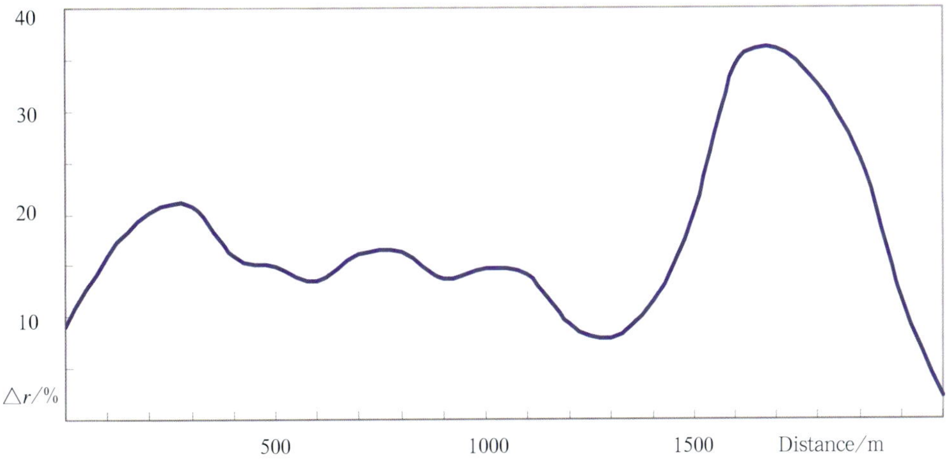

图14　剖面信噪比提高率

可见，单线叠加剖面的信噪比曲线与共炮点记录和共接收点记录的信噪比曲线存在类似的变化特征，说明单线多次覆盖技术不能有效提高原始记录的信噪比。当3条单线的叠加剖面信噪比曲线变化趋势较为一致时，其相加的宽线叠加剖面信噪比有一定的提高率，但采用宽线方式的优势不明显；当3条单线的叠加剖面信噪比趋势不一致和剧烈变化时，其相加的宽线叠加剖面信噪比提高率比较大，这种情况下采用宽线方式优势明显。

图15为叠加剖面主频分析结果。3条单线的叠加剖面主频曲线呈现出差异性大、震荡性强的特点，比如主频一般在29～33.5Hz，单线之间主频差异为2Hz。而3线3炮剖面的主频曲线变化趋势相对稳定，主频一般在26～31Hz，低于单线2.5～5Hz。取3线3炮剖面的主频与对应的3条单线剖面主频的最高值比较，则获得3线3炮剖面主频的降低率△f，在10%～20%，见图16。

$$\triangle f_i = F_i \ / \ F_{33i} - 1 \tag{2}$$

式中：F为单线剖面主频最高值；F_{33}为3线3炮剖面主频；$i=1,2,3\ldots,n$（n为道数最大值）。

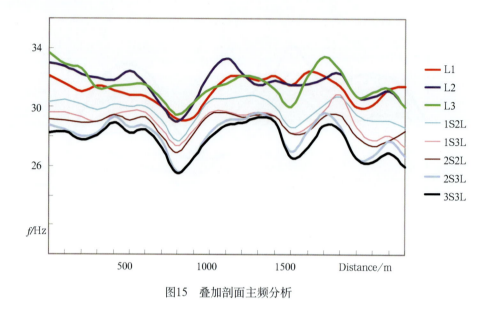

图15　叠加剖面主频分析

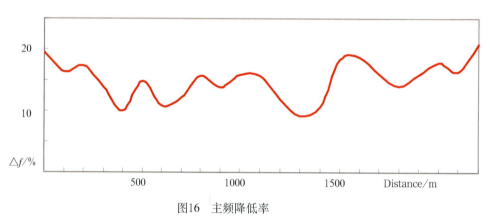

图16　主频降低率

4　观测系统优选

　　研究区属于低信噪比地区，并且近地表局部信噪比变化剧烈，需要重点考虑如何提高地震资料信噪比的问题。从图13和图15横坐标1700m处选取曲线差异最大的一个点，拾取每条曲线的信噪比值和主频值，见表2和图17。很明显，信噪比和主频大致成反比关系，并且可以拟合为公式：

$$r=9.115-0.194f \tag{3}$$

　　式中：r为信噪比；f为主频。这与理论概念是一致的。

表2　信噪比与主频的关系

观测系统	3S3L	2S3L	2S2L	1S3L	1S2L	L1	L2	L3
信噪比	3.57	3.57	3.45	3.25	3.25	3.18	2.94	2.62
主频/Hz	28.6	29.5	29.5	29.6	30.4	32.0	32.2	33.5

根据图17，可以将信噪比大小分为3个档次，第1档是L1，L2，L3线3个点，第2档是1S2L，1S3L，2S2L线3个点，第3档是2S3L，3S3L线2个点，因本区重点考虑的是提高信噪比问题，所以应选择第3档——高信噪比区的2S3L，3S3L观测方式。从剖面信噪比曲线(图13)看，3线2炮与3线3炮曲线几乎重合，为较高信噪比曲线；而从剖面频率曲线(图15)看，3线2炮比3线3炮频率高出1Hz。综上所述，3线2炮观测方式在本区具有明显的优势。

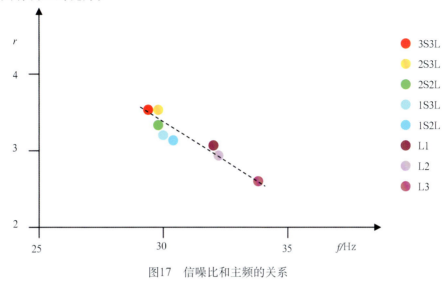

图17　信噪比和主频的关系

5　结论

(1)对于桂中山区喀斯特地貌条件，单线共炮点记录和共接收记录品质存在较大的不一致性，单线叠加剖面品质改善效果也不大，常规单线直测线观测方式存在明显的缺陷。

(2)采用宽线方式能较大程度地改善共炮点记录、共接收记录和叠加剖面的信噪比，但在提高资料信噪比的同时，不可避免地降低了资料的主频。3线2炮方式是桂中山区宽线观测系统的最佳选择。

致谢：衷心感谢中国石化勘探南方分公司敬朋贵和齐中山等资深工程师在本文撰写过程中给予有关图件的帮助。

参考文献

[1] 李华科，魏艳. 地表复杂地区地震勘探采集技术新方法 [J]. 内蒙古石油化工，2010，16：97~101

[2] 陈小二，范昆，汤兴友，等. 复杂山地地震采集技术在库车坳陷的应用 [J]. 天然气工业，2010，30(9)：25~27

[3] 罗仁泽，黄元溢，曾俊峰，等. 宽线大组合地震接收原理及实践 [J]. 天然气技术与经济，2010，4(6)：21~23

[4] 于相海，刘明乾，汪铁望，等. 鄂尔多斯盆地黄土塬区弯宽线地震资料处理 [J]. 石油地球物理勘探，2010，45(增刊)：80~85

[5] 林伯香，肖万富，李博. 层析静校正在黄土塬弯宽线资料处理中的应用 [J]. 石油物探，2007，46(4)：417~420

[6] 王栋，贺振华，孙建库，等. 宽线加大基距组合技术在喀什北区块复杂山地的应用 [J]. 石油物探，2010，49(6)：606~610

[7] 卢占国，吕景峰，刘新文，等. 复杂山地宽线大组合优化应用[J]. 天然气勘探与开发，2009，32(1)：18~25

[8] 朱鹏宇，杨晗，杨海涛，等. 宽线观测大组合接收技术在阜康断裂带的应用[J]. 勘探地球物理进展，2010，33(5)：359~362

[9] 梁黎明，罗仁泽. 黄土塬地区宽线地震资料处理技术的几点认识 [J]. 天然气技术，2009，3(2)：24~27

[10] 罗仁泽，梁黎明，吴希光，等．宽线大组合理论及其在黄土塬地震采集中的应用[J]．天然气工业，2009，29(2)：54～56

[11] 吴超，彭更新，雷刚林等．宽线加大组合地震技术在库车坳陷中部勘探中的应用[J]．勘探地球物理进展，2008，31(4)：1～6

[12] 刘依谋，梁向豪，黄有晖等．库车坳陷复杂山地宽线采集技术及应用效果[J]．石油物探，2008，47(4)：418～424

[13] 殷军，徐峰，杨举勇等．库车地区宽线采集技术应用与效果[J]．天然气工业，2008，28(6)：49～51

第三篇

地震新技术

新场地区三维三分量地震勘探实践

于世焕[1] 赵殿栋[1] 李钰[2] 赵文芳[3] 宋桂桥[1]

1.中国石油化工股份有限公司油田勘探开发事业部 北京 100728

2.大庆石油学院地球科学学院 黑龙江大庆 163318

3.同济大学海洋与地球科学学院 上海 200092

摘要 说明了在川西平原砾石区激发技术有了长足进步。数字检波器单点接收记录质量好于模拟组合检波器。进行了转换波各向异性测试，目的层须家河组地层具有明显的各向异性特征，适宜进行三维三分量地震勘探。建立了多波微测井方法，制作了重锤横波震源，对近地表进行探测试验，纵波和横波的近地表结构厚度不同，速度亦有明显差异。发展了多波地震资料处理的关键技术，确立了多波地震资料的处理流程。进行了储层识别和裂缝特征预测，建立了高渗区地震响应模式。分析纵波与横波单一属性参数及组合参数裂缝检测效果，形成了有效的综合含气检测指数，其高值区与多口高产井区吻合。

关键词 新场地区 三维三分量 多波静校正 各向异性测试 优质储层 裂缝检测 综合含气指数

新场构造位于川西坳陷中段孝泉-新场-丰谷北东东向构造带西端，整体为一低缓背斜，背斜两翼不对称，南陡北缓，长轴的长度为44km，短轴的长度为9km，高点埋深为4040～4400m，上三叠统发育多套烃源岩。须家河组发育三角洲平原-前缘沉积砂体，主要砂岩储层的发育层段为须家河组二段和须家河组四段，裂缝发育，多为优质的裂缝-孔隙型、孔隙裂缝型、孔隙型储层。

裂缝是控制气井高产的关键因素，须家河组埋深普遍较大，经历的成岩演化过程极为复杂，储集空间良好但储层渗透能力较差。储层在适当条件下会产生有效裂缝，改善储层的渗流性，释放储层中已经聚集的烃类，成为工业型甚至高产气藏。须家河组二段和四段的气藏特征主要表现为：构造整体含气、多藏叠置、局部富集高产。运移通道是断裂和裂缝，早期砂岩孔隙在运移中发挥了重要作用，裂缝和优质储层的叠加形成高效储渗区，这是形成高产油气富集带的关键因素。

深层地质条件十分复杂，裂缝型储层非均质性极强，裂缝分布规律难以掌握。提高深层须家河组勘探开发成功率的主要手段有：①提高相对优质储层的预测精度。须二段和须四段砂岩发育程度高，储层预测方法与中浅层侏罗系完全不同，即不应该仅仅以砂岩为预测重点，而应该以砂岩中的相对优质储层为预测重点。②提高致密裂缝预测精度。有效裂缝是致密砂岩获得工业产能的关键，与其他地区致密砂岩储层比较，该区上三叠统致密化程度更高。预测和识别储层中有效的裂缝发育带，是深层勘探取得突破的关键。③深层含气性检测及流体性质识别。须家河组油气藏具有超低孔隙度和渗透率、超高压、非均质性强的特点，油气产能与高渗透区带直接相关。深层致密储层孔隙度和渗透率低，含气层与围岩之间的地震响应差异小，一些在常规储层中有效的含气性预测方法在该区应用效果不明显，如何利用有效的地球物理信息进行储层含气性检测及流体判别是该区深层勘探的关键问题。

新场地区油气地震勘探从20世纪70年代初开始，1971年采用模拟磁带仪采集了单线单次剖面，发现孝泉地区腹部有隆起显示；1977年针对须家河组目的层，采用模拟地震仪进行6次覆盖的普查，发现了孝泉构造即新场构造孝泉高点；1985年查明了孝泉地腹的构造形态、展布特征及区域构造配置关系，开展了以中、浅层为勘探目的层的二维地震详查，测网密度达到1km×2km，覆盖次数为12～48次，落实了该区的构造形态，并进行了岩性解释，对油气地质条件和天然气成藏机制进行了有效的探索；1992年进行了二维地震详查，测网密度为0.8km×1.0km；2000年开展了孝泉地区中、浅层三维地震勘探[1]。

随着油气勘探程度的提高，勘探开发难度不断加大。常规的纵波地震勘探面临诸多挑战，如非构造隐蔽油气藏勘探、储层真假亮点预测、裂缝发育带预测、流体预测与油藏动态监测等。要解决这些复杂的勘探问题，仅仅依靠纵波三维地震探勘有明显的局限性和不确定性[2~5]。为了更好地适应新场地区复杂油气藏勘探开发的要求，2005年在该区实施了三维三分量地震勘探，在非均质性极强的致密砂岩裂缝中寻找有效裂缝的高效渗透区[6, 7]。

1 野外地震采集技术

1.1 砾石区钻井工艺技术的改进

川西平原近地表广泛分布较厚的砾石、砂卵石及河滩大卵石，而粘土和泥岩相对较少(表1)。2000年以前，由于钻井工艺技术的限制，激发方式采用浅坑组合(1.5m×24井)，所获资料品质相对较差。2005年以来，钻井工艺技术有了长足进步，提高了激发效果，采用的方法有：①在粒径较小的砂卵石区，采用冲击钻，形成单深井，井深12m以上，或组合井(10m×2井、8m×3井、6m×4井)；在河滩大卵石区，采用大型挖掘机，形成组合井4m×4井(组合井深最浅不小于4m)，当进行有水激发时，与单深井激发效果相近。②粘土或泥岩比砂岩有明显好的效果(图1)，所以尽量选择粘土或泥岩成分多的井段。③河岸无水激发比河滩有水激发效果明显变差，根据变观的方法，将河滩两岸无水大卵石激发点移至河滩，进行含水卵石激发。

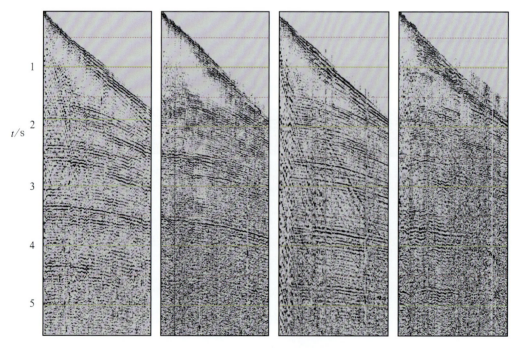

图1 不同岩性处激发的单炮记录

从左至右：含砂泥岩；砂岩；含水卵石；不含水卵石

采用上述方法，地震资料的成像效果得到明显改善，特别是深层信噪比得到明显提高，但分辨率仍不能很好地解决地质问题的需求。通过对激发药量均为14kg，井深分别为12、14、16、18、20和22m的地震记录进行比较，地震记录的质量随着井深增加有一定的改善，但不明显，继续靠增加井深的方法已不是解决问题的有效途径[8]。在激发参数的选择时，以纵波为主，但同时要考虑转换波，转换波能量一般比对应的纵波能量小，野外试验表明，当纵波最佳激发能量确定后，应增加20%，以更适应转换波勘探。

表1　某井近地表结构

岩性	表土	砾石	粘土	卵石	粘土	卵石
深度/m	0~1	1~18	18~20	20~24	24~27	27~32

1.2　单点数字检波器与模拟检波器组合的比较

对单点数字检波器与12个模拟检波器组合进行比较，采用同步激发与接收。从单炮记录看，由数字检波器接收到的单炮记录频率明显较高(图2)。在双程旅行时(t_0)为2.3s处的T_5^1层(箭头处)频谱图上(图3)，数字检波器接收到的单炮记录的频率为37.5Hz，模拟检波器接收到的单炮记录的频率为29Hz，数字检波器接收到的单炮记录的主频提了8.5Hz；数字检波器接收到的单炮记录的高频成分增多，数字检波器接收到的单炮记录的频带宽度为2~91Hz，模拟检波器接收到的单炮记录的频带宽度为2~75Hz，数字检波器接收到的单炮记录的频带宽度向高频方向拓宽了16Hz。

模拟检波器组合能够较好地压制高频随机噪声，但其接收到的单炮记录受低频随机噪声和50Hz工业电干扰严重。以前针对检波器组合问题，主要考虑对干扰波的压制效果，而对有效波的损害考虑较少，其实，检波器组合对中、远道有效波信息的损害是严重的，主要原因是以前所用检波器道数少，后续的室内地震资料处理没有好的噪声压制方法；当前，接收道数有了突破性的发展，在实际生产中，三维地震勘探的接收道数已超过30000道，室内资料处理发展了有效的噪声压制技术。单点数字检波器高密度采集技术的优势越来越明显。

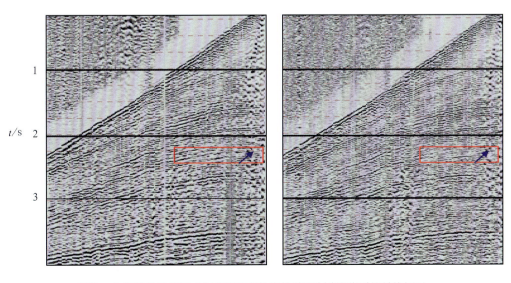

图2　由模拟检波器组合(左)和单点数字检波器(右)接收到的单炮记录

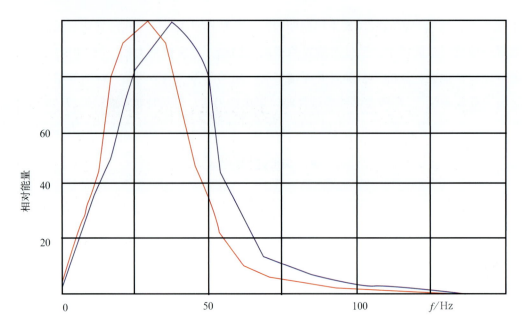

图3 由模拟检波器组合(a)和单点数字检波器(b)接收到的单炮记录在T_5^1层的频谱

1.3 多波微测井方法

采用多波微测井方法，对近地表纵、横波速度结构进行调查、试验。首先研制了纵波和横波敲击激发震源装置，将重量为500kg的5个钢锭与枕木有效连接，再与地面进行紧密耦合。采用重锤敲击的方法，竖直敲击产生纵波，侧向敲击产生横波，在井深为25m处等间隔放置30个三分量数字检波器，得到的记录如图4所示。纵波和横波的近地表信息如表2所示，由图4和表2可见，纵波和横波的近地表结构不同，速度更有明显差异，纵横波速度比一般大于2，而在深层，纵横波速度比一般为1.7左右。在多波地震勘探中，建立两套近地表模型，分别应用于纵波和横波。

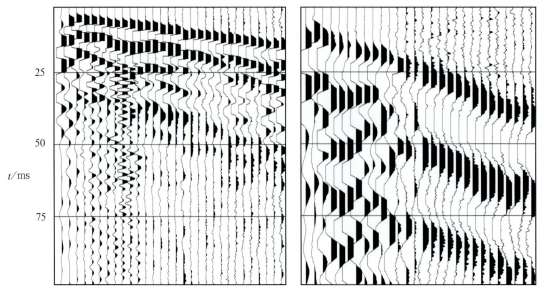

图4 多波微测井记录

左—纵波；右—横波

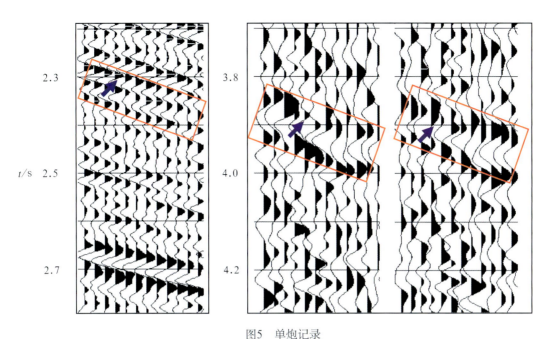

图5　单炮记录

左—Z分量；中—X分量；右—Y分量

表2　近地表结构

标志层	结构厚度/m	纵波速度/(ms⁻¹)	结构厚度/m	横波速度/(ms⁻¹)	纵横波速度比
H_0	1.8	524	1.4	232	2.26
H_1	2.3	1350	3.2	732	1.85
H_2	8.0	2614	13.1	917	2.85
H_2以下	>8.0	3107	>13.1	1312	2.37

在工区长度为550m的接收段内，地表平坦，海拔高程几乎没有变化，单炮记录Z分量的T_5^1层(图5a方框箭头处)同相轴较连续，平滑性好，静校正量不大，而水平X和Y分量的T_5^1层(图5b和图5c方框箭头处)同相轴跳跃大，静校正量较大。在地形起伏的丘陵地区，此问题更为突出。

1.4　地层各向异性测试

选择地表平坦、地下结构相对简单的地段，在半圆周上等间隔放置180个三分量检波器，在对称半圆周上进行等间隔180炮激发，测试目的层的各向异性特征。每个三分量检波器的水平X分量指向均对准圆点，激发半径由接收半径、目的层深度和纵、横波速度确定，使地下目的层的转换点是共同位置。须家河组纵波共反射点道集在2.6s处整个方位角范围内反射波振幅强弱变化不大(图6)；而转换波共转换点道集在3.2s处，方位角为98°～126°，反射波振幅非常弱，几乎是空白区，而在其他方位角范围，反射波振幅较强(图7)。试验表明，川西坳陷须家河组具有明显的各向异性特征，采用多波地震勘探是适宜的。2005年以来进行了两块三维三分量地震勘探，观测系统参数如表3所示，其特点为：宽方位角、大炮检距、较高覆盖次数和横纵比[9~13]。

对于三维三分量地震勘探,高的横纵比和覆盖次数尤其重要,横纵比越高意味着横向保留越多的信息。研究地层各向异性特征,需要比较不同方位的信息,因此,要进行分方位角处理,每一组方位角或扇区一般需要10道以上信息,那么,覆盖次数越高,越能将方位角分得更细,分辨率就越高,如果地下地层各向异性特征复杂且多方位变化,就需要更高的覆盖次数。

表3　三维三分量观测系统参数

项目	观测系统	道间距/m	检波线距/m	炮点距/m	炮线距/m	面元/m²	覆盖次数	横纵比
XC	12L16S264T66F	50	400	50	300	25×25	66	0.70

2　资料处理

2.1　提高资料信噪比

对于纵波,将不同的噪声衰减方法进行组合,来压制区域异常振幅、单频噪声、人动及外界强振幅等噪声干扰;利用均值加权法、矢量分解法等相干噪声压制方法求取相干噪声模型,并从原始记录中减去噪声,实现高保真去噪。对于转换波,需要做区域异常振幅处理、单频噪声压制。由于面波的频率和视速度与转换波较为相近,基于频率和视速度差异的方法无法很好地区分面波和转换波,根据体波和面波的不同极化特征,采用矢量滤波技术进行面波衰减。在限制时窗的条件下,同时控制频率和视速度差异来进行线性干扰压制。

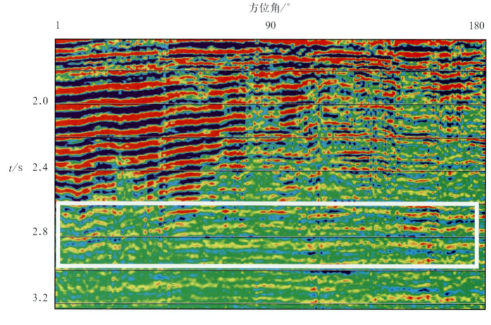

图6　须家河组纵波共反射点道集

2.2　静校正处理

对于纵波，针对地表复杂、近地表低降速带横向变化大等特点，消除近地表低降速带产生的中、长波长静校正量，对提高处理成果的质量和真实地反映地下构造非常重要。采用三维层析成像反演静校正方法，建立可靠的近地表模型，解决长波长静校正问题，确保构造形态真实可靠。采用地表一致性剩余静校正和精细速度分析迭代处理，解决中、短波长静校正问题。

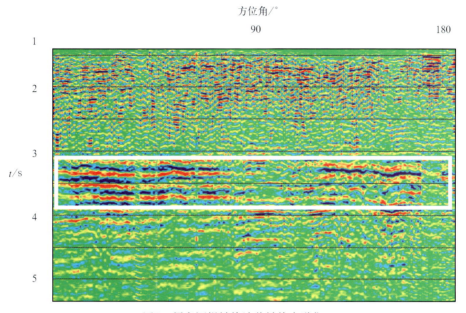

图7　须家河组转换波共转换点道集

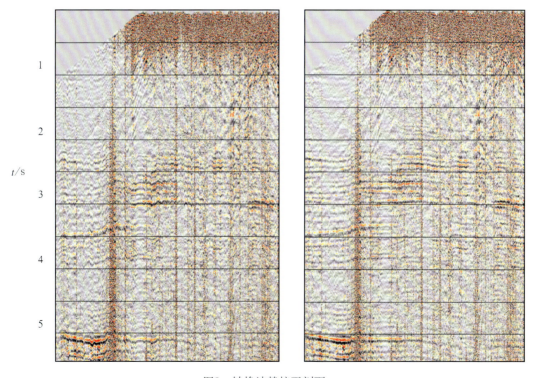

图8　转换波静校正剖面

左—静校正前；右—静校正后

对于转换波，由于PP波速度与岩性和孔隙流体有关，而横波速度只与岩石固体骨架有关，横波低速带厚度比纵波大且不均匀，在地表浅层转换横波速度比纵波速度小很多，所以转换横波的静校正量大。转换波静校正一直是一个较难解决的问题，采用传统高程静校正、表层模型法、构造时间控制法、面波反演横波表层速度等手段相结合的方法，来解决转换波长波长静校正问题。而对于转换波短波长静校正问题，在共检波点叠加道上采用互相关方法，解决转换波剩余静校正问题。图8为转换波静校正前、后的剖面。

2.3　速度分析

由于转换波射线的不对称性，在转换波处理时，用共转换点(CCP)道集代替常规纵波的CMP道集。对于三维转换波来说，在时空域滑动时窗内抽取CCP道集，且抽取CCP道集和速度分析迭代进行，求取逼近真实的转换点。

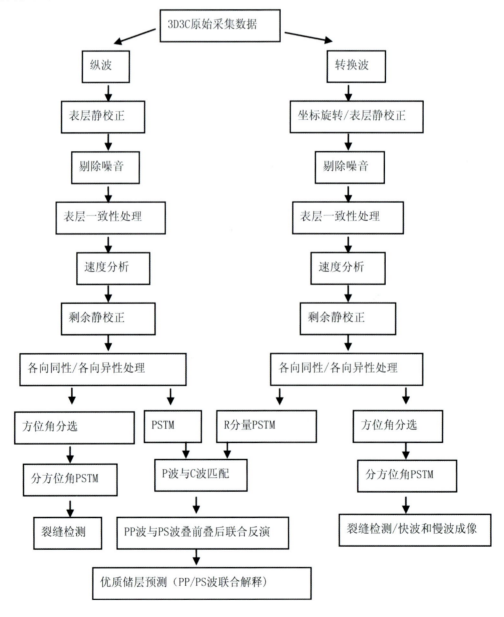

图9　三维三分量资料处理基本流程

　　在纵波速度分析中，地层的各向异性特征主要表现在纵波的大偏移距道上，为保证大偏移距道的信息得到保留，采用方位各向异性速度分析方法。通过速度扫描和交互速度分析及剩余静校正，反复对速度进行精细解释，获取最佳叠加速度，消除剩余静校正量对叠加效果的影响。

　　在转换波速度分析中，转换波比纵波具有更明显的方位各向异性特征，为了校平中、大偏移距转换波同相轴，采用速度分析和剩余静校正迭代进行的方法，获得叠前时间偏移最佳的初始速度。

　　对于纵波来说，叠前时间偏移有利于改善成像效果。对于转换波，由于抽取CCP道集时很难得到真实的CCP点，叠前时间偏移也是转换波精确成像的主要手段。在叠前时间偏移速度场建模时，通过反复迭代，建立准确的叠前时间偏移速度场。

2.4　各向异性处理

　　进行裂缝分析时，利用宽方位信息，尽可能保持方位各向异性特征。在进行三维三分量地震资料叠加成像处理时，消除了方位各向异性的影响，取得了好的叠加成像效果。利用全方位的转换波资料分析横波分裂，进行快慢波时延补偿，获得了精确的成像效果，直接得到裂缝方位和裂缝发育强度信息。

2.5　资料处理流程

　　处理流程可分为两大部分(图9)。前一部分是基础性预处理，包括从原始数据的输入到剩余静校正；后一部分是获得成果剖面，包括纵波成果剖面和转换波成果剖面(图10)。

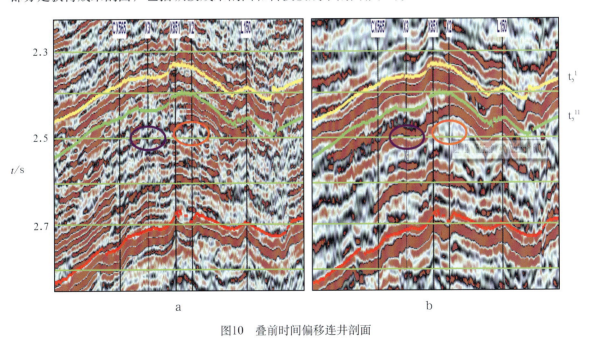

图10　叠前时间偏移连井剖面

a—PP波；b—PS波R分量

3　资料解释

3.1　多波联合解释思路

　　多波联合解释重点包括构造解释、断层解释、储层预测、裂缝预测、砂体含气预测等内容[14~16]，其技术思路为：①对Z分量解释，获得地震反射层位、构造及其反射特征的认识。对X分量和Y分量进行解释，同Z分量解释成果对比，掌握标志层位及整体构造背景。②采用三维自动时间匹配、子波及相位匹配技术，应用区域沉积与构造、井中地球物理等资料，对PP波、PS波地震数据进行精细标定及匹配处理，完成精细构造解释、地层层序划分和层位对比。③采用PP波方位各向异性、PS波分裂裂缝检测技术，应用裂缝建模、融合相干、曲率及倾角等属性，综合分析裂缝发育状况，对主要储层段的裂缝发育方位和发育强度进行精细综合预测和分级评价，实现体、面结合的裂缝发育带预测。④提取PP波和PS波的地震属性，结合叠前反演岩性参数，应用与储层特征相适应的烃类检测技术，提出可靠的含气性判别指标，进行砂体含气性检测。

3.2　储层预测

利用已知钻井所揭示的储层情况，重点针对须家河组开展储层预测研究。以合成地震记录为主要标定方式，对PP波和PS波进行联合精细标定，研究深层须家河组的含气地震响应特征，建立含气地震响应识别模式。通过AVO叠前反演和地质统计学岩性模拟，获取优质储层的分布、厚度、孔隙度、含气饱和度等参数的展布规律，实现优质储层预测和储集物性预测。在储层PP波和PS波联合精细标定基础上，结合地震相和沉积相进行高分辨率层序地层的研究，利用PP波与PS波PSTM处理成果和叠前、叠后联合反演成果及弹性波阻抗反演成果，预测有利储层的分布范围和空间展布。基于地质资料、地震资料等综合信息，提取沿层属性和体属性参数，采用数据体交会和多数据体、多尺度信息融合技术实现全波属性分析，开展全区储层的横向追踪，圈定有利储层分布范围。

在须二中、下亚段发现了相对优质的孔隙型储层，区域展布良好，明确了新场地区须二段相对优质储层的发育主要受控于砂体岩相，即主要发育于水下分流河道和河口坝的中粒砂岩和中细粒砂岩内。纵向相对优质储层主要为TX_2^4砂体，其次为TX_2^5砂体和TX_2^7砂体；平面上，TX_2^4砂体相对优质储层分布稳定，TX_2^7砂体相对优质储层主要分布在构造的北翼。

3.3　裂缝发育带预测

采用地质分析与地球物理相结合的方法对裂缝进行综合预测[17～19]。利用钻井、野外露头裂缝、常规测井、全波测井和成像测井资料，对裂缝特征进行研究，采用破裂变形特征分析、相干系数分析、沿层倾角提取分析等方法，综合预测裂缝发育区带。

采用PP波裂缝检测方法，对TX_2^4砂体的单组裂缝检测比较有效，但对于多组复杂裂缝体的检测不是很有效，比如，X851和X856两口高产井发育网状缝，但根据PP波各向异性裂缝检测成果，预测的裂缝发育强度并不高，说明PP波方位各向异性方法难以预测复杂网状缝的发育情况。

针对各向异性横波分裂的特点，采用旅行时时差梯度法，能较好对地层裂缝进行检测，其步骤是：在一定的时窗范围内，通过角度扫描和时差计算，得到区域裂缝方位；将径向分量和横向分量进行坐标变换，旋转到该方位上，得到与裂缝方位有关的快横波和慢横波，(见图11)；根据快、慢横波波形相似原则，对快、慢横波做互相关谱，进行延迟时扫描，做梯度计算，得到延迟时差的变化率(见图12)。从图上可看出，有效裂缝区域的分布是随机的，没有一定的规律性。有效裂缝的方位在同一地层大致一致或是变化缓慢，每一地层有其自身的主要有效裂缝方位。全区地震横波预测的裂缝发育方位与测井成像技术解释的有效缝方位一致。

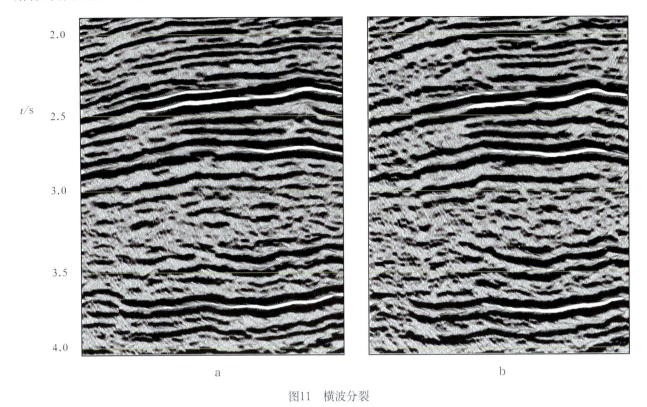

图11 横波分裂

a—快波；b—慢波

须二段气藏纵、横向非均质性极强，裂缝网络与相对优质孔隙型储层构成的高效渗透区是获得高产、稳产的关键因素。须家河组储层高效渗透区的地震响应特征为"强相位中断、杂乱弱反射"的地震暗点，分两种类型：①PP暗点和PS暗点相结合的类型，这是最优组合，因为存在大型裂缝网络，裂缝发育过程中破坏了岩石骨架，导致纵波和横波均难以稳定成像，以X2井为典型代表。②PP暗点和PS连续反射类型，这是次优组合，裂缝网络未明显破坏岩石骨架，当存在气藏时，纵波受流体影响大，成像效果受到影响，横波不受流体影响而能稳定成像，以X3井为典型代表(图13)。

3.4 纵横波联合反演预测含气性

利用PP波和PS波联合反演，预测储层含气性[20]。AVO叠前反演是利用纵波的AVO特性，通过ZeoPPritz方程求解出横波信息，含有一定的近似和假设，而多分量地震勘探能够直接获得横波信息，反演结果更加真实可靠。利用PP波小入射角叠加剖面反演声阻抗，利用PS波成像剖面反演横波阻抗，利用PP波和PS波大入射角资料联合反演弹性阻抗。开展纵横波联合叠前反演，获得岩石物理参数和含气性参数(如泊松比等)。

运用多属性联合方法检测气层前景。基于波形的波阻抗特征识别技术检测高阻抗致密层和低阻抗气层。开展波阻抗反演，根据储层含气地震响应模式，利用储层阻抗特征实现储层的含气性检测。利用分频解释技术，研究薄互层储层的含气性，通过分频处理，得到不同频率条件下的地震能量属性和相位属性，预测有利储层的横向含气性展布特征。

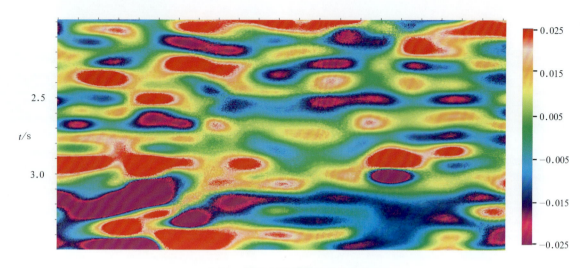

图12　横波分裂延迟时差的变化率

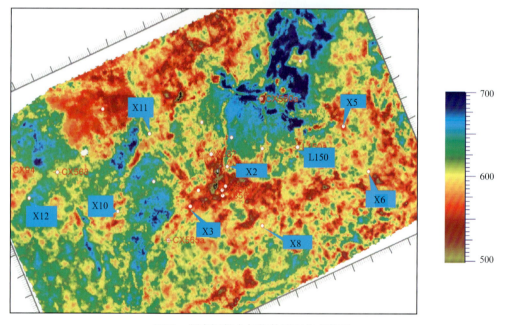

图13　须家河组含气指数平面分布特征

　　含油气层系主要为须家河组，应用纵横波地震属性单一参数，比如振幅、频率、时差、速度、纵横波参数比值等，可以在一定程度上识别含气特征，但不是很突出。选择多个参数，进行适当组合运算，形成一个更为有效的综合含气指数参数。高产井X2，L150，X11，X3，X10和X5均落在综合含气指数为500~600的区域内(图13)。深层圈闭以构造圈闭为主，发育裂缝-构造型圈闭和构造-岩性圈闭。裂缝-构造型圈闭主要分布在须二段，具有一定的构造背景，油气富集地区裂缝发育程度较好；构造-岩性圈闭比较独特，主要发育在须四段。

4　应用效果

　　X8井位于川西坳陷中段新场构造五郎泉高点南翼，共钻遇气层8层，厚度为225.5m，主要分布于须家河组TX_2^2，TX_2^{4+5}和TX_2^8等砂组。在须二上组合(4836～4893m井段)获得天然气产量$25.1\times10^4m^3/d$，进一步证实了新场地区须二段气藏为构造背景下的构造-岩性气藏，实现了新场南坡须二段气藏组合油气勘探的重大突破。

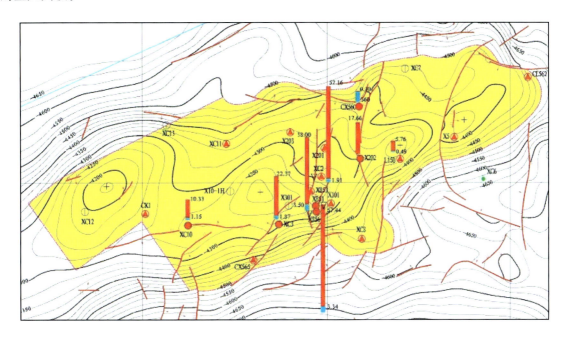

图14　深层须家河组二段中亚段构造

　　X5井在须二中亚段TX_2^4和TX_2^5砂组见到良好的含气性显示，并在TX_2^7砂组测试，获得$8.5\times10^4m^3/d$的工业产能，实现了须二段气藏含气面积由新场主体部位向东的扩展，展示了良好的勘探潜力。

　　X10井在须二段测试，获得$10.3\times10^4m^3/d$，X11井在须二段获得$11.7\times10^4m^3/d$，实现了须二段气藏含气面积由新场主体部位向西翼方向的扩展。X12井位于新场构造西翼的孝泉高点，在须二段TX_2^4砂组中下部4798～4825m井段见良好的气显示，砂岩储层发育，孔隙型储层含气性良好，证实了新场构造西翼须二段具有良好的含气性。

　　2005年以前，新场地区钻井18口，成功井8口，钻井成功率为44%；2005年实施三维三分量地震勘探后，钻井9口，成功井7口，钻井成功率为78%，钻井成功率明显提高，实现了须二段气藏勘探开发范围由新场主体部位向西、向东、向南的扩展(图14)，新场地区须二段气藏已探明天然气储量$1177\times10^8m^3$，TX_2^4、TX_2^5和TX_2^7三个亚段含气面积合计为$347km^2$，有效厚度为75m；储层有效孔隙度为4.5%，含气饱和度为58%。

5　结束语

　　在进行三维三分量地震勘探之前，应首先对目的层进行各向异性测试，只有目的层具有明显的各向异性特征，才能有效进行三维三分量地震勘探。对于多波地震勘探，应该采用方位角更宽的观测系统，横纵比一般大于0.7，最好达到1，尽量使各方位角扇区内的炮检距及方位角分布均匀。目的层各向异性程度越大，需要的覆盖次数越高，以便将方位角分得更细，分辨率更高[21]。

横波对固体介质的各向异性响应比纵波敏感，横波通过裂缝型地层时，将分裂为快横波和慢横波，利用横波分裂信息，可以研究介质的各向异性特征，探测裂缝发育方位和密度。纵波受流体的影响大，而横波不受流体影响，利用纵波与横波在介质中传播的差异性，识别地层裂缝和储层所含流体，最大限度消除气藏预测的多解性。

新场地区陆相深层须家河组在区域性砂岩致密分布的大背景下，存在局部的相对有效优质储层，其平面分布较为随机。当裂缝发育为高角度网状缝时，渗透率会显著增加，储层成为有效储层，裂缝经过改造能形成高产和稳产的工业气层。当裂缝不发育而属于典型的孔隙性储层时，只能形成一般的工业气层。

致谢：感谢中国石油化工股份有限公司西南油气分公司谢用良、阮函成、杨继友、刘胜和唐建明等资深工程师给予的大力帮助。

参考文献

[1] 赵殿栋. 高精度三维地震勘探技术发展回顾与展望[J]. 石油物探，2009，48(5)：425～435

[2] 苏锦义，刘殊. 川西坳陷须家河组二段气藏地震相特征应用[J]. 石油物探，2008，47(2)：167～171

[3] 范菊芬. 川西坳陷雷口坡组气藏勘探远景区预测[J]. 石油物探，2009，48(4)：417～424

[4] 甘其刚，许多. 川西深层致密碎屑岩气藏储层预测方法[J]. 石油物探，2008，47(6)：593～597

[5] 叶泰然，苏锦义，刘兴艳. 分频解释技术在川西砂岩储层预测中的应用[J]. 石油物探，2008，47(2)：167～171

[6] 程冰洁，徐天吉. 转换波资料在川西坳陷储层预测中的应用[J]，石油物探，2009，48(2)：181～186

[7] 易维启，唐宗璜，宋吉杰. 多波多分量地震勘探在松辽盆地的初步应用[J]. 石油地球物理勘探，1998，33(5)：663～670

[8] 于世焕，丁伟，徐淑合，等. 延迟震源技术在三维高分辨率地震勘探中的应用[J]. 石油物探，2004，43(2)：111～115

[9] 唐建明，马昭军. 宽方位三维三分量地震资料采集观测系统设计[J]. 石油物探，2007，46(3)：310～318

[10] 刘洋，魏修成，王长春，等. 三维三分量地震勘探观测系统设计方法[J]. 石油地球物理勘探，2002，37(6)：550～555

[11] 霍全明，程增庆，彭苏萍，等. 一种经济高效的三维三分量观测系统设计方法[J]. 石油地球物理勘探，2004，39(5)：501～504

[12] 徐仲达，孙波，唐宗璜. P-SV转换波反射系数与野外采集观测系统设计[J]. 石油物探，1996，35(1)：1～12

[13] 张军华，朱焕，郑旭刚，等. 宽方位角地震勘探技术评述[J]. 石油地球物理勘探，2007，42(5)：604～609

[14] 徐天吉，程冰洁，李显贵. 频率与多尺度吸收属性应用研究[J]. 石油物探，2009，48(4)：390～395

[15] 李阳. 油藏综合地球物理技术在垦71井区的应用[J]. 石油物探，2008，47(2)：107～115

[16] 于世焕，宋玉龙，刘美丽，等. 句容地区VSP转换波的研究[J]. 石油物探，2001，40(1)：56～63

[17] 王光杰，陈东，赵爱华，等. 多波多分量地震探测技术[J]. 地球物理学进展，2000，15(1)：54～60

[18] 张永刚，王赟，王妙月，等. 目前多分量地震勘探中的几个关键问题[J]. 地球物理学报，2004，47(1)：151～155

[19] 王建民，付雷，张向君，等. 多分量地震勘探技术在大庆探区的应用[J]. 石油地球物理勘探，2006，41(4)：426～430

[20] 于世焕，赵殿栋，张振宇，等. C20块蒸汽驱试验区的地震监测方法[J]. 石油物探，2000，39(1)：1～9

[21] 黄中玉. 多分量地震勘探的机遇和挑战[J]. 石油物探，2001，40(2)：132～137

转换波技术在泥岩裂缝研究中的应用

丁伟[2] 赵殿栋[1] 于世焕[1] 徐淑合[2] 曹国滨[2] 李录明[3]

1.中国石化油田勘探开发事业部 北京 100728

2.中国石化胜利石油管理局 山东东营 257100

3.成都理工大学 四川成都 610059

摘要 济阳坳陷有100多口井在泥岩地层中见到良好的油气显示，其中河口地区10多口井获工业油流或高产工业油流，这些泥岩裂缝油气藏一般条带状分布在沙三段下部地层，以自生自储为主，泥岩地层富含钙质或砂质。针对该地区的地质特点及多波勘探技术优势，在河口地区部署及实施了8条二维测线的多波勘探，其中东西向测线4条，南北向测线4条。室内建立了各测线的Vp及Vs速度模型，获得了纵波及转换波的叠加剖面及有关参数剖面。目的层的含油裂缝泥岩体现了纵波层速度明显降低，而转换波层速度几乎不变化的基本特征。AVA反演和裂缝参数反演结果与目的层的地质结构基本吻合，特别是由快、慢横波分离求取的裂缝参数正确反映了泥岩裂缝等各向异性信息，预测出的泥岩裂缝发育主方向与钻井提供的裂缝方向及断层的走向基本一致，预测的裂缝发育程度与油井产量有很好的一致关系。泥岩裂缝发育区分布呈东北走向的特点，为确定井位提供了宏观指导的依据。

关键词 泥岩裂缝 转换波 速度模型 AVA反演 横波分裂 各向异性 裂缝发育

引 言

泥岩裂缝油藏的开发在国外已有近百年的历史，发现了100多个以泥质岩为主的裂缝性油气藏，其中1919年发现的艾克希尔斯油田，储量达7255×10^4t，年产油81×10^4t；在萨伊姆矿床的泥岩中已经采出1000×10^4t石油。在国内，江汉、渤海湾、松辽、四川及柴达木等盆地均发现泥岩裂缝油气藏，济阳坳陷有100多口井在泥岩地层中见到良好的油气显示，其中10多口井获工业油流或高产工业油流，如河口地区的L19、L20、L42、L48、XYSH9、G7、XG3、D93等。这些泥岩裂缝油气藏一般以自生自储为主，条带状分布在沙三下富含钙质或砂质的泥岩地层中，其储集类型为裂缝型、孔隙型、孔隙-裂缝复合型，裂缝既是运移通道又是储集空间，孔隙度低于10%，而渗透率为$(3000\sim5000)\times10^{-3}\mu m^2$。

多波资料比单一的纵波资料含有更丰富的地层信息[1]，具有以下主要优势：由于岩性变化(尤其是含油气地层)对纵波和横波的影响不同，导致纵、横波的参数(特别是地震波的旅行时、传播速度、振幅等)变化不一致，其成像结果也有不同，这将有利于纵、横波资料相互印证及互补；由于横波在裂缝等各向异性介质中发生分裂，利用分裂后的快、慢横波在其传播时间和偏振振幅等可检测地层裂缝的发育方向及发育程度。

1 地质目标及多波资料采集

本区位于陈家庄凸起以北、四扣-渤南洼陷以南的罗家鼻状构造带上，构造形态为南高北低，东、西方向比较平缓，沙三段下部地层发育了一套含有裂缝的泥岩，其埋深一般在$2800\sim3100$m，层厚$10\sim80$m，该裂缝泥岩层为含油储层。为研究泥岩裂缝在多波多分量的表现特征，探明该储层的分布范围，在该地区进行了纵波和转换波联合采集的试验工作，共施工了8条二维多波测线[2](图1)，其中东西向测线4条，测线编号从南至北依次是186.95、188.75、189.50、193.05，南北向测线4条，测线编号从西至东依次是629.35、630.15、631.15、632.55，有效勘探范围(二维)约80km。采用P波震源激发，三分量(x、y、z)检波器接收(图2)，z分量为垂直检波器，x分量为平行测线方向的水平检波器，y分量为垂直测线的水平检波器，实际的多波分量主要包括P-P波和P-SV转换波。观测系统为0-500-6050，接收道数112道，道间距50m，炸药激发，激发道距100m，东西向测线是西激东收，南北向测线是南激北收，设计覆盖次数28次。由于采用了单点检波器接收，单炮三分量资料信噪比略低。

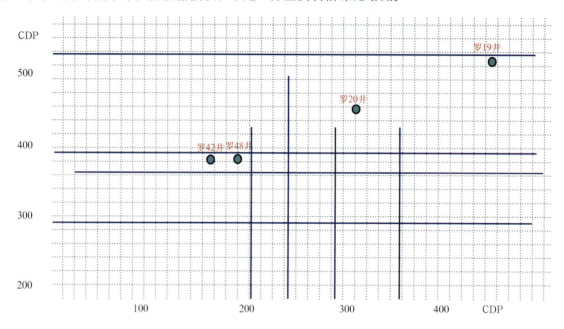

图1　多波测线平面分布

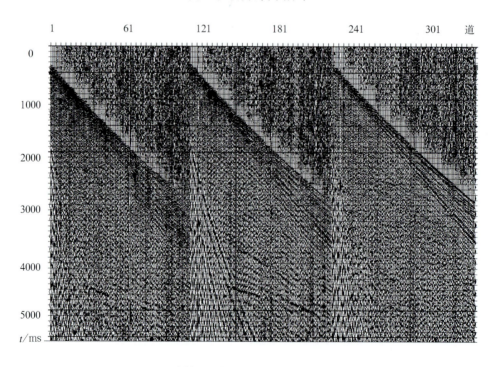

图2　y (左)、x (中)、z (右)三分量炮集记录

2　资料处理方法及流程

多波资料处理必须具有系统性。针对该地区的地质任务及多波勘探技术优势，本地区的多波资料处理及解释重点研究了如下问题。

2.1　多波振幅处理

为保证多分量记录振幅的相对一致性，振幅处理采用多分量一体化振幅补偿，并考虑纵波和转换波两类波的时间差异，此外在其他模块处理方法中始终考虑保幅问题。

2.2　多波波场分离及叠前去噪

多波多分量记录的波场分离及去噪是多波处理中的重要环节，本处理方法中包含CT变换、波场延拓、波场分离及去噪，还有F-X域去噪和极化轨迹分析。适当选择以上几种处理方法可达到理想的波场分离及去噪目的。

2.3　多波高分辨处理

原始单炮纵波主频一般为42Hz，而对应的转换波为19Hz，因此多波多分量资料高分辨处理中有一个频率匹配的问题，本处理方法中配有输出分辨率可控的统计子波处理方法，适应较低频的转换横波和较高频率的纵波处理，多波AVA振幅拟合可提高多波记录分辨率。

2.4　建立多波速度模型

建立精确的多波速度模型是多波处理中的重要问题，本处理方法根据多波地震记录的射线理论和波动理论，通过叠加和深度偏移的途径，形成了一套较完善的交互式多波速度分析和交互式多波速度模型建立方法。可建立多波叠加速度模型(V_{pr}、V_{sr})、多波等效偏移速度模型(V_{pm}、V_{sm})及多波层速度模型(V_{pi}、V_{si})，并在速度模型建立中形成了一套纵波和转换波层位对比解释方法。

2.5　转换点计算及CCL选排

转换波转换点计算及选排是多波处理中的又一重点，以精确的转换波时距方程为基础，建立转换点X_p与炮检距X、地层深度H及纵横波速度比R满足的4次方程，用解析计算或迭代解法可求得X_p的空间分布，再按处理精度要求进行共转换线段(CCL)按层选排。

2.6　多波成像

多波多分量成像有三条途径：多波动校正、叠加后再偏移成像；多波动校正后AVA曲线拟合成像；由炮集记录进行叠前深度偏移叠加成像，使转换波精确成像。

2.7　多波参数反演

本次多波勘探的目的是预测泥岩裂缝，有三类参数提取方法：波场延拓层速度V_{pi}、V_{si}反演方法；多波AVA曲线反演方法，反演V_P、V_S、ρ参数；由上述参数计算与岩性有关的参数比。

2.8　各向异性系数及裂缝分析

利用横波分裂机制，进行快、慢横波分离，求取地层各向异性系数和与裂缝有关信息。

2.9　多波地震资料处理流程

该流程分为单分量即纵波处理流程和多分量处理流程[3](图3)。对不同分量处理时，主要区别是处理

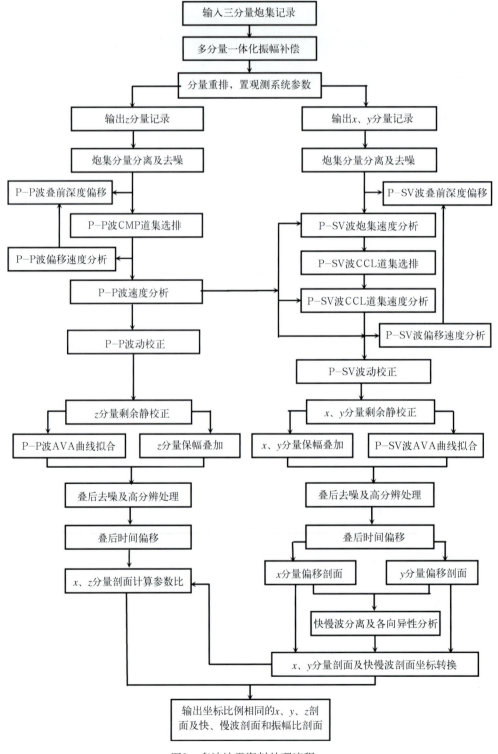

图3　多波地震资料处理流程

流程、计算公式和处理参数。多分量处理之间的关系主要在于各种分量的先后处理顺序及相互联系，一般是先处理z分量，求取纵波速度参数，获得纵波速度和剖面，然后处理x分量，求取横波速度，处理转换波剖面。对于y分量记录，一般认为该分量是由地层倾斜或地层各向异性产生的，除了分量的特征与x分量不同外，y分量所反映的地层信息与x分量具有同等重要作用，一般y分量处理采用x分量的处理参数和流程。对于有些特殊的处理，则需要多个分量同时处理，例如叠前的三分量振幅处理、分量合成与波场分解、极化轨迹分析等。叠后的参数比计算及各向异性分析也需同时用到多个分量信息。

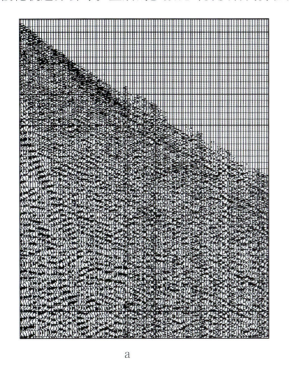 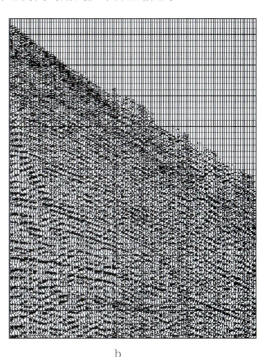

a　　　　　　　　　　　　　　　　b

图4　(a)波场延拓、(b)CT变换的波场分离后x分量记录

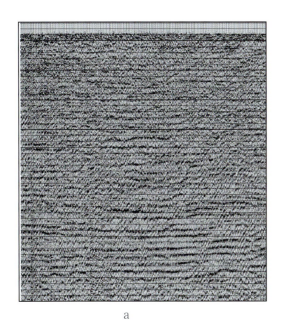 

a　　　　　　　　　　　　　　　　b

图5　(a)剩余静校正前、(b)剩余静校正后的x分量叠加剖面

3 处理效果分析

3.1 叠前处理

叠前处理包括三分量一体化振幅补偿、叠前分量分离、去噪和叠前剩余静校正，其中叠前分量分离及去噪应用了波场延拓方法和CT变换方法(图4)，从整体记录面貌看，采用对相干噪音和随机噪音均有压制作用的CT变换方法获得的剖面同相轴连续性强、信噪比高，其中与有效波近乎垂直的噪音有明显的压制和削弱，而采用主要对相干噪音有压制作用的波场延拓方法获得的剖面质量略差，说明采用单个三分量检波器获得的地震记录有可观的随机噪音，故实际资料处理选用CT变换方法，记录信噪比有明显提高。叠前剩余静校正采用了针对短波长静校正量的统计迭代方法。经自动剩余静校正比未经剩余静校正的x分量叠加剖面质量有明显改善(图5)，可见即使在地形较平的地区，剩余静校正问题对转换波的影响仍然存在。

3.2 叠加速度模型建立

建立纵波速度模型V_P(包括层位形态及速度值)，在确定纵、横波层位对应关系的基础上进一步建立横波速度模型V_S。建模中一般选取若干图形窗口(图6)，在剖面垂向上采用等间隔垂直线，在横向上根据剖面同相轴的起伏变化及层速度变化特点而采取相应的曲线，这种纵、横波二者剖面窗口尺寸有极大的相似性，但有些窗口存在一些差异，剖面窗口的主要用途是速度分析。在速度分析的基础上用交互分析手段最后确定纵、横波速度模型(图7)。完成测线速度模型建立需要反复迭代2～3次(尤其是横波)，纵、横波速度模型均用于动校正，另外利用纵、横波速度模型可将纵、横波各自的时间剖面转换成深度剖面。把纵波速度场应用到转换波深度剖面上可将其转换成压缩时间剖面，形成在时间域中纵、横波剖面可直接对比和解释层位。

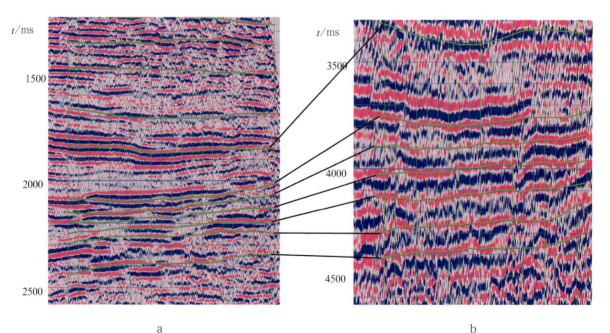

图6 建立(a)纵波、(b)转换波剖面层位窗口

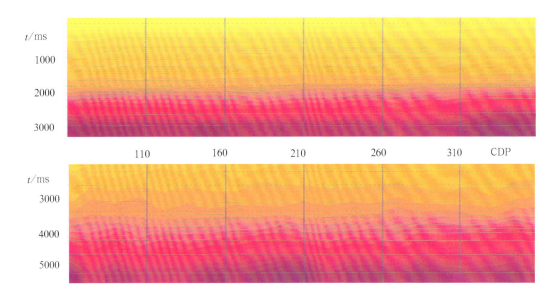

图7　186.95线纵波(上图)、转换波(下图)的叠加速度模型

3.3　选排、动校、叠加及AVA曲线拟合

　　x、y分量选排时，先按目的层的速度比和空间位置计算转换点，再按CCL选取CDP，一般要迭代1～2次，用建立好的速度模型(t_{OP}，V_P)及(t_{OPS}，V_S)对选排后的道集进行动校正。叠加后获得叠加剖面(图8)，其中x、y分量转换波剖面T_0时间是下行纵波时间和上行横波时间，与z分量纵波剖面联合进行解释时需要换算成纵波剖面时间。从x分量转换波剖面看，目的层T_0时间4000ms处的反射波能量较强，大断层显示明显，而浅层能量较弱，这与该段T_0时间同时分布着纵波反射波有很大关系。而y分量转换波剖面的目的层T_0时间4000ms处同样存在较强的反射波能量，说明地下地层确实存在较大的各向异性。此外，除用动校叠加方法成像外，还用AVA曲线拟合的方法得到成像剖面。

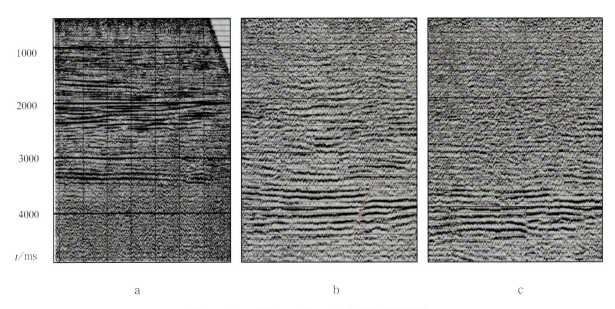

图8　189.50线(a)z、(b)x、(c)y分量的叠加剖面

3.4 叠后子波处理、叠后F-X域去噪及叠后偏移

子波处理及F-X域去噪主要是在叠后进行的，其目的是进行相位转换，提高分辨率，消除随机干扰波。最后利用偏移速度场做叠后偏移。

3.5 AVA参数反演、参数比计算及横波分离

依据钻井提供的井资料和合成记录，经对目的层层位确定，对全区目的层反射波追踪对比，绘制了目的层的等T_{OP}和T_{OPS}图、P-P波目的层叠加速度图、P-SV波目的层叠加速度平面分布图，表明了目的层反射时间由东南朝西北向增大，主要断层清晰可见。测线189.50的AVA参数反演图(图9)从左至右分别是CDP60、90、120、150、180、210、240、270的纵波层速度V_P、横波层速度V_S，目的层泥岩顶部位于L42井纵波剖面双程旅行时间2210ms处或对应于转换波剖面4050ms处，CDP120、150、180的纵波速度曲线(箭头处)上存在明显的曲线低值区域，纵波层速度从3000m/s分别降低到2450、2040、2400m/s，降低幅度为18%~32%。而对应CDP120、150、180的转换波速度曲线上却不存在曲线低值区域，说明这一变化是由液体或气体引起而不是岩性变化引起，因为裂缝泥岩含油气后纵波速度会随之降低，而横波具有不会在液体或气体中传播的性质，因而其速度无变化，这也是在油气发育地区横波剖面比纵波剖面具有更高信噪比和分辨率的重要原因。利用东西向4条测线x分量的动校正道集AVA曲线，反演出目的层纵波速度V_P、横波速度V_S以及密度ρ、泊松比曲线(图10)，该曲线的CDP点120~190的泊松比数值为0.38~0.40，该范围的泊松比值较小，同时该范围内的纵波速度降低、横波速度基本不变化、密度偏高，为裂缝发育有利区；而该范围以外的泊松比数值较大，一般在0.40以上。

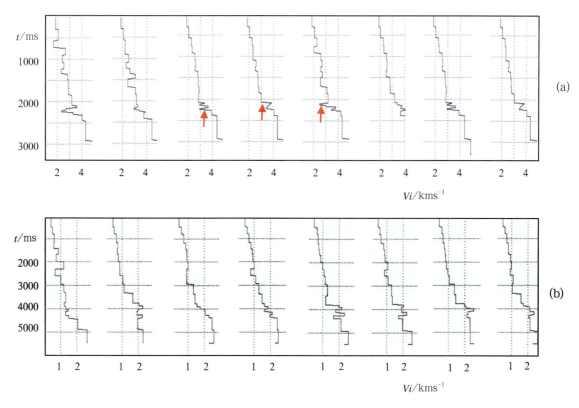

图9 P-P波(a)、P-SV波(b)的层速度曲线

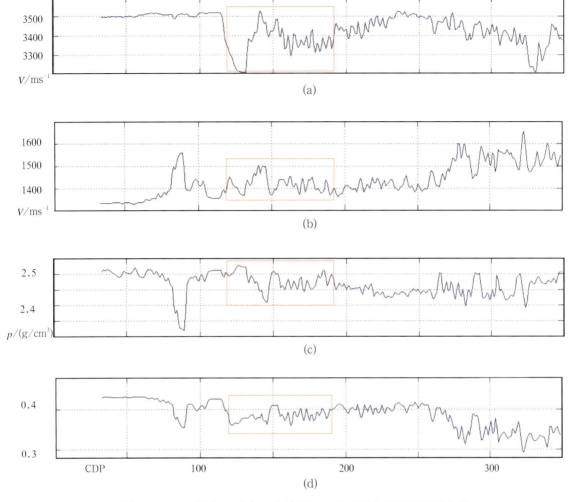

图10 189.50线(a)V_P、(b)V_S、(c)密度ρ、(d)泊松比的AVA反演曲线

横波快、慢波分离及地层裂缝信息提取是转换波资料处理的重点之一。对x、y分量剖面分离后可得到快横波剖面和慢横波剖面及压缩时间剖面(图11),快横波剖面能较好解释断层的存在,在慢横波剖面上CDP140~190、双程压缩时间2210~2320ms(方框)处的振幅值及旅行时间有明显变化,而对应的快横波剖面却没有变化,说明慢横波更能反映地下介质各向异性,而将快横波和慢横波剖面联合解释则能准确确定地下介质各向异性的存在。

由目的层裂缝主方向和裂缝发育程度(图12)可见,发育的裂缝方向在东西向测线有较好的规律性,主要分布为东北向25°~60°。而南北向测线因测线主体位于复杂构造带上,所以裂缝方向变化复杂,没有规律性。不管是东西向测线还是南北向测线,快、慢波分离后的快波剖面能量强、连续性好,而慢波剖面能量弱、连续性差。对于同一平面位置点,求取的裂缝方向在东西向测线上为40°左右,则在南北向测线上为130°(相当于东西向测线40°)左右,说明虽然东西向测线和南北向测线观测方向不同,但最终求取的地层泥岩裂缝方向具有较好的一致性。裂缝主方向和发育程度在CDP点120~190范围内的曲线特征与该范围外有明显区别。

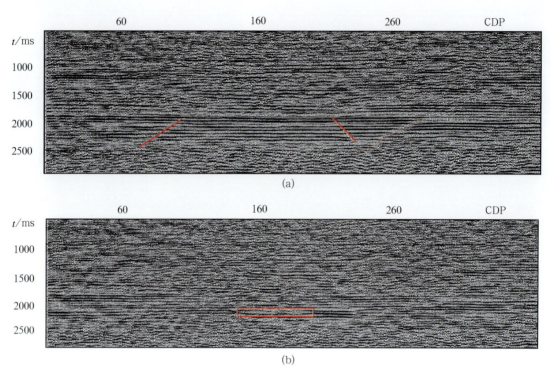

图11　189.50线x、y分量分离后的压缩时间快横波(a)和慢横波(b)剖面

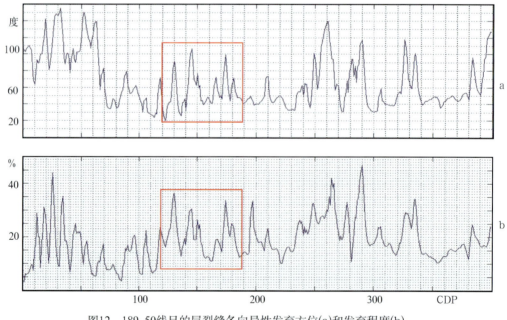

图12　189.50线目的层裂缝各向异性发育方位(a)和发育程度(b)

4　泥岩裂缝预测

在上述处理成果的基础上，综合考虑多参数因素，认为裂缝是导致横波分裂的直接原因。利用横波快、慢波分离结果，结合纵波和横波的速度成果资料，对全区有测线位置的目的层进行裂缝预测和对比分析。

4.1 T_{0P}和T_{0PS}平面图

依据钻井提供的井资料和合成记录，标定目的层层位，追踪对比全区目的层反射波，绘制目的层的等T_{0P}和T_{0PS}图、P-P波和P-SV波目的层叠加速度平面分布图，表明了目的层反射时间由东南朝西北向增大，主要断层清晰可见。为便于对比裂缝方向，利用多波剖面和快、慢横波剖面上显示的几个明显断层，绘出了主要断层平面图。

4.2 泥岩裂缝预测

引起地震波速度和反射波振幅变化的因素并不只限于裂缝，泥岩发育裂缝并含油后会使P波速度降低，反射振幅也会发生变化，而引起横波分裂的原因则主要是裂缝地层的各向异性，因此横波分裂现象主要体现的是裂缝信息。由快、慢横波分离所提取的地层裂缝信息可得出L42地区的泥岩裂缝发育主方向和裂缝发育相对程度的分布图(图13)，其中圆圈线为主要断层，直曲线为裂缝发育主方向分界线，星号线为裂缝发育区预测边界。裂缝发育方向基本与构造断层走向一致，裂缝发育主方向为东北向25°～60°的范围。在断层发育区，裂缝方向变化较大，在断层附近的裂缝发育程度可达40%，说明裂缝的发育受断层影响。在工区大部分区域，裂缝发育程度变化在12%～40%。最终的裂缝发育区预测结果与钻井油气产量的关系如下：工区内的L19井位于裂缝的中等(20%)发育区，在该井的井位处裂缝发育达25%。L42井、L20井位于裂缝的中高等(25%)发育区，井位处裂缝发育达近30%，而L48井井位处的裂缝发育程度仅约15%。L19井、L42井为高产油气井，L20井获工业油流，L48井为低产井，可见裂缝发育区预测结果与油井产量有较强的一致性。该区泥岩裂缝发育区呈东北走向分布的特点，为今后确定井位提供了宏观指导的依据。

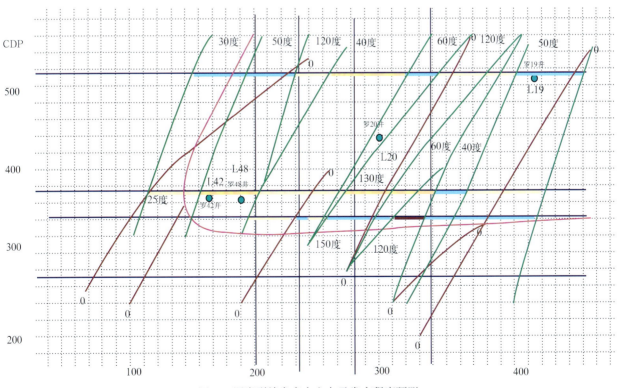

图13　泥岩裂缝发育主方向及发育程度预测

5 结论

南北向测线的P-P波成像质量不如P-SV波，主要原因是施工时在地层上倾激发而下倾接收，这样不利于纵波而有利于转换波大反射角成像，说明多波勘探的观测系统设计不能仅仅考虑纵波的激发方向等参数因素，而且要同时考虑转换波激发方向等参数因素。

转换波剖面的总体处理质量与z分量处理质量相当，南北向测线的转换波剖面质量优于z分量。转换波剖面上某些断层的显示比P-P波剖面清楚[4]，尤其快横波剖面上的断层显示明显，而慢横波更能反映地下介质各向异性，将快横波和慢横波剖面联合解释则能准确确定地下介质各向异性的存在。地层平缓的东西向和地层陡度大的南北向测线的P-P波和P-SV波剖面均可进行地质层位对比解释，表明转换波转换点求取正确，去噪及剩余静校正效果好，剖面成像质量高并具有高信噪比、高分辨率的特点。

动校正道集及叠加、偏移剖面的质量说明了全区各测线的V_p及V_s速度模型的正确性。纵波层速度降低24%，而转换波层速度几乎不变化，体现了目的层的含油裂缝泥岩特征；如果纵波层速度降低24%，而转换波层速度同样降低24%，表明该层速度变化由岩性引起。该事例说明联合采用纵波和转换波速度信息比仅仅使用纵波速度更能描述和确定液体或油气的存在，这是联合采用纵波和转换波勘探的最重要目的之一。

AVA反演和裂缝参数反演结果与目的层的地质结构基本吻合，特别是由快、慢横波分离求取的裂缝参数能反映裂缝信息，预测出L42地区泥岩裂缝存在各向异性，其裂缝发育主方向与钻井提供的裂缝方向及断层方向基本一致，泥岩裂缝发育程度与油井产量有很好的匹配关系，裂缝发育区不同走向分布可以为今后确定井位提供宏观指导的依据。使用裂缝参数数值或曲线能较好确定泥岩裂缝特征范围，而将其与纵波、横波速度信息结合则能正确解释该裂缝储层是否含油气。

参考文献

[1] 郭建，宋玉龙. SEG第70届年会论文概要. 北京：石油工业出版社，2002

[2] 于世焕，等. C20块蒸汽驱试验区的地震监测方法. 石油物探，2000，39(1)

[3] 李录明，罗省贤. 多波多分量地震勘探原理及数据处理方法. 成都：成都科技大学出版社，1997

[4] 于世焕，等. 句容地区VSP转换波的研究. 石油物探，2001，40(1)

C20块蒸汽驱试验区的地震监测方法

于世焕　赵殿栋　张振宇　韩文功　刘俊胜

胜利石油管理局　山东东营　257100

摘要　1992~1994年胜利油田在草桥稠油区对C20块蒸汽驱试验区进行了4次重复的地震观测，前2次单束线、后2次是8束线三维地震，分析了四维地震监测的野外观测系统、施工工艺方法，采用特殊的资料处理流程和处理参数，进行了室内保幅处理及在油气开发中的解释应用，应用振幅差值剖面，成功地监测到了蒸汽驱的波及前缘成像，指出了注入蒸汽在河流相地层的运移规律，确定了排泄稠油区及剩余油区，促进了乐安油田的稠油汽驱开采工作。

关键词　四维地震　C20块　蒸汽驱　地震监测　振幅差值　排泄区　剩余油区

引　言

四维地震是一种时间推移的三维地震，广义地说，是一种时间推移的所有地球物理勘探方法。主要目的是利用按时间推移方式重复观测地震资料，监测油藏开采期间气体或液体的运移规律。该技术在墨西哥湾、北海、西非、印度尼西亚和世界其他地区的许多油藏得到了成功应用。

自20世纪80年代末以来，国内如胜利、新疆、辽河油田及有关科研院校等展开了四维地震的研究工作，室内进行岩芯的物理测量[1]，野外对稠油热采进行监测，在资料处理及解释方法方面进行若干创新，取得阶段性研究成果，同时获得了一定的经济效益。目前，多数油田进入了油气开发中期或中晚期，探明地下剩余油区的存在规律是一项迫切的任务。地球物理与油气开发的紧密结合是一个明确的发展方向。

乐安油田开发过程中，首先采用CT层析及图像全分析技术，攻克了疏松砂砾岩油藏描述的难关，进行吞吐试采、开发试验及全面推广的开发程序。坚持油藏工程研究与工艺工程攻关配套并举的方针，在井网井距选择、注采参数优化方面，不同阶段不同层次，形成了具有特色的油藏工程研究程序。在注采工艺、采油工艺、集输处理及地震、示踪剂及数值模拟等方法监测方面，攻克及发展了适应低品位特稠油藏热采开发的先进配套技术系列。从1990~1993年底，四年时间里开发了草20块、草32块、草南评价区、草南开发一、二区等五个区块，先后动用含油面积23km²，地质储量2559×10⁴t，投产油井470口，累建产能126×10⁴t，累计采油264×10⁴t，采出程度10%，累注汽394×10⁴t，累计油与汽比值0.67，累计采注比例1.49。先后开展了水平井热采开发与蒸汽驱开发试验。1993年油田年产油115×10⁴t，年油与汽比值0.61，采注比1.59，回采水率80%，采油速度4.4%。建成了系统配套的百万吨级开发生产基地，取得了突出的经济效益。

1　草20块基本地质特征

乐安油田的地质构造处于东营凹陷南斜坡的乐安鼻状构造的根部，内部被石村大断层切割，油藏埋藏相对较浅，油层平均埋深为880~950m。草20断块位于东区上升盘，含油面积3.9km²。其基本地质特征为，油藏受构造及岩性双重控制，储集层向东南超覆与广饶凸起相接。岩石胶结疏松，砾石含量高，成岩性差，砾石含量大于40%，胶结方式为泥质及部分稠油胶结。主力油层为馆二段，埋深927～944m，稠油砂砾岩层分布稳定，油层厚度较小(见图1)，有效厚度一般15～25m，平均孔隙度值为31.2%，原始平均渗透率高，原始平均剩余油饱和度为62.2%，油藏压力系数为1，平均温度为55℃，饱和压差仅为2.5MPa，油藏无底水，边水不活跃，含油性好，其上覆50m厚的玄武岩层，下伏沙四段或基底潜山。汽驱方式采用反9点井网排列，即中间1口井注汽，周围8口井"田"字型采油，井网井内距尺寸为200m×200m。

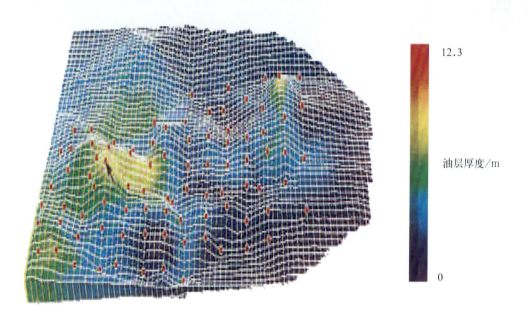

12.3

油层厚度/m

0

图1　草20块馆2段油层有效厚度

2　监测地震资料的野外采集方法

草20块最初用蒸汽吞吐法进行了三年多时间的油气开采，油气采出程度为9.9%。为了提高采收率，在蒸汽吞吐的基础上，又进行了蒸汽驱动开采。

根据地质任务及地表地理条件进行四维地震野外资料采集，充分提高各次采集资料方法及参数的一致性，提高野外原始记录的信噪比和分辨率。在三年的时间里进行了4次野外地震观测，前2次地震观测采用3线7炮单束线的观测方法，每线40道，道距10m，线距20m，最小偏移距40m，检波器采用点式组合，埋置于0.4m的坑中，激发井深9.3m，药量1kg，记录采样间隔2ms，记录时间长度3s。形成地下CDP线9条，其中第5线通过注汽井，CDP网格为5m×10m，平面展布面积为80×800m^2。后2次地震观测采用3线7炮8束线的小三维方式，其他采集参数与前两次完全相同，形成地下CDP线51条，其中第31条线通过注汽井，平面范围为500×1000m^2(图2)。野外实施现场资料处理，全过程控制资料采集质量。从单炮解编资料分析来看，目的层反射波主频约为37Hz，高频率成分丰富，记录能量均衡，同相轴连续性好，信噪比较高，野外地震采集比较成功。

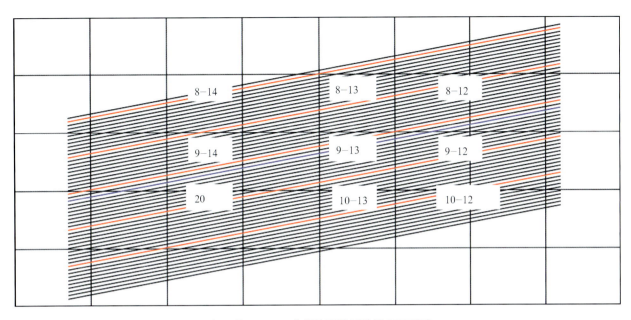

图2 草20—9—13井组汽驱地震监测CDP平面

3 地震监测资料的精细处理

室内资料处理采用相同的处理流程及处理参数，继续保持各次资料的一致性，并提高资料分辨率，采用保幅处理手段。叠前采用互均化技术[2]，进行资料振幅、频率、相位等信息的研究及目的层反射波在各次观测中的时差研究。

3.1 各次资料的整理

因为野外施工难免有空记录道或废道等，并且各次采集的记录道常常不对应，如果不考虑这些问题，那么参与叠加的记录道数不同，满足不了资料"一致性"原则，所以用相邻记录道进行了插值补道处理。

3.2 反褶积方法

对叠前资料进行了两步法子波反褶积和预测反褶积两种方法调试比较，前者使目的层反射波主频提高到了56Hz左右，并且各炮间和各道间的反射能量较为均衡，反射波同相轴连续性好；后者使各炮和各道间反射能量不太均衡。最终选择了两步法子波反褶积方法。

3.3 互均化处理

互均化技术一般包括地震振幅、频率、相位或时间延迟等参数的一致性处理。资料保幅处理贯穿于每一环节，体现在：①做振幅恢复，消除波前扩散影响；②做两步法子波反褶积的同时，消除了各炮和各道间因激发和接收位置不同、药量不同及偏移距不同而引起的子波特征变化，消除了地表影响；③正确的叠加速度分析及剩余静校正也是资料保幅的关键；④对前后各次观测资料做了反射能量归一化，因为注入蒸汽影响在T_0反射时间为800～900ms，故选取各道的600～800ms反射时间间隔的能量作为一个标准单位，对全道各采样点进行能量归一化处理，使下行波到达地层800ms处的能量均相同；⑤做了统一滤波档滤波及子波的时间延迟校正。下行波通过注汽层后的反射能量变化就是由流体受注热蒸汽影响而引起的。

3.4 速度分析与剩余静校正

采用速度扫描方法，拾取各层的叠加速度，由于稠油目的层即馆陶组层薄且层速度低，而上覆为50m厚的玄武岩高速层，下伏地层是高速的基底潜山，因而研究稠油层流体的变化有一定的难度。速度分析时先剔除噪声，做带通滤波，再做均衡，速度间隔为10m/s，时间采样间隔为15ms。做剩余静校正时，选取中浅层有较好反射波的反射时间400~900ms作为基础数据。

3.5 叠前频谱分析

从叠后资料做频谱分析，由于存在动校正拉伸畸变的缺陷及因介质的各向异性而使动校正速度不十分适宜而引起的波形变化，会造成叠后资料的频谱失去部分真实信息。而在叠前资料且动校正前的单次剖面上，找出相应目的层的T_0反射时间分别做频谱分析，然后选取各谱主频，把属于同一个CDP点的不同T_0时间的15个主频值相加，作为该CDP点的主频值，采用滑动时窗方法，可以作出各个CDP点及时间点的主频叠加剖面，把前后两次观测的主频叠加剖面相减，即为主频差值剖面。

3.6 时差信息的提取

稠油注汽层的顶面和下底面作为研究各次资料地震波时差的对比面，拾取各次观测的反射波旅行时，进行时差信息研究。

4 资料效果

草20-9-13井自1993年以来，采用蒸汽驱动方法试验采油，注汽井每天注入120t的蒸汽量，周围8口采油井每天产出120t的液体，其中油水比例大致各占一半，此时的井底温度达到200~310℃，井底压力为9~11MPa，而该区地层深度900m处的地温一般为50℃左右(胜利油区地温变化梯度为4~5℃/100m)。注汽层附近的温度急剧升高，使稠油粘度下降，可流动性增强，且随着开采时间的增加，含油量减少，含汽和含水量增大，出现了新的油、汽、水界面。

4.1 稠油层的层位标定

用注汽井附近的6口井的测井资料做人工合成记录，草20-9-13井处T_0反射时间为860ms处的正强相位对应于馆一段底部的玄武岩层的顶面，该强相位以下的负反射波是馆一段及馆二段低速层即注汽稠油层顶部的反映，916ms处的正强相位则为馆二段底不整合面的反射，其下伏地层是沙四段或奥陶系潜山。

4.2 叠后偏移剖面的分析

从叠后偏移剖面上分析，注汽层是在负反射相位T_0反射时间884~890ms处，因已经进行了三年多的蒸汽吞吐采油，故反射波能量杂乱且较弱，横向上追踪效果不明显(图3上)。汽驱注入蒸汽在顶部形成了一个强的负反射界面，注汽井中心处蒸汽厚度最大，向四周逐渐减薄，其横向边缘有明显的振幅极性反转现象。注入蒸汽界面使下行波反射能量损失较大，而高温蒸汽也较强地吸收了地震波能量，从反射能量差值剖面上计算出，该能量经过注汽层后下降了30%以上。汽驱1年后即第2次监测，蒸汽的渗透范围为东北方向125m、西南方向115m，呈现出在汽驱初期蒸汽较快地向四周渗透传播，并且向东北方向渗透强的趋势[3](图3中上)；汽驱2年后即第3次监测，蒸汽继续向外推移渗透，蒸汽前缘向北方向推移较大，已经到达了草8−13井，渗透半径超过200m；蒸汽在西、西南方向的渗透能力也较强，其推移前缘也接近草9−14和草20井(图3中下)；汽驱2年9个月后即第4次监测，蒸汽的渗透速度减慢(图3下)，蒸汽前缘半径扩大了约30m，该圆环面积大小相当于半径115m的圆面积，蒸汽向外渗透的面积大小与注汽间隔时间成正比变化。

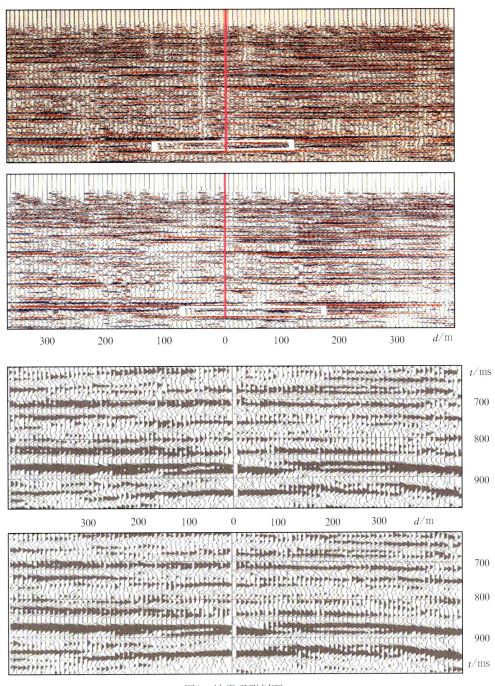

图3　地震观测剖面

从上至下：第1次；第2次；第3次；第4次

4.3 振幅差值水平切片分析

实际采油中，北方向草8-13、西方向草9-14、西南方向的草20及东北方向草8-12等4口井采油效果最好，2年6个月的时间里采油17000t，井口液体温度一般为70~100℃；而其他4口采油井采油效果较差，采油量仅为2500t，井口液体温度一般为30~70℃。各井的采油量与图4中反映注汽汽顶的地震振幅大小、范围有极为吻合的关系。图5为第4次三维地震监测减去第3次的振幅差值平面图[4]，剩余振幅分布范围反映了汽驱2年后注入地下蒸汽的渗透影响变化范围，东、西、北方向的振幅有较大变化，是明显的成功排泄区域。

根据蒸汽的平面渗透和地面采油井实际采油的动态，可以得出如下结论：当蒸汽已经渗透到地层而采油量依然较小，说明地层含油较差；当蒸汽没有渗透到或绕过地层而采油量较小时，说明地下地层可能含油也可能不含油，应做进一步的资料分析。本区稠油层呈大面积连片分布，砂层厚度相对稳定，草20-9-13注汽井的南、东南、西北部方向局部的反射波振幅没有大的变化，是剩余油区域，开采其稠油应重新布置井位。整个排泄区与剩余油区的平面分布较好反映了河流相网状水道的砂砾岩砂坝沉积特征(图4、图5)。由于蒸汽并非均匀地向四周渗透，而是过早地向北方向突破，造成了注入蒸汽量一定的损耗，为此，减少了注入蒸汽量，以免产生气窜而破坏正常的油层开采。

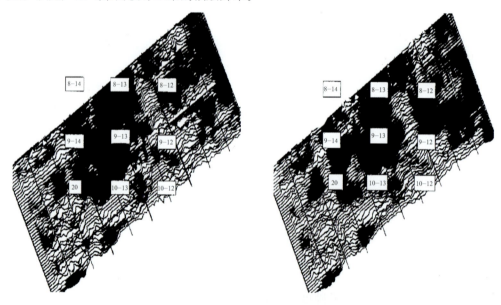

图4　地震监测平面

左—第3次；右—第4次

4.4 稠油层层速度、频率变化分析

用滑动时窗的处理方法，分别做出了层速度、频率参数的剖面图及差值图，层速度降低幅度在0~17%，而频率降低了0~6Hz，反映出的蒸汽渗透主力方向与渗透半径和振幅法相比基本一致，但细致程度略差，主要原因是拾取层速度及频率参数采用一个时间段的资料，其对应性差，分辨率有所下降。

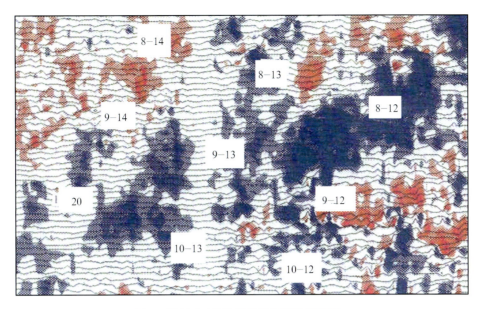

图5　第3次与4次地震监测振幅差值平面

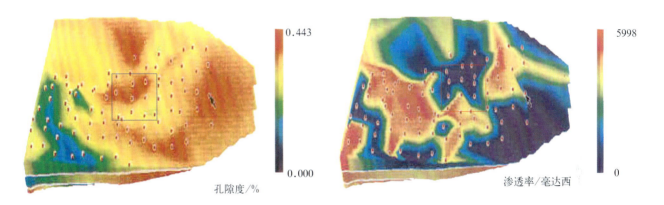

图6　草20块馆2段孔隙度(左)；渗透率(右)

4.5　与井孔资料比较

振幅差值平面图(图5)与井孔资料孔隙度(图6左)、渗透率(图6右)有很好的一致性。

5　结论与建议

本次地震观测进行4次重复(前2次单束线、后2次是8束线三维)，历时三年，是国内首次较大规模的四维地震工作。

在地震诸多参数中，振幅比层速度、频率等参数有更高的分辨率与可靠性。用地震振幅参数可以正确反映地下注入蒸汽的波及前缘。振幅差值平面图与井孔资料孔隙度、渗透率有很好的一致性，该波及前缘与实际采油量吻合较好。

当汽驱井组的各个采油井井口温度同时上升较快时，说明地下蒸汽较均匀地向四周渗透；反之，若大量注汽而采油井井口温度升高不大或只是少数井的井口温度升高快时，说明地下蒸汽并非均匀地向四周渗透，极可能在某一方向有提早突破，会损失大量的蒸汽，应及时减少蒸汽的注入量。

我国东部油田陆相沉积岩的浅层砂、砾岩，因为岩石固结程度低，其岩石固体弹性模量较低，油藏物性在注汽前、后会发生较大的变化，使地震振幅、速度等参数有相应的变化，比较适合地震监测工作。

在野外地震采集中采用炸药震源，各炮子波的一致性有一定问题，尽管资料处理中采用了互均化技术，但各次观测的振幅差值在非注汽区仍然有一些剩余振幅。今后，激发震源应采用子波一致性较好的电火花震源或可控震源等。

因为地面井网设计采用规则形状的反9点排列，而地下稠油层的蒸汽渗透平面形状常常并不规则，造成了一定的盲目钻井。应改进井网形状，与地下蒸汽渗透形状相吻合。剩余油区的油气开采，开始进行增加蒸汽量的方法，而后期应选择布置新井的方法。

四维地震技术还不成熟，还有研究时间跨度大和野外采集成本昂贵。因此，今后在进行多种地质任务的二次采集工作[5]的同时，兼顾四维地震研究，并在资料处理方面进行保幅分析，使剩余振幅纯粹是剩余油的反映，则是目前适合国内四维地震勘探开发的有效方法。

参考文献

[1] 韩文功. 济阳坳陷岩芯弹性和物性参数的实验室测量及分析. 石油物探，1997，36(1)

[2] 陈小宏，牟永光. 四维地震油藏监测技术及其应用. 石油地球物理勘探，1998，33(6)

[3] 冯弘. 油藏模拟在时间推移地震分析中的应用. 国外油气勘探，1998，10(5)

[4] 刘跃华，赵殿栋，于世焕，等. 井间地震野外采集方法试验研究. 石油物探，1999，38(4)

井间地震野外采集方法试验研究

刘跃华　赵殿栋　于世焕　丁伟　保统才

胜利石油管理局　山东东营　257100

摘要　本文通过井间地震野外采集方法多项试验及结果分析，研究了井间波场正演模拟，分析了井间地震波场的分布规律。设计了井间地震野外施工方法，应用电火花震源和井中检波器，进行2口深井的井间地震野外数据的采集，获得了高频率的纵波资料和横波资料，取得了理想的效果。

关键词　井间地震　正演模拟　井中电缆　井中激发　电火花震源　井中接收　横波记录

引　言

井间地震技术是在一口井中激发，在附近另一口井中接收地震波，利用地震波穿过地层岩石介质时的旅行时、振幅、频率及波形等物理量的变化，通过反演得到地层内部物性参数信息的一种地震勘探方法。在油田开发阶段，井间地震方法可研究地层介质中的不均匀性，如油气边界、蒸汽前缘、含油气砂层横向变化等。井间地震野外采集装备的改造研制、井间波场的正演模拟、电火花震源是开展井间地震的必要条件，通过深井井间的实测工作，可进行激发叠加次数、套管井和裸眼井的激发接收对比等方面的研究，能获得丰富的纵波和横波波场信息。

1　研究内容

1.1　井间波场的正演模拟

由于井间地震观测系统的特殊性，使得井间地震波场比地面地震波场以及VSP波场复杂。井间地震不仅接收直达波、上行反射纵波，还同时接收下行反射纵波，此外，还存在反射横波、界面波、绕射波、管波等。通过正演模拟，搞清直达波、上行反射一次纵波以及下行反射一次纵波的分布规律和特征，进而指导野外采集和室内处理解释。

采用二维纵波方程有限差分法进行井间地震波场的正演模拟。图1是根据待测的2口生产井的声波时差及电阻率曲线而设计的地质模型，层速度偏高的为砂岩层，层速度偏低的为泥岩层，井段深200m，井间距80m，井1激发，井2接收，0～200m接收，接收间距为2m，每一共炮点记录为102道。图2是其中的3个共炮点记录，a、b、c分别是激发点深度为0、100、200m的共炮点记录。进行分析可以得出如下结论：

(1)直达波的时距曲线随着激发点深度的改变而变化，与射线路径、速度有关。图2a中时距曲线略呈"上拱"，是因为模型中间的层速度比顶部、底部的速度高。

(2)13个反射界面的上行反射波比较清晰，与下行反射波在剖面上呈交叉分布。反射波与直达波初至的交点，即是反射界面点，这与VSP资料基本一致。

(3)接收到的反射波，与激发点、接收点的位置以及界面的倾向和速度有关。

(4)对于下行一次反射波而言，地面反射最晚到达，如果此后还有下行反射波，一般是各种类型的多次波。

(5)当井顶部激发时，上行反射波较强，随着激发点深度的增加，上行反射波场逐渐减弱(图2a)；当井中部激发时，直达波呈"弓形"，上行反射波与下行反射波能量近乎均等(图2b)，激发点再往下增加，下行反射波场逐渐增强；当井底激发时，下行反射波最强(图2c)。

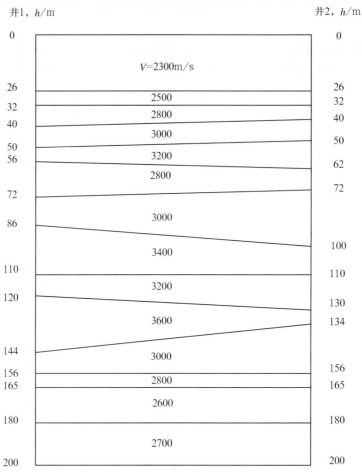

井1，h/m 井2，h/m

$V=2300m/s$

2500
2800
3000
3200
2800
3000
3400
3200
3600
3000
2800
2600
2700

图1　井间正演层速度模型

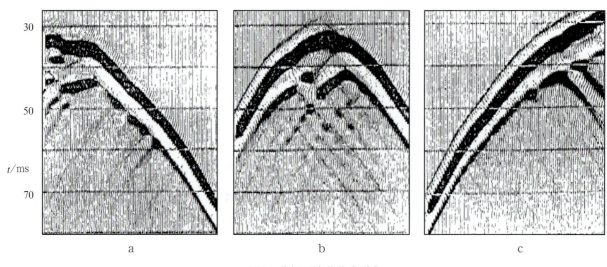

a　　　　　　　　b　　　　　　　　c

图2　井间正演共炮点道集

1.2　应用电火花震源激发条件试验

井下震源是井间地震关键设备之一。将LDZ200/10型电火花震源进行改造，使其具有单台储能20×10^4J，2台联合储能40×10^4J的能力，研制了耐高温、高压的1350m长的电缆及对接式电极头，与ES–2420数字地震仪和GEOLOCK–S型井下三分量检波器相配套，组成了井间地震(井深可达1300m)激发接收系统。

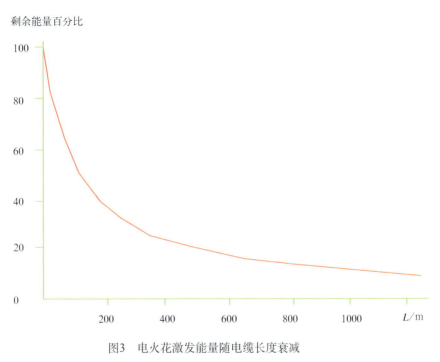

剩余能量百分比

图3　电火花激发能量随电缆长度衰减

电火花震源的能量主要分配在电缆和放电电极两部分上。对于长度为1350m、截面积为50mm^{2}的电缆，电阻R为1.03Ω。放电电极电阻R_f经测算为0.09Ω。因此，有用能量(放电电极上释放的能量)占震源总能量的比例为：

$$(R_f \times I^2)/(R \times I^2) = R_f/(R + R_f) = 0.09/(1.03+0.09) \approx 8\% \tag{1}$$

当电缆长度达到1350m时，40×10^4J$\times 8\% = 3.2 \times 10^4$J。在野外进行了长度为25、50、75、100、300、500、700、1000、1350m电缆能量衰减试验(图3)。当电缆长度为0~100m时，能量衰减很快，700m以后能量衰减缓慢，100~700m时能量衰减幅度介于二者之中，当电缆长度为1350m时，有用能量占总能量的8%。

1.3　井中激发、井中接收地面浅井试验

在地面浅井中进行激发叠加次数、套管井和裸眼井的激发接收对比、不同检波器的对比等试验，读取初至波的最大振幅得到表1和表2。从表1可以看出，振幅随着激发叠加次数的增加而增大。

综上所述，多次叠加激发和在套管井中激发、接收有利于提高地震波能量，可观测相距较远的两口井。分析表2得出：

①在套管井激发下，套管井比裸眼井接收振幅大13.6%；

②在裸眼井激发下，套管井比裸眼井接收振幅大4.6%；

③在套管井接收下，套管井比裸眼井激发振幅大8.8%；

④在裸眼井接收下，套管井比裸眼井激发振幅大0.15%。

表1　激发叠加次数对振幅的影响

叠加次数	1	3	6
振幅(9m井深激发/9m井深接收)	0.1940×10^8	0.5803×10^8	0.1240×10^9
振幅(14m井深激发/9m井深接收)	0.7176×10^8	0.1252×10^9	0.2444×10^9

表2　套管井及裸眼井的激发与接收对振幅的影响

试验因素	多道初至波最大振幅的平均值
接收套管井深1.5m/激发套管井深9m	0.1060×10^{10}
接收裸眼井深1.5m/激发套管井深9m	0.9328×10^9
接收裸眼井深1.5m/激发裸眼井深9m	0.9314×10^9
接收套管井深1.5m/激发裸眼井深9m	0.9743×10^9

从上述浅井三分量检波器和压电检波器的接收对比试验来看(图4、图5)，井下三分量检波器接收与压电检波器相比，信噪比高，分辨率高，波形的一致性与连续性好。实际测量中，由于能量在电缆传输中的损耗以及地震波在井间地层传播中的衰减，使得地震波能量偏小，因此野外实际工作中，选用了接收灵敏度高的井下三分量检波器。

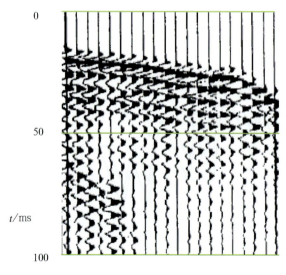 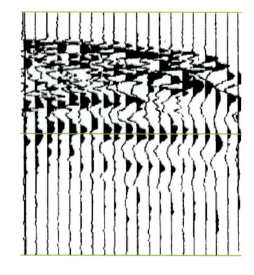

图4　井下三分量检波器Z分量接收　　　　　图5　压电检波器接收

1.4　电火花震源的激发环境试验

在X133-18井口布设子波检波器和井下三分量检波器，大井中50、100m深度多次激发，因井中无水，均未得到有效的初至波，记录几乎全是噪音干扰。在C13-451井进行长电缆逆VSP试验，因井中有原油，多次垂直叠加激发，都未获得初至波。

以上2口井的试验说明激发介质影响电火花震源激发能量的释放，证实激发介质最好是清水或盐水。因此在正式的井间地震施工前要进行洗井作业，确保电火花激发能量的有效释放。洗井工作是应用电火花震源开展井间地震技术成本费用较高的一个因素。

1.5　电火花震源对井壁水泥环的震动影响

电火花震源在井中激发每次能量为3.2×10^4J，是否使水泥环产生裂缝给油气生产带来损失是开发人员关注的问题。在C106井1230、1233、1235m等3个深度上共激发15次，激发前、后分别进行变密度测井以检验井中激发是否使水泥环产生裂缝。从激发前、后的变密度测井曲线来看二者没有变化，表明井中激发(能量为3.2×10^4J)对井壁水泥环没有破坏作用。

2　实测资料分析

在草桥地区相距259m的C13-45和C13-451井中进行了深井井间地震数据采集。根据2口井的井深、地质分层、目的层和现有设备状况进行了施工设计，C13-45激发井段690～798m，间距6m，19个激发点；接收井段690～828m，间距6m，24个接收点，单点激发、单点接收。当固定每一个激发点时，接收点自井底依次向上移动至井顶部(或自井顶部向底部移动)，即完成1炮24道接收的记录(图6)，依次完成每个共炮点道集的接收，采样间隔为1ms，记录长度为6s。

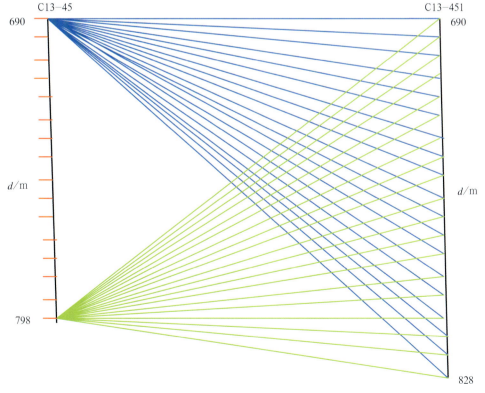

图6　观测系统示意

经过抽道集，对井顶部第一共炮点X分量道集(图7)(井中接收，X分量主要记录纵波，而Z分量主要记录横波)分析如下：在记录0～100ms处有一个主频为15Hz左右的低频强能量信号，这是仪器的电感应信号，事实上，它也影响了100ms以后的波场，因频率较低，加一个低频压制滤波即可去掉，见图7b。在100ms左右开始产生高频纵波信号，300ms附近有一组能量较强的波组，其后部有续至波，从速度(800～900m/s)上看为横波。由于此次井间地震的观测区域是横向大而纵向小，因此直达纵波在X与Y分量上强，在Z分量上弱，直达横波在Z分量上强而在X或Y分量上弱。在原始X分量上(图7a)，几道直达纵波存在极性反转现象，原因是井下检波器在引中接收时会在水平面上转动，对极性反转道做了反相处理。如图7b所示，直达纵波能量较强，波形一致性好，初至起跳干脆，各道连续性好，对X分量做40～220Hz带通滤波后，信噪比显著提高，而相应的上行反射纵波较弱，说明该段地层无明显强反射层，也说明直达纵波有较强的穿透能力，能对纵横向较远距离进行观测。纵横波的初至均呈现"上拱"特点，表明在690～828m的井段中，中间的层速度较高，这与实际地质情况一致。对原始X分量做200～240Hz带通滤波后，基本上看不到纵波的"影子"，说明在频率200Hz以上，基本没有纵波成分。

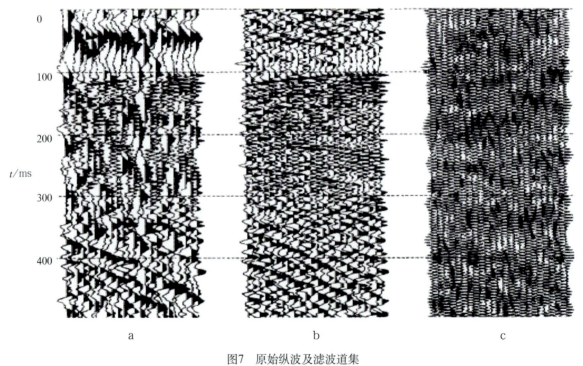

图7　原始纵波及滤波道集

a—原始资料；b—带通40～220Hz；c—带通200～240Hz

对井顶部第一共炮点Z分量道集(图8)分析如下：Z分量主要接收横波成分，所以原始Z分量上低频电感应信号干扰较严重，做带通20～100Hz后，低频电感应信号仍有干扰，但280Hz左右以下的横波信号十分明显，信噪比同样较高，横波初至在第1道的325ms的负起跳点上和第24道的267ms的负起跳点上，见图8b。横波初至波形较为稳定可靠，只是顶部几道有点复杂。横波比纵波有较强的反射波，说明研究上行反射横波可行，另一方面也说明直达横波旅行时，衰减较快，不利于对纵横向较远距离进行观测。对原始Z分量做80～150Hz带通滤波后，在时间大于0.3s处的横波依稀可见。

从频谱分析(图9)上看，纵波的主频156Hz，带宽56～193Hz，从图7b上可估算纵波速度为2590m/s，因此纵波波长为17m，可分辨4m左右的薄层。横波的第1主频为37Hz，第2主频为22Hz，带宽0～118Hz。对图7b的直达纵波和背景干扰振幅进行分析，最远6道的直达纵波最大振幅的平均值为0.303×10^{7}，背景干扰最大振幅的平均值为0.6×10^{6}。在均匀吸收介质中传播的球面波振幅A[1]为

$$A=A^{0}\times(e-^{\alpha R}/R) \tag{2}$$

式中，A^{0}为初始振幅；R为传播距离；α为吸收系数。

根据李庆忠院士的$Q-V_{p}$关系经验公式[2]，可以算出纵波速度为2590m/s时，$\alpha=0.00156$。当信噪比为2时，信号与噪音是可分辨的，则此时信号的最大振幅为0.12×10^{7}。令$A_{1}=0.303\times10^{7}$，$R_{1}=259$m，$A_{2}=0.12\times10^{7}$，R为振幅A_{2}对应的传播距离，分别代入公式(2)，然后相比，化简可以得到如下方程：

$$R\times e^{0.00156R}=974 \tag{3}$$

求方程(3)，可以得到R约为470m，据此预计可进行最大炮检距470m的井间野外采集。

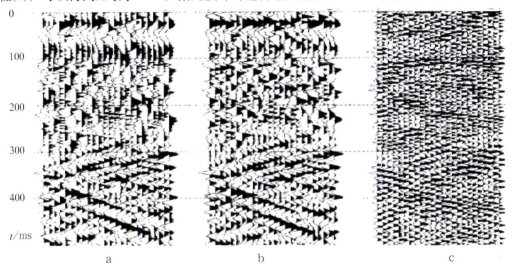

图8　原始横波及滤波道集

a—原始资料；b—带通20～100Hz；c—带通80～150HZ

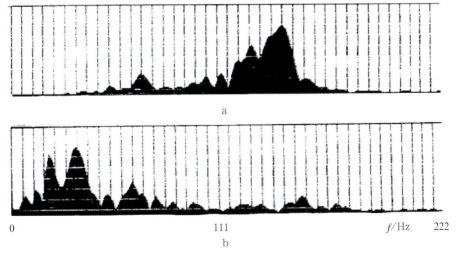

图9　频谱分析

a—纵波，时窗90～200ms；b—横波，时窗250～500ms

3　结束语

井中电缆、电火花震源和井中检波器是井间地震的关键装备。井间地震方法能获得丰富的高分辨率纵波和横波波场，能精细研究井间储层的横向和纵向变化，为井间地震技术在油田开发领域中应用奠定了基础。井中电缆的能量衰减和单点激发接收制约了井间地震技术的发展，提高激发能量和采集效率是下一步工作的发展方向。

参考文献

[1] 牟永光. 地震勘探资料数字处理方法. 北京：石油工业出版社，1984

[2] 李庆忠. 走向精确勘探的道路. 北京：石油工业出版社，1994

开发地震技术发展现状及前景展望

赵殿栋[1] 周建宇[2] 丁伟[2] 于世焕[1] 刘传虎[2] 何惺华[2]

1.中国石油化工股份有限公司油田勘探开发事业部 北京 100728

2.胜利石油管理局 山东东营 257100

摘要 首先简要回顾地震技术应用于油田开发的历史。开发地震主要用来解决以下几方面的问题:(1)油藏圈定;(2)油藏描述;(3)油藏监测。对国内外开发地地震工作现状及进展分别在井间地震技术、多分量地震技术、4D地震技术、VSP测井技术等方面进行了阐述。开发地震受到石油公司普遍重视,目前世界上油田平均采收率35%,大部分储量分布在死油区,需要采用增产措施,开发地震将使采取措施后的油区采收率提高20%~30%。从老油区开采出更多的石油,与新的勘探发现具有同样重要的意义,是一个回报率更高的有效途径。目前我国的开发地震主要应用于油田开发前的储层圈定和油藏描述,在开发中后期方案调整和油藏检测中做了很小量的研究和试验性工作,这些技术还处在研究与试生产的初期阶段,因而开发地震技术在我国有巨大的应用发展空间。工程技术人员和地学工作者需真正遵守多学科组织协作,将未利用的资源转为可采储量。

关键词 开发地震 技术现状 油田开发 发展前景

1 地震技术应用于油田开发的历史

1.1 概述

地震勘探方法自20世纪20年代产生以来,一直用于勘探方面,经过长期的理论完善和实践的考验,它已成为石油勘探的主要方法。20世纪80年代以来,出现了一个新的趋势,地震在油田的开发阶段,也得到了越来越多的应用,很多应用的实例使人们认识到地震在油田开发的整个过程,包括新油田的开发方案、老油田的调整、油田开发中后期的提高采收率以及稠油开采,地震都可以提供资料,可以发挥先行的作用。

1.2 历史的简要回顾

以地震为中心的地球物理勘探技术,始终走在石油科技发展的前列,石油技术的发展,在一定意义上讲就是物探技术的发展。地震勘探技术的发展史代表了油田的发展历程。每一次物探技术的进步,都会带来油田的巨大发现和发展。我国地球物理勘探始于20世纪30年代,重、磁、电队伍壮大集中在50年代和60年代,地震队伍的发展时期是从50年代到80年代,而整个地球物理技术水平的发展迅速提高时期是在70年代以后。地震技术发展经历了5次大的飞跃,第1次飞跃发生在30年代,由折射地震法改进为反射法;第2次飞跃在50年代,出现多次覆盖技术;第3次飞跃在60年代,出现数字地震仪及数字处理技术;第4次飞跃在70年代,研制出偏移归位成像技术;第5次飞跃在70年代中期,出现简单三维地震勘探技术;目前以高精度地震勘探技术为标志的第6次飞跃正在形成。

地震作为一种勘探技术,长期以来主要用于解决构造问题,并根据构造进行钻井。到了开发阶段,因为已钻了很多井,就完全使用钻井资料研究储层特征,进行小层对比,建立油藏地质模型,开展油藏模拟，制定开发方案，进行开采。

当油田地质情况复杂时，人们开始想起横向上密集覆盖的地震资料可以帮助搞清井间变化，如60年代开发东辛油田采用的小三角形测网观测，应用了手工三维两步法偏移，查明了复杂断块构造，结合了油气水关系和压力资料划分小断块，这就是世界上的第一块三维，也是我国最初的开发地震。

油田开发除了要求解决复杂构造问题，还帮助解决储层问题。在70年代末，利用地震反演圈定了纯化镇—梁家楼油田的浊积岩储层分布。到了80年代，地震反演、地震属性以及AVO等技术的研究为开发地震准备了技术基础。进入90年代，开发地震得到了迅速发展，在东营凹陷的王家岗地区成功应用一个断块油田的滚动勘探开发，53口开发井无一落空。在埕岛Ng钻开发井95口，成功率100%，钻遇厚度符合率92%。此时的地震技术最突出的成就，就是被认可为是油田勘探与开发近于通用的方法。

胜利油田40年地震技术的发展都与油田勘探开发与生产紧密相关，地震技术的每一次飞跃都会带来石油储量的高速增长，胜利油田68个油田的发现和每一次储量高峰都与地震勘探技术的改进相伴生的。济阳坳陷于1954年开展地面地质工作，1955年相继开展了精度1∶150万、1∶120万、1∶110万的重磁力普查与详查。地震勘探始于1958年，自地质部中原物探大队地震二队首次在东营地区进行地震普查以来，距今已有40余年的历史，经历了从"五一"型光点地震仪—模拟磁带仪—数字地震仪，数字地震仪模数转化由过去的14位到现在的多道24位；采集道数由单道发展到24道、48道直到今天的1000道以上，从二维地震发展到三维地震和高精度三维地震以及VSP垂直地震、井间地震、稠油热采地震监测、多波多分量地震技术等几个重大发展阶段。地震技术发展之快，是每一位石油人所难以预想到的。

目前，地震技术的应用已经从构造形态深入到储层评价，从勘探初期延伸到开发阶段。开发地震技术的应用，有助于识别和发现新储量，减少干井和低产井，通过增加储量、降低成本和提高采收率，从而提高整体经济效益。

1.3 开发地震解决的问题

国外许多石油公司和大学对开发地震勘探技术的发展现状、应用领域及前景作了详细的预测和分析，如Johnston在其"开发地球物理新进展"(Geophysics：the Leading Edge of Exploration)中指出，开发地震技术已经在油田勘探、开发的各个过程普遍使用，利用开发地震技术可以弄清油藏的构造、形态特征及其他基本信息，预测油藏的分布范围，确定油水界面位置，预测断裂及超压等钻井险情，减少干井风险，提高探井和开发井的钻探成功率。所以说，开发地震主要用来解决以下几方面的问题：

(1)油藏圈定。利用高精度地震资料，结合钻井资料，乃至油藏工程资料，精确地确定油藏圈闭形态、断层展布，如有可能，还可对含油气范围做出预测。

(2)油藏描述。综合利用地震、测井、油田地质和油藏工程资料描述油藏的特征，估算油藏参数，包括连通性、厚度和孔隙度，在可能情况下，还可以对渗透率、饱和度及孔隙流体压力做出估算。

(3)油藏监测。在采用增产措施，提高原油采收率过程中，通过不同时间进行地震观测，利用地震信息变化可以监测增产措施的实施效果，探明剩余油的分布规律，包括稠油热采，CO_2气驱、注水、火烧和压裂等，以便修改地质模型，调整注采方案，提高采收率，降低作业成本。

2　国内外工作现状及进展

由于油价的攀升与动荡，国外大多数石油公司在保持战略扩张的同时，也把战略重点转移到老区的挖潜和提高现有油气田的采收率上来，以求得最大的投资回报率。开发地震的试验工作始于20世纪70年代。它使地震勘探从静态的构造和储层描述发展到油藏的动态监测，对该项技术投入的经费迅速增长。1991年全球石油地震勘探费用40亿美元，其中时移地震竟花掉6亿美元。预计2005年时移地震费用将达到35亿美元。这充分展示了时移地震大发展的美好前景。开发地震之所以受到石油公司普遍重视，原因是目前世界上油田平均采收率在35%左右，大部分储量分布在死油区，需要采用增产措施。预计开发地震将使采取措施后的油区采收率提高20%～30%左右。从老油区开采出更多的石油，与新的勘探发现具有同样重要的意义，但却是一个回报率更高的有效途径。国外石油公司在时延地震、井间地震、多波多分量时延地震和3D-VSP等方面作了大量的研究及生产。这些成果标志着地震技术除应用于勘探之外，又向前有了很大的发展，成了油田开发和生产的重要工具。这也表明工程技术人员和地学工作者需真正地遵守多学科组织协作，就有可能将未利用的资源转为可采储量。

目前我国的开发地震主要应用于油田开发前的储层圈定和油藏描述，在开发中后期方案调整和油藏检测中，仅仅做了很小量的研究和试验性工作，90年代初胜利油田和国内一些油田在开发地震领域，通过先导性试验，取得一些认识和成果，但总体讲这些技术还处在研究与试生产的初期阶段。

2.1　井间地震技术

2.1.1　国外发展现状

详细了解油藏流体和其储层结构是油藏开采的关键。井间地震技术即在一口井激发，另一口井或多井接收。它能对断层、地层边界、不整合、次生孔隙、裂隙及远离井位尚未探测储集体等特征进行空间连续成像，并且分辨率非常高。

20世纪70年代，诊断医学层析成像(CT)获重大突破和空前成功，并迅速影响到众多科学领域。自80年代起，美国石油界率先将层析成像技术移植到油气勘探开发方面，提出了 "井间地震"的基本原理与方法。80年代末，井间地震技术投入实用，主要用于监测稠油层中蒸汽或CO_2前缘位置和油气运移方向，确定小构造、小断层与砂岩体，研究储层横向连通性等。目前，美国的井间地震已进入稳步发展的阶段，井间地震已从简单的二维逐步走向三维、四维(时延井间地震)。井间地震专业服务公司每年为各国石油公司进行数以百计的工作项目，国外的井间地震正从科研攻关向实际应用转化。USA德克萨斯州的Welch油田去年实施了一项很大的井间地震数据采集解释项目，共采集了数条井间地震剖面的数据，目的是用于监测CO_2驱和油藏描述。采集中使用了多分量井下接收系统，数据处理得到了井间纵、横波速度层析成像和反射成像，将这些地球物理信息转换成储层的孔隙度、渗透率及流体饱和度等储层参数。加利福尼亚的Cymrie油田，Tomoseis公司用井间时延地震成像解决了蒸汽诱导产生的裂缝垂直和横向分布范围，以及蒸汽波及范围。另外Chevron，Caltex，Amoco和OYO先后做了这方面的工作，并取得了重要成果。

最新资料表明，美国的一些大油田一直在雇用从事该项技术的专业公司进行用于油藏管理阶段的井间地震测量，该项技术之所以目前比较顺利地向生产应用转化，主要得益于近几年来井下设备的快速发展，从而保证高效率与高质量采集施工。

2.1.2 胜利油田及国内工作进展

(1)胜利油田

胜利油田对井间地震做了不少调研和理论研究。1993年应用深井电火花震源，在草13井区进行了国内第1次井间地震观测，井距259m，井深段690～828m，获取了高质量的资料，从最终生成的纵、横直达波层析成像和反射波归位剖面看，有效提高了垂向与水平分辨率，使两井间的砂泥岩薄互层结构、地层接触关系以及储集层的横向分布变得更加清晰。

开发了井间地震资料的室内层析成像处理系统，得到了较高分辨率的井间薄层的层析成像资料。纵波反射波剖面与过井普通三维地震剖面的比较，井间地震剖面有高得多的分辨率，纵波主频达170Hz，横波主频80Hz。

2000年底，Tomoseis公司在胜利油田的东辛、河口地区进行了高质量的井间地震野外采集工作，获得了能分辨3～5m薄层的高分辨率层析成像剖面。该公司的先进技术主要为根据逆压电效应原理研制的可控式井下震源，工作距离可达800m，最高工作频率达2000Hz，扫描时间与扫描速率均可调；多级压电式压力井下检波器为10级，据称20级的检波器也已问世；专用多芯电缆与地震记录仪能同步协调井下震源、检波器的工作；采用共检波点道集(CRG)工作方式，震源在工作时不停地连续移动，从而大大提高工效；采用工作站进行现场观测系统设计、质量控制(QC)与必要的预处理(如带通滤波、二维滤波、相关、叠加等)。

a.东辛采油厂工作情况

选择永1断块区的永 1 砾岩体的永63-10等几口井组成的十字形剖面，其目的是查明砾岩体内部的储层砂岩体的分布、几何形态与连通性，小断层的存在与走向，以解决油田注水效果不佳的问题。目的层深度大致在2600～2700m，作业井段长度大约为300m。由于时间限制，永1-27、永1-26剖面(600m井距)只采集了3个扇面(FAN)，用于验证设备性能。

b.河口采油厂工作情况

主要针对深入了解罗家地区一种特殊的储层-沙三段火成岩蚀变带的纵、横向分布与厚度、沙二段储层情况，提出了罗151-1井剖面设计参数，接收器井罗151-11，震源井罗151-1，井距984ft，采集总道数115062，井间地震反射波剖面主频300～500Hz。说明在复杂多变的陆相沉积地层中，完全可以得到很好的井间资料成果。

Tomoseis公司在胜利、江汉、中原三个油田做9个井间地震剖面，获得了较好的原始资料，处理工作也初步完成，反射波成像剖面的主频可达300～500Hz。胜利永安镇地区与河口地区的三条井间剖面对于了解查明砾岩体中的砂体、火成岩的蚀变带、薄砂层、三角洲前积层、小断层等地质现象提供了非常有意义的资料。

(2)国内工作进展

为了探索井间地震技术在油田开发领域的应用效果，国内许多研究单位在油田进行井间地震测量试验。如辽河、吉林、大港、冀东和新疆等油田在测量、基础理论研究、仪器制造、野外数据采集处理和解释等方面取得了一些成果。

胜利油田采用电火花震源激发、单个三分量检波器接收；吉林油田采用重锤脉冲震源和液压可控震源激发、一套多级三分量检波器系统接收；辽河油田采用炸药震源和常规检波器接收。

井间地震资料处理方法有代表性的主要有胜利油田、石油大学、物探局研究院、新疆油田、南京物研所等。

2.1.3　存在的问题及技术难点

关于井间地震技术是否值得发展的争论已经逐步明朗，目前，主要的问题不是单纯的科研课题攻关，而是加快科研成果向实际转化的步伐。以下几点应引起重视：井间地震技术能否真正被油藏工程师认可，并用于开发实际；物探工作者如何将测得的地球物理信息转换成油藏管理人员感兴趣的储层参数；井间测量占用生产井的时间是否过长；在采集处理解释方面的研究应用需要不断完善；减少数据采集技术的费用；采集技术的发展不能受到井下仪器设备的制约。

故实际上最大的问题在于我们的采集装备落后，与国外的多级多分量接收、井中新型激发系统、光缆数字传输、耐高温高压、灵敏度高、体积小及多种频率可选的检波器相比，我们是单个检波器接收、没有适宜的激发震源系统，电缆本身耐高温高压能力不够，电缆长度仅1000m，工作效率低，采集质量不理想。

2.2　多分量地震技术

2.2.1　国外发展现状

多分量地震技术(全波地震)，是近年来开发地震技术发展的一个热点，被评价为地震工业的第四次技术革命，其中最重要的原因是该技术与单分量地震相比，会使地震技术发生一些根本的变化，从而获得巨大的经济效益。其变化为：由观测标量到矢量观测，使标量地震发展到矢量地震；由主要研究对比纵波到同时研究对比纵波、横波和转换波，使纵波地震发展到多波地震；由主要研究利用地震波走时和波速到利用波的偏振和纵横波速度比等地震属性，使地震波研究由运动学发展到动力学；由探测地下构造同时探测地下岩性和岩石流体成分，使地震技术由构造勘探发展到岩性勘探。

盆地中70%的地层都表现出方向各向异性的特征，需要确定断裂方法、裂缝程度、流体与气体界面，这也正是该项技术引进的原因。

2.2.2　胜利油田及国内工作进展

(1)胜利油田

1991~1993年在盐家、永安镇、草桥等地区采集了100km的转换波资料，与南京物研所合作进行处理，做出了纵波剖面、横波剖面、泊松比剖面，较好确定分析了真假"亮点"，预测了新的气藏。

1999年采用新的三分量检波器，在罗家进行了多波多分量的二维采集工作，共计8条线，资料处理已经完成。

(2)国内工作进展

国内在多波多分量勘探研究方面做了不少工作。自80年代开始，物探局、四川石油局先后进行了转换波和纯横波勘探的试验和研究。在各向异性、地下裂缝、横波分裂等方面进行了一系列研究。南京物研所进行了野外采集和资料处理研究，提取了一些物性参数，做出了泊松比和横波剖面等。目前，转换波资料处理软件较好的单位有成都理工大学、物探局、石油大学、南京物研所、四川石油局等。

2.2.3　存在的问题及技术难点

(1)存在问题

首先该项技术的装备不足或相对落后，因三分量检波器价格昂贵，检波器数量较少，组合时只用1个或2个，单炮记录信噪比降低；目前，仪器道数尽管有1000道，但如果做三分量三维采集，因需要偏移距比纵波采集大，所以采集道数要求较多，至少需2000道以上；人们已经惯用纵波来解决地质问题，而对转换波的特点及作用还不够了解，阻碍了该项技术的正常发展。

(2)技术难点

因转换波和纵波联合采集，对野外采集的观测系统及有关参数需要更深入的探讨和论证；目前，三维转换波处理技术刚刚起步，处理软件很不成熟，难以准确求取地下转换点的位置，成像质量不高。

2.3　4D地震技术

2.3.1　国外发展现状

4D地震(时延地震或重复地震)可以提高信噪比，监测压裂、水驱、气驱等油藏过程中流体的运移，寻找剩余油分布，用于油藏勘探开发全过程管理。加拿大的eastSenlac探区油层深度730m，厚度15m，采用双井组—水平井方法，水平段时上井注汽、下井(低于上井几m)采油。在1991、1997、1998年分别进行3D地震勘探，由于实际原因，野外采集采用了不同参数，在震源、检波器型号、仪器型号、CDP网格等均有差异。但在室内资料处理方面做了较多的资料一致性工作，比如，振幅等参数的互均化技术，获得了清晰的各次注汽地层振幅成像，特别是各次的振幅差值剖面，反映了注入蒸汽的位置及范围。

Chevron在印尼的Duri地区稠油开发中进行了注汽开采的开发地震监测研究，在19个月的时间里进行8次监测，保证了不同时期注入蒸汽的清晰成像。该公司在尼日利亚Meren油田开展了4D地震勘探。Statoll公司在北海的Statfjord油田实施了4D地震项目，以了解水驱情况。根据BP壳牌公司在Foehaven油田的应用统计，1984年以前靠2D地震技术，油气采收率为25%～30%；1984～1995年期间采用3D地震技术，采收率达到40%～50%；而1996年以来应用4D地震技术，使采收率提高到了65%～70%。正是由于4D地震技术的这些良好应用效果，使得4D地震在勘探地球物理市场中的所占份额持续增长，已占到14%左右；其投资额则以每年10～30亿元的速率递增。表1中统计出了当前正在规划或实施的4D地震项目，由此可以看出4D地震技术发展趋势。

表1　当前正在规划或实施的4D地震项目

序号	石油公司	地区	油田
1	Amoco	墨西哥湾	OBU
2	Amoco	加拿大	Athabasca
3	BP/Shell/Geco	北海	Folnhaven
4	BP	北海	Magnus
5	BP	越南	
6	Chevron/Stanford	印尼	Dnal steam flood
7	Chevron	墨西哥湾	Bay Marchand
8	Chevron/Lamont/Penn	北海	Ninain
9	Conoco	北海	Heldron
10	Exxon	加拿大	Cold Lake
11	Intevep	委内瑞拉	Lake Maracaibo
12	KOC	科威特	
13	Nordsk/Hydto/Western	北海	Oseberg
14	PDO Shell	阿曼	Yibal
15	Phillipis	挪威	Ekofisk
16	Saga/Exxon/PGS	北海	Snorre
17	Shell US	墨西哥湾	Mars
18	Statoll/Geco	北海	Gullfaks
19	Texaco/Lamont/Penn	墨西哥湾	Teal
20	Texaco	墨西哥湾	Kileuea
21	Texaco/Colorado	二叠纪盆地	Vacuum
22	Unocal	墨西哥湾	Vermillion

　　在向老油田要储量、要产量项目实施前，必须对技术风险进行认真分析，做出可行性评价。在评价分析前，选择关键的油藏参数和地震参数，并对每个参数制定出评分标准，用数值积分来定量化。

　　(1)油藏评分标准

表2　油藏评分标准

分数/分	5	4	3	2	1	0
干燥岩石体积模量/Cpa	0~3	3~5	5~10	10~20	20~30	>30
液体压缩系数变化/%	>250	150~250	100~150	50~100	25~50	0~25
液体饱和度变化/%	>50	40~50	30~40	20~30	10~20	0~10
孔隙度/%	>35	25~35	15~25	10~15	5~10	0~5
阻抗变化/%	>12	8~12	4~8	2~4	1~2	0
旅行时变化(采样率)	>10	6~10	4~6	2~4	1~2	0

(2)地震评分标准

a.地震成像质量。下列每一项满足时则得1分：叠加或偏移信噪比高；油藏反射成像清晰；油藏振幅可靠和有意义；油藏反射未受多次波或相干噪声污染；油藏反射未被浅层气、静态时移或速度异常弄模糊。

b.地震分辨率。假设分辨率等于1/4波长，则下列5个等级分别得分1～5分：油藏厚度至少等于半个地震分辨率；至少等于地震分辨率；至少2倍地震分辨率；至少3倍地震分辨率；大于4倍地震分辨率。

c.地震流体界面。下列每一个等级得分1～5分：地震流体界面至少有一个可见；有若干个可见；有一个能在平面上作图；有若干个能在平面上作图；全部能在平面上作图。

d.地震可重复性。下列每一项1分：每次观测都采用同样的采集设备；使用永久性震源和检波器排列装备；每次采集都按规范标准精度定位；每次采集都按相同的方向放炮；每次采集都用同样的面元、炮检距和方位角分布。

(3)风险评价

按制定的评分标准，对油藏和地震的9个关键参数打分，记入技术风险评价表。风险评价需要进行三项分析(实例说明)：

a.油藏条件分析

油藏条件必须首先要获得一个通过分数。通过分数的门限值是60%，即对于满分25分必须超过15分。

表3　油藏条件分析风险评价

参数	理想分	印尼	墨西哥湾	西非	北海
干燥岩石体积模量	5	5	4	3	2
流体压缩系数变化	5	5	4	3	4
流体饱和度变化	5	5	5	4	3
孔隙度	5	5	4	4	3
阻抗变化	5	5	4	3	3
油藏总分	25	25	21	17	15

印尼获得满分25分，因为这是一个高孔隙度、未固结砂岩的重油油藏，采用蒸汽驱采油。墨西哥湾获得一个乐观的21分，岩石是高孔隙度、未完全固结砂岩，采用水驱采油，油与重盐水之间差异明显。西非和北海的岩石是含碳酸盐成分高的固结岩石，刚刚满足油藏门限分数。

b.地震条件分析

一旦油藏条件通过60%的门限，地震参数就值得研究。地震条件也必须通过60%的门限，即对于满分20分必须超过12分。

表4 地震条件分析风险评价

参数	理想分	印尼	墨西哥湾	西非	北海
成像质量	5	5	4	5	4
分辨率	5	5	4	3	1
流体界面	5	4	4	4	2
可重复性	5	5	4	4	2
油藏总分	20	18	17	15	8

印尼例子接近理想的地震分数18，这是因为地震采集使用了固定震源、检波器装置、小药量炸药震源激发和井中检波器接收，获得了高达250Hz的高频反射。墨西哥湾例子获得了一个较高分数17，这是因为使用了海底检波器接收，频率高达100Hz，还有多个油藏流体界面反射能在平面上追踪。西非例子也通过了分数线。

c.综合评价

实例中，印尼的高分表明进行时移地震是非常有利的。在印尼几个油田，对蒸汽驱和水驱都进行了时移地震监测。墨西哥湾的总分表明，油藏和地震条件对时移地震也是很有利的。西非例子的地震条件还是好的，但油藏条件比理想的要差。尽管如此，西非近海时移地震项目仍然给出了一个满意的结果。北海项目的地震拖缆采集和深层固结油藏条件对时移地震都是不利的。

2.3.2 胜利油田及国内工作进展

(1)胜利油田

90年代初期积极开展了4D地震勘探技术研究，获得了有益的效果。①在物理实验室内，对胜利探区的5种稠油砂样在不同温度、压力、介质及含油水饱和度等因素影响下进行了岩心测试。②在单家寺等地区对单2自注自采井进行了两次单束线的野外地震观测、室内资料处理并进行资料综合解释。③在乐安油田进行了2次单束线和2次三维的4次重复采集的野外地震项目、室内进行了高质量的资料处理，研究了稠油层汽驱前后的地震波振幅、速度、频率等信息的变化规律，确定了蒸汽平面前缘波及半径范围。

(2)国内工作进展

90年代初，国内一些油田在4D地震方面也做了一些研究工作。辽河、新疆等开展了稠油热采地震监测，取得了一些成果。克拉玛依油田自1989年开始利用稠油热采地震监测，野外使用"米"字形二维测网。通过实验总结了单点激发、单点接收、小道距、小药量、高频率检波器接收、检波器埋置的经验。

2.3.3 存在的问题及技术难点

(1)存在问题

目前时延地震主要应用于寻找剩余油、确定注水和注汽分布范围等。对存在的问题，有以下几点认识：①从其应用地区来看，海上应用较多，主要集中在北海和墨西哥湾等，陆上应用较少。其主要原因是海上资料的信噪比高、噪音少，加上油质好，经济效益也高。②从其研究深度看，基本在3000m以内，在高孔隙度(大于25%)、软砂岩、厚储层情况下，取得成功的机会较高。③从其精度来看，目前从定性解释向定量解释发展。④对于不同油藏和不同的开采机理，时延地震的监测效果也不同。⑤每次观测的地震条件的变化，前后测量的一致性难以保证。⑥应用条件差，孔隙度小于15%，硬岩石碳酸盐岩，深度大于3000m，油层薄，重油注水，轻油热驱。⑦胜利及东部油田自身油藏一般为小储层、小断层油藏，致使4D剖面的信噪比和分辨率降低，增大了该项工作的难度。

(2)技术切入点和难点

根据现有资料和油藏条件进行4D地震可行性研究和先导性试验，懂得地球物理概念的油藏人员全过程参与4D地震采集、资料处理和分析；数据采集参数和施工过程必须面对全新的数据采集方法而又要尽量保持两次3D观测的重复性；重复性有效信号与非重复噪声之比必须足够大，方能检测到储层内质体变化造成的地震响应差异；处理过程始终强调新老资料的互相关(互均衡)，同时对新资料又必须应用使其最佳的新方法进行优化处理；需要有适合于包括细微油气异常检测在内的4D地震资料分析技术的应用软件研究；"油藏"模拟和"地震"模拟结果的拟合可能需要占用大量机时，因而对计算机能力提出了更高的要求。

2.4　VSP测井技术

2.4.1　国外发展现状

国外的VSP技术在继续完善常规技术的基础上，对数据采集方法进行了改进，如在原来的非零井源距测量的基础上提出的沿二维测线放炮测量的变井源距(Walk away)观测方式、沿井口周围一定偏移距放炮测量(Walk aroud)环形观测方式以及按地面3D地震放炮测量的3D观测方式。这些观测方式在无需投入很大成本的前提下，采集更多的数据，能较大程度地改善VSP的成像范围和效果，解决更为复杂的地质问题。

Phillips石油公司在北海的Ekofisk油田实施的常数反射角环状观测系统方案。主要参数：最大圆环半径2000m、对应接收点深度3000m、最小圆环半径1250m、对应接收点深度1400m、环间距离50m、接收点距10m、震源三枪组合空气枪、接收系统12级三分量、施工方法震源每一圈移动50m、井下接收系统移动120m，该方法的实施解决了该构造的地震剖面由于上覆气层的影响而造成相应部位显示为空白区的问题，VSP剖面清楚地给出了构造形态以及各地层之间的接触关系。

2.4.2　胜利油田及国内工作进展

(1)胜利油田

胜利油田VSP技术经过20多年应用和发展，至今共进行了VSP测井150多口，成功运用于胜利探区20多个地区与内蒙古、江苏、青海、冀东、新疆、江汉、四川、广西和浅海等探区，在井区速度研究、地层对比标定、地层衰减规律分析、薄储层精细研究、气层识别、物性参数分析、钻前深度预测、隐蔽油气藏描述等方面取得了显著的地质效果，在国内还是领先的。

(2)国内工作进展

VSP技术在我国起步较晚，80年代初引进、开发和应用，"七五"期间得到长足发展，各油田均形成了适合各区地震地质特点的VSP工作方法，从装备到队伍均得到一些发展。野外激发由炸药震源、可控震源、空气枪等发展到先进的电火花震源，提高了子波的一致性；检波器由单分量、三分量发展到双级三分量，提高了记录质量和工作效率；VSP资料也由人工解释发展到人机交互处理解释，提高了精度和效率。但无论胜利油田，还是其他油田，VSP技术仍处于地震辅助地位及初期发展阶段。

2.4.3　存在的问题及技术难点

VSP技术已商业化多年，并对许多地区提供了油藏描述和储层预测参数，但目前的应用并没有达到预期的效果。问题及难点主要表现在：①观测系统设计的问题。对于VSP测量施工效率上的考虑，以往非零偏移距的观测系统设计一般采用单个炮点位置激发，难以保证成像剖面的精度和信噪比。②非零偏移距的VSP测量数据处理中的速度分析问题没有得到很好的解决，这对成像的精度和效果影响很大。③成像方法不完善。目前使用的VSP CDP转换方法难以满足复杂地震地质条件的成像。④观测方式仍是常规方法。3D–VSP、多井源距VSP、横波应用、裂缝探测等方面研究差距很大。⑤VSP采集设计与井下接收系统密切相关，由于没有多级接收系统，难以提高效率及降低成本，解决油藏与地质问题的难度较大。

3　建议与前景展望

向现有油田要储量，应作为我们今后增加后备储量的主要途径。纵观美国近50年来储量增长的状况，勘探发现仅占一部分，大部分新增储量是开发调整和扩边获得的。我国应当不会例外，要使现有油田增储上产，就必须对油藏进行精细描述，这就为开发地震提供了广阔的发展天地，使开发地震大有可能。

根据已有的经验，对于复杂非均质油气田，例如，河流相薄层砂岩油气藏、小断块复杂构造–岩性油气藏、碳酸盐岩风化壳油气藏、各种裂缝性油气藏等，在进行滚动开发中，应当使用开发地震技术来加强钻前预测研究，提高开发钻井的成功率。随着钻井的增多，还可以通过信息反馈，不断迭代加深开发地震研究，深化对油藏的研究，提高下一步钻井的成功率及油气的采收率。

开发地震能充分发挥地震资料面积上密集的优势，降低地震资料的多解性，进一步加强对井间地震技术、多波多分量技术、4D地震技术、VSP测井技术等研究与探讨，有助于提高地震解决油田开发的能力，与钻井相比，地震的费用总是低的，合算的。

3.1　井间地震技术

井间地震是开发地震的一个重要方面，与国际先进水平相比，我国目前的井间地震采集设备与资料处理系统以及综合解释水平都远远不能适应油气田开发对地震的要求。

3.1.1　下步开展工作的几点意见

(1)由油田部统一领导，指定一家油田为牵头单位，组织物探、油藏工程及井筒人员并做到相对固定，统一规划，部署详细方案，分期分区实施。

(2)尽快购置国外先进的野外采集设备，包括10级以上的检波器接收系统，深井长电缆传输系统，井中激发系统。

(3)选择适合井间地震工作的区块，进行野外采集。通过3～5年工作，取得较大突破。

(4)野外地震工作方面：严格的质量控制。在每次测量之前进行自然伽马与CCL(套管间隔定位)观测，震源提升之前测量标记，确保测量深度准确无误；噪音是影响井间地震资料质量最重要的因素，对每口井的噪音类型做详尽的调查与试验；建立正确的地质模型，搜集大量有关井的原始资料，包括地质分层资料、测井资料、固井资料等；为了保证资料质量，震源提升速度严格控制。一旦发现可能造成遗漏记录的超速，则坚决返工；有完善而及时的原始文档报告制度；重视安全工作与环境保护。

(5)室内井间地震工作方面：井间地震基础理论研究、地质速度与储层结构、数学地质模型、正演模拟计算、井间波动场分析、观测方法研究、井间地震资料处理方法、高精度旅行时初至拾取、数据多域转换与波场分离、三维快速射线追踪、三维速度层析反演、振幅处理与 Q 值层析反演、反射波成像、井间地震资料处理解释一体化软件系统、系统总体设计与可行性研究、模块研制与调试、算法优化、系统集成与平台开发、三维可视化显示、井间地震资料解释与综合研究、结合地质地面三维高分辨率地震测井油藏等资料对井间地震资料进行综合分析研究，如油藏描述、储层横向预测、剩余油气量分析、注入流体流向与流量分析等。

(6)井间地震对作业井工程上的要求：固井质量必须是好的或较好的；井中没有液体流动与气体逸出；单层套管或裸眼井；首次工作，井距不宜过大，以300m为宜；提前作业，注液，关井1周时间，以观后效；套管直径与井筒弯曲都应保证震源与检波器能顺利上下移动；有应急的合格备用井。

3.1.2　技术关键

波动理论基础上的正演方法；地层异常与地震响应的联合(正、反演)；井间地震波场特征识别；初至拾取精度与效率；地层各向异性三维空间的模型建立、射线追踪与层析反演；综合解释与三维可视化软件。

3.1.3　技术指标

采样间隔不大于1m；原始资料主频不低于200Hz；原始资料高截频不低于700Hz；反射波成像剖面主频不低于200Hz；反射波成像剖面高截频不低于400Hz；旅行时拾取误差不大于一个采样间隔；速度层析精度小于5%(剖面与井连接处，以声波测井为准)。

3.1.4　几个值得注意的问题

影响井间地震资料质量的关键因素是管波噪音，选择管波噪音最小的井作为接收井；作业井的准备尽量充分，包括调遣修井设备、中断产油生产，移出并重新布置油管，启动生产等；在井间地震这种高分辨率的物探方法中，提高资料的信噪比是重要的任务；陆(湖)相新生界(下第三系)碎屑岩沉积地层井间地震资料特点的分析与研究；井间地震成本高，但技术潜能与经济潜在效益是十分明显的，为了降低成本，在技术上应做如下发展：应用大井间间距震源；一井激发、多井接收；发展时延井间地震技术；多级多分量井间地震检波器的研制与使用。

井下激发及接收仪器的进步、数字传输技术的进步和耐高温电子器件的发展，会极大地降低井间地震采集成本；为了降低油气勘探开发成本，特别在油田开发后期，井间地震技术在研究小构造、小薄层及小断层等方面会发挥积极的作用，极大地提高采收率。井间地震技术有望在我国油田得到快速的应用发展。

3.2　多波多分量技术

3.2.1　提取物性参数

用现有的野外转换波观测资料，进行室内资料处理软件的进一步完善，继续处理转换波剖面，提取有价值的物性参数。

3.2.2　继续开展野外采集及处理

对是否需要做多波勘探工作的区块进行技术评估，购置三分量检波器，进行野外采集，提取有价值的物性参数。三分量检波器的质量会得到较大的提高，而成本会进一步下降；仪器道数会达到1万多道；

转换波资料处理软件会发展到较高水平，获得高质量的转换波成果资料。

3.2.3　资料联合解释

发展多物性参数的纵波和转换波资料联合解释技术，对地下各向异性体进行正确描述，重点应用在裂缝发育、气顶界面描述。

3.2.4　多种方法综合应用

该技术会首先在三分量井间地震、三分量3D-VSP中得到发展，真正应用到油气开发中去。在地面勘探中，会对地下泥岩裂缝等地层各向异性进行描述，为准确寻找油气打下坚实的基础。

3.3　4D地震技术

3.3.1　加强岩石物理学研究

岩石物性分析是4D地震的技术基础，必须要弄清楚油藏流体和岩石特征是怎样影响地震观测的。岩石物性技术关键为：岩石弹性波速的试验研究；精细波速模型的建立；孔隙流体模量的确定及评价模型；孔隙及流体对地震反射系数的影响；岩石物性参数与地球物理特征关系的建立。

3.3.2　地震模型模拟地震响应

分三步进行：①对简单的油藏水平层状介质模型进行模拟，识别出控制储层流体的主要因素。②从简单模型中获取信息指导油藏地质结构建模。③把储层模型按比例放大并输入模拟软件中，利用模拟结果修改完善油藏结构模型，直到产量历史匹配令人满意为止。对从投入开发到油藏衰竭的整个过程进行模拟，预测最终开采量。

3.3.3　做好可行性评价

向老油田要储量、要产量，在项目实施前，必须对技术风险进行认真分析，做出可行性评价。

3.3.4　评价分析定量化

在评价分析前，选择关键的油藏参数和地震参数，并对每个参数制定出评分标准，用数值积分来定量化。

(1)技术风险评价

胜利油田油藏埋深2000m以上的工区纳入四维地震可行性研究的范围，以若干单个油田，如单家寺、乐安、花沟、陈家庄、埕东、金家、林樊家、曲堤、八面河、平方王、义和庄等为分析单位，分析每个油田10多口井的地震、钻井、测井及地质资料，利用评价四维地震项目的一系列油藏和地震参数，进行定量研究，得出初步结果。对以往做过的重复三维地震(辛镇、田家、四扣、孤东6)观测进行地质、油藏工程评价，选择油气开发过程中流体、气体变化大的工区，进行室内互均化技术处理，获得满意的成果资料。

(2)标定目的层层位

进行地震数据求差以及差值剖面的解释，建立振幅、层速度、频率、时差等地震参数与油藏工程中的目的层温度、压力变化、采油量之间的关系，划出油气已排泄区、剩余油区域，对实际注采方案的调整或重新布置井位提出依据。胜利油田进行了近40年的油气开发工作，地下地质条件复杂、断块多、分布广，其剩余油区域必定发育，为开展4D地震提供了理想场所。但这些剩余油区杂乱且隐蔽性强，严重制约了油田的发展，寻找剩余油已迫在眉睫。

胜利油田油气藏属于陆相地层，比国外的海相地层要复杂得多，热采区目的层地层相对较深(800~1300m)，地层厚度较薄，这是不利的一方面；但另一方面，浅层一般是未固结或固结程度较低的新生代或古生代疏松地层，岩石体积弹性模量在注汽前后会发生较大的变化，油田地面比较平坦，地下地震波速度变化较为平缓，这些因素对开展4D地震十分有利。

(3)多种方法联合应用

四维地震观测方式会出现多种多样，有井间地震、VSP、二维地震、三维地震的重复观测，研究注入蒸汽、天然气、CO_2、原油、水等的油藏开发变化规律。

3.4　VSP测井技术

根据VSP技术的特有优势，VSP技术在油气田勘探开发中必将发挥出更大的作用，特别是在油气监测和油气田开发过程的监测中必将会大有作为。

3.4.1　加强以下几个方面的研究工作

针对不同地质目的，设计多种观测系统，丰富VSP观测方式；井-地同时观测，发展三维VSP；纵、横波联合解释应用，提供更多的物性参数；进一步加强VSP归位叠加技术的研究，以达到良好的归位效果。

3.4.2　发展随钻VSP技术

在钻井的同时，在附近处的另一口井中放置三分量检波器，接收钻头产生的连续信号，包括直达波和反射波等全波场。研究钻头前方地层的特征，随时调整钻井深度及方位，为提高钻井成功率提出直接的依据。

3.4.3　发展单井测井技术

利用反射波信号进行成像，可以解决井壁附近一定范围内的一些特定地质问题。应用研究应集中在两个方面：一是水平井的单井测量技术，二是垂直井井旁陡倾边界的探测(如垂直裂缝)。

3.4.4　发展3D-VSP技术

因野外VSP测井需要与井间地震同样的设备，故野外采集装备的更新换代，会使VSP采集技术发展多次数覆盖的3D-VSP技术。对3D-VSP资料处理方法进行国内外调研，开展研究工作，研制该项技术的软件，以适应野外大数据量资料的处理。

将3D-VSP解释资料运用到井周围的三维地面资料，对整个开发区提出指导性建议。开发地震在油气开发的不同阶段，应当是交互的，应从传统的流水线作业的方式转移到现代化的反馈作业方式，通过不断增加新的开发井资料，不断修正地震的处理和解释，不断加深对油层的再认识，使开发方案不断得到调整，使油田保持在最佳的优化状态。

开发地震有着广阔的应用前景，将是地震工作今后的一个主要内容。让我们大家共同来研究和发展开发地震技术，努力提高地震在空间上密集信息的应用能力，加强油藏的空间描述，优化油田开发和油藏管理，使油田开发和开采取得更大的经济效益。

第四篇

地质研究

准噶尔盆地油气勘探潜力及方向

赵殿栋[1]　刘传虎[2]

1.中国石化西部新区勘探指挥部　新疆乌鲁木齐　830011；
2.中国石化胜利油田新疆勘探公司　山东东营　257017

摘要　准噶尔盆地油气资源丰富，勘探程度低，勘探潜力大。根据准噶尔盆地勘探现状和实践，对盆地的勘探潜力、油气藏成藏控制因素和下步重点勘探方向进行了分析和阐述。非构造油气藏将是下步主要的油藏勘探类型，高凸起的斜坡带具备形成大型地层油气藏的有利条件，复杂山前逆冲推覆构造带勘探目标多、潜力大，乌伦古坳陷周边及准东地区并非"生烃死亡区"，也是有利的后备勘探阵地。

关键词　准噶尔盆地　油气资源　山前带　斜坡带　油藏控制因素　非构造油气藏　勘探方向

准噶尔盆地已探明石油地质储量17.8627×10^8t，天然气储量714.57×10^8m³，分别在西北缘的克乌断裂带、中部的陆梁隆起及东部的五彩湾—帐北断裂带发现克拉玛依、陆梁、莫北、彩南及三台等23个油气田，并建成了年产1000×10^4t的生产能力，为我国的石油工业发展做出了较大贡献。

1　盆地勘探现状与勘探潜力分析

1.1　勘探现状

准噶尔盆地的勘探可以归纳为7个阶段：①1949年以前的勘探起步阶段；②新中国成立初期(1950~1954年)的中苏合营共同勘探开发阶段；③1955~1960年发现克拉玛依大油田，实现第一次历史性突破；④1961~1977年的油田调整与勘探停滞阶段；⑤1978~1993年发现克乌断裂富油带，实现勘探开发的第二次飞跃；⑥1993~2000年，盆地东部区域勘探取得巨大突破和发展；⑦2000~2004年，勘探重心转向盆地腹部地区，部署思路由"立足大坳陷、主攻大构造"，逐步进入非构造油气藏勘探阶段。不同勘探阶段，勘探思路不同，地质认识不断突破，特别是近年来，随着油气勘探领域的拓展和不断突破，对盆地油气地质条件和油气富集规律的认识不断深化。新的认识指导了油气勘探，使之不断有所突破；勘探的成功又使认识进一步完善升华[1][2]。

1.2　勘探潜力

(1)可观的剩余资源量，巨大的勘探潜力。据第三次资源评价结果，准噶尔盆地天然气总资源量为20927×10^8m³，截至2003年底，累计探明天然气地质储量728.41×10^8m³，天然气探明率3.48%，累计天然气控制地质储量39.98×10^8m³，预测地质储量836.26×10^8m³。推测天然气资源量为19320.35×10^8m³，占总资源量的92%，说明盆地天然气勘探潜力是相当巨大的。从盆地内各凹陷生排烃量可知，排气量在60×10^8m³和以上的主要凹陷是玛湖凹陷、东道海子北凹陷、盆1井西凹陷和昌吉凹陷，其他8个二级构造单元排气量均在10×10^8m³以下。

(2)勘探程度不均衡，盆地仍有较大的勘探空间。从盆地范围看，目前发现的油气田分布极不均衡。西北缘地区共发现10个油气田，探明石油天然气地质储量13.0468×10^8t，占全盆地探明储量的70%以上。不同地区天然气的探明率不同，西北缘地区为5.3%，准东地区为1.9%，腹部地区为3.9%，南缘地区为2.3%，探明率总体很低。不同层系天然气探明程度不同，新近系为18.5%，白垩系为0%，侏罗系为6%，三叠系为1.2%，二叠系为2.9%，石炭系为0.3%。不同的二级凹陷，其资源量差异大，天然气的发现和探明率亦不尽相同。

(3)成熟勘探盆地油藏规模序列预测结果表明，盆地仍会有大油气田发现。李沛然等[4]用油气藏发现过程模型，以"非随机采样"统计学观点，推导出举世闻名的油气资源评价体系，并先后完成PETRIMES(Petroleum Resource Information Management and Evaluation System)系统开发，预测出勘探程度高的成藏体系的油气总资源量($\Sigma(Q_i^0 + Q_j^0)$)、已发现资源量(ΣQ_i^0)和待发现资源量(ΣQ_j^0)序列。李沛然等人认为，一个成熟勘探盆地，尽管油田的发现时间和周期各不相同，但发现的单个油藏规模遵循一定的规律：自然界中油藏的分布总体服从巴内托(Pareto)关系式。

$$Y_j = y_{max}/j^k = y_{min} \times N^k/j^k$$

式中：y_{max}——预测区最大油藏规模；

y_{min}——预测区最小油藏规模；

j——油藏规模序号；

N——预测区油藏规模在油藏最大值和最小值之间的油藏个数；

K——巴内托(Pareto)分布系数。

对于成熟的探区，已发现油藏规模的最大值可视为总体中理论最大值的近似值，若勘探效益系数已知，可求得巴内托分布系数，则总体中油藏个数的规模和资源量可求。勘探效益系数可以通过最大似然原理得到。

对比准噶尔盆地已发现油藏的规模序列，认为该盆地仍有可能发现储量规模$(2 \sim 7) \times 10^8$t级的油田(图1)。

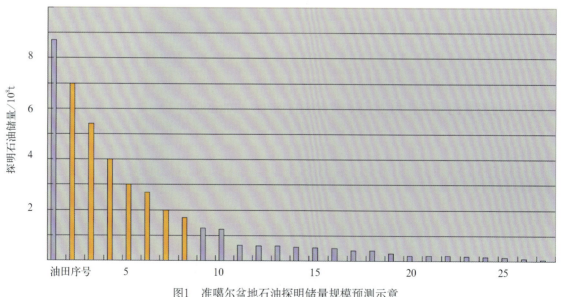

图1　准噶尔盆地石油探明储量规模预测示意

蓝色是实际储量；黄色是预测储量规模

解国军等[5]根据勘探程度较高的王家岗－八面河成藏体系已发现油藏规模和发现的时间信息，据油藏发现过程的抽样分析原理，并结合油藏总体分布的巴内托假设，对成藏体系的总资源量的信息。对比文献[4]和[5]的预测结果，发现两者存在较大的相似性，说明大到盆地、中到凹陷，小到区带，对于一个成藏体系而言，均遵循上述预测模型。

准噶尔盆地之昌吉凹陷资源量最为丰富，生烃总量约为274×10^8t，是玛湖凹陷的7.4倍，盆1井西凹陷的6.6倍，东道海子北凹陷的9.3倍；其排烃总量约为185×10^8t，是玛湖凹陷的12.12倍，盆1井西凹陷的7.98倍，东道海子北凹陷的13.14倍，更远远大于其他小的生烃凹陷。另外，昌吉凹陷处于多个含油气系统和成藏体系的叠合区，应是勘探潜力最大、勘探发现最多的区带之一，但从已发现的油藏规模、个数的情况看，其发现率是最低的，因此，昌吉凹陷及周缘地区应具有相当大的勘探潜力。

(4)非构造圈闭的广泛发育是盆地油气勘探的巨大潜力所在。世界上绝大多数含油气盆地的非构造油气藏勘探历史都有相似的"三部曲"规律，即偶然发现阶段、次要目标阶段和主要目标阶段。国外成熟勘探程度盆地，非构造油气藏的探明储量约占总储量的60%以上，胜利油田已探明非构造油气藏储量12.8×10^8t，约占已探明储量的30%以上，并有逐年增加的趋势，"九五"以前，构造油气藏探明储量占69%，地层油气藏探明储量占6%，岩性油气藏探明储量占25%，"九五"以来，非构造油气藏逐年增加，统计"九五"期间的非构造油气藏探明储量，地层油气藏占20%，岩性油气藏占34%。尽管准噶尔盆地勘探时间较长，发现不同油气藏(田)较多，但非构造油气藏勘探才刚刚开始。

(5)盆地深层具有多个异常压力封存箱，具备形成深盆气藏的地质条件，将是天然气勘探的重要区带。世界上有180多个沉积盆地的油气分布与异常高压有关，高压油气田约占全球油气田的30%，在文献[6]中将异常高压列为形成大油气田的五大基本要素之一。关于超压发育机理及分布规律，在很多文献中均有阐述，尽管不同盆地异常压力系统成因机制各有不同，超压系统类型不同(封隔型超压系统、动态超压系统)，但其存在状况对烃类生、排、运、聚具有至关重要的作用。在准噶尔盆地腹部大部分地区及南部山前带都存在异常高压现象，而且这种异常高压是穿层分布的，异常高压封存箱的界面主要受埋藏深度控制。由于沉积物的机械压实作用、盆地的差异沉降作用以及局部构造应力差异作用，这种"异常高压封存箱"会随各种地质作用发生演变，使各个时期的异常压力系统发生破坏，在形成新的平衡过程中，异常高压作为动力源，在封盖薄弱的地区向上突破，导致压力释放，从而达到一种新的动态平衡。在此过程中，以异常高压动力源为载体，必将伴随有油气的运移和聚集。准噶尔盆地初步探明的呼图壁气田，气藏在古近系紫泥泉子组中(E_{1-2z})，气源来自深约$6 \sim 10$km的侏罗系煤系，紫泥泉子组的常压气藏是封存箱间成藏，其上安集海河组(E_{2-3a})是超压异常封存箱，其下是上白垩统东沟组(K_{2d})和侏罗系超压封存箱。

在上述认识的指导下，利用地震资料进行了构造特征研究、砂体预测和有利勘探目标评价，部署的董1、董2、董3和成1等多口井钻探成功，并钻遇到多个超压异常封存箱，预示了盆地斜坡带和凹陷腹部有良好的勘探开发前景。

(6)理论创新带动勘探发现，勘探技术发展推动勘探进展。纵观我国油气勘探的发展史，不难看到每一次勘探的大发展无不与地质理论的突破和创新密切相关，勘探技术的进步也极大地推进勘探的进展。归纳总结准噶尔盆地不同区带油气分布的主控因素，如："源控论"、"断控论"、"梁聚论"等，并且在勘探过程中发挥了科学的指导作用。随着腹部油气勘探的深入，特征明显的构造圈闭越来越少，寻找各类非构造型圈闭就成为进一步勘探的主要任务，勘探思路也发生了转变，石南油气田从发现到规模不断扩大的勘探过程，正是这种勘探思路的体现[7]。

2 油气成藏主控因素及勘探方向

2.1 油气成藏主控因素

前人对准噶尔盆地的油气成藏规律进行了深入的分析总结[2~3, 8~12]，将油气成藏主控因素高度概括为"源控论、断控论、梁聚论"，建立了"西北缘大逆掩断裂带构造含油"模式，在盆地腹部和陆梁地区总结并提出了"源外沿梁断控阶状运聚"成藏模式。源控论认为含油气系统控制着油气在区域上的差异分布，准噶尔盆地已发现的油气田(藏)大多邻近主生油凹陷区(四大生烃凹陷)，明显表现出源控的特征。断控论认为断裂控制油气的运移和聚集：断裂沟通油气源与储集层，依附断裂形成成排展布的局部构造，从而控制了油气的聚集和展布；油源断裂活动期是油气垂向运移最佳期，油源断裂断到哪套储盖组合，哪套储盖便可聚集成藏；断裂带附近构造裂缝发育，改善储集性能和渗滤条件，提高产液能力，因此断裂对盆地内油气纵横向分布作用巨大，造就了与油源断裂有关的油气高丰度区和高丰度层位成阶状分布规律。梁聚论认为，伸入富烃凹陷的成熟型古隆起的高部位——梁，是烃源区已生成油气的汇聚指向区。新疆油田自1995年按照梁控论的思路勘探以来，在梁上找到了石南、石西、彩南、陆梁等多个大中型油气田。

2001年，中国石化进入准噶尔盆地勘探以来，从含油气系统理论出发，对油气富集规律也进行了深化研究，认为：

(1)扇体沉积相带控制油气展布(相控)。沉积体系和沉积相的时空展布及成岩作用，对烃源岩的形成和有利储集层的分布具有重要的控制作用；沉积相控制了扇体的发育程度和叠置样式，而扇体的发育程度与油气藏规模有密切关系，叠置样式和相模式决定了油气的储集部位；扇体也可以起到油气运移通道的作用，大量的扇体插入生烃凹陷后，与烃源岩直接接触，起到了"泵吸"作用，使大量的油气沿着扇体向上运移聚集成藏，大大地提高了油气的运聚效率；

(2)古隆起(车莫低凸起)形成演化对油气成藏及后期调整具有重要的控制作用(隆控)。地质历史中曾经存在的古隆起尽管后期发生演化变形，但对油气成藏是具备控制作用的。由于长期的隆升，为腹部地区提供了充足的物源条件；长期具有背斜形态，为油气提供了良好的聚集场所；古隆起高点的迁移与构造的反转带，控制油气的调整与赋存；古隆起的破坏，控制了油气的调整；

(3)异常压力决定油气运聚(压控)。异常高压不仅有利于深部液态烃的保存，而且还可以保护储集层的孔渗性能；异常高压是腹部深坳陷带油气垂向运移的重要动力，由于异常压力穿层分布，使深凹区勘探目的层上移。根据准噶尔盆地295口探井的实测压力资料编制的地层压力系数分布图可看出，准噶尔盆地腹部地区异常压力十分发育，压力高、多层系，可划分为多个压力系统和子系统，连片分布，显示出一个巨型异常高压分布区，纵向上存在两个以上的压力封存箱，形成了多个油气水关系相对独立的油气藏系统。油气运聚成藏过程是一个复杂的过程，是多种因素相互作用、相互影响的产物(联合控藏)，比如西北缘成藏模式可概括为断扇联合控藏、腹部地区成藏模式为断隆压联合控藏、南缘成藏模式为断压联合控藏、准东成藏模式为断扇联合控藏。

2.2　勘探方向

由于不同地区油气藏有不同的主要控制因素，确定勘探重点，必须首先搞清这些因素，然后通过综合研究搞好区带评价，优选勘探目标；在此基础上，采用先进合理的勘探技术，寻找大油气田[10]。

(1)盆地前渊带和斜坡带非构造圈闭具备形成大型油气藏(田)的条件。前渊带是前陆盆地沉积实体保存最全，同时也是最大的沉积和沉降地区。前渊内烃源岩埋深大，演化程度高，是主力的生烃中心。由于紧邻物源区，储集层也比较发育，是油气富集的重要区带之一。由于构造变形较弱，地层、岩性圈闭是主要的圈闭类型，此外也有低幅度的构造圈闭和深盆气圈闭。斜坡带位于前陆盆地前渊向前隆方向的过渡带，是前陆盆地相对稳定的单元，同时也是前渊生烃中心及斜坡下倾部位油气运移的主要指向区。该带发育了地层圈闭、岩性圈闭及低幅度构造控制的复合圈闭。腹部地区昌吉凹陷及北部斜坡带断层不发育，且位于负向构造单元之中，根据过去对盆地沉积体系的研究认为，该构造带扇体不发育，因此在凹陷和斜坡构造带上钻井较少，没有大的油气发现。但根据前面对该区带油气规律和勘探潜力的分析认为，腹部地区具有以下有利成藏条件：第一，生油岩系不仅有古生界(二叠系)、中生界(侏罗系)，同时还有古近系烃源岩的贡献，具有多个生油中心。平面上，腹部地区被盆1井西凹陷、东道海子北凹陷和昌吉凹陷3个生烃凹陷所环绕，资源潜量极其丰富。第二，储集层发育，纵向上具多套有利的储盖组合。在目前中国石化中部区块的主要目的层为侏罗系、白垩系，相应主要发育两大套储盖组合：八道湾组、三工河组、西山窑组砂岩为储集层，侏罗系各组段内部泥岩为盖层，组成侏罗系储盖组合；白垩系下部砂岩、底砾岩为储集层，上部发育的厚层湖相泥岩为盖层，组成白垩系储盖组合。第三，圈闭类型多，数量多，圈闭叠置良好。腹部发育了大量的低幅度构造圈闭、构造-岩性圈闭、岩性圈闭或地层圈闭，圈闭类型多、数量多，且个别地区有多个圈闭或多种圈闭在纵向上有叠置现象，具"多层楼"含油特征。第四，车莫低凸起的发育和演化为该区油气成藏创造了良好的圈闭条件和油气运聚背景，控制了油气的成藏和调整。早侏罗世晚期-新近纪早期发育于准噶尔盆地腹部的车莫低凸起，提供了形成各种地层、岩性等非构造圈闭的条件和良好的油气运聚背景，有利于腹部各区块大范围、区域性油气成藏。车莫低凸起的发育具有两方面的地质意义：首先盆地腹部地区提供充足的物源，形成各种类型的沉积砂体，同时还会发生各种地层超覆、削蚀等特殊沉积事件，为腹部区块形成众多的、大型的地层岩性圈闭创造条件；其次，提供了一个良好的聚油气背景，在早侏罗世晚期—新近纪早期只要有油气源提供油气，发育于车莫低凸起上的各类圈闭就会有油气聚集成藏。盆地腹部异常高压的存在和幕式突破为该区中浅层油气成藏创造了条件。准噶尔盆地腹部异常高压的穿层分布是油气进行垂向运移的动力，输导层、不整合面及层间断层是油气调整运聚成藏的主要通道，"立体网状输导、复式成藏"是腹部地区的主要成藏模式，处于主力生烃凹陷中的中部区块更有利于油气成藏。盆地腹部异常高压的这种穿层分布特征和幕式突破将使中部区块的勘探目的层上移，在相对较浅的部位找到来自深层的油气。中部区块庄1、征1等井侏罗系钻遇的来自二叠系的油气及董1、成1等井钻遇的高压油层已基本证实了这种认识。

从以上分析可见，腹部地区资源潜力巨大，圈闭发育，储盖组合多，成藏条件有利，是准噶尔盆地今后增储上产的主阵地之一。其重点勘探方向：一是斜坡带的古隆起向凹陷倾没的古构造脊和构造反转带，马桥—莫北凸起向昌吉、盆1井西和东道海子北凹陷的倾没段，白家海凸起、帐北断阶带向昌吉凹陷的倾没部位，都应具备良好的聚油背景；二是异常压力系统的再平衡及异常高压带的穿层分布不仅使盆地深凹陷的勘探目的层变新、变浅，而且具备油气立体网状成藏模式，具有形成多个油气压力封存箱和多套层系含油、多个油气水系统的条件，具有盆地腹部地区大面积叠合连片含油的可能，异常高压带的分布区与高压油气藏的赋存有密切的关系，充分利用多种资料和信息预测异常高压带时空分布，是落实有利勘探目标的前提；三是盆地深凹陷具备形成深盆气藏的条件，异常高压带的封盖作用保证了深盆气藏的赋存。深盆气藏是发育在深部致密储集层中、具有异常地层压力和气水倒置关系的非常规气藏，含水饱和度高、分布复杂。成藏具有三个基本条件：①有足够的、优质的、现今仍能生气生烃的烃源岩；②致密的储集层与烃源岩紧密配置(据北美十余个深盆气藏统计，储集层的孔隙度集中于4%～12%，一般小于10%，渗透率为$(0.001 \sim 1.5) \times 10^{-3} \mu m^2$)；③较好的区域盖层。

(2)盆地复杂的构造运动造就成盆、成烃、成藏的多期变迁，多层叠置的含油气系统决定油气富集带的环状分布规律，西缘和北缘环凹陷高凸起具备不整合、断裂及地层复合控油的特点。西缘高凸起带具有长期继承性发育的特点，乌夏断裂带和红车断裂带的侧向逆冲挤压，不仅形成了丰富的弧型展布的断裂带"帽檐式"含油条带，而且，断裂带的上盘和凸起的高部位，也会存在基岩风化、剥蚀、淋漓、溶蚀形成的裂缝-溶孔圈闭、地层超覆圈闭、上倾尖灭或封堵圈闭等，不整合面及上下岩层(淋漓带、底砾岩)构成油气汇载层，可能形成基岩复合油气藏、断块油气藏、地层超覆油气藏、上倾尖灭油气藏和沟谷充填油气藏等(美国的东德克萨斯盆地和西内盆地的相似构造部位均发现了优质规模储量)。

在上述认识基础上部署的排1井见到良好的油气显示，不仅证实了对该区油气成藏条件和分布规律认识的正确性，而且说明，西缘凸起及其高部位具备形成多层系、多类型和多品质的浅层油气藏的可能，初步展示了该带较大的勘探潜力。

(3)原型盆地分析认为，准东—乌伦古坳陷发育有效烃源岩，石炭系、上三叠统和侏罗系具有生烃潜力，北缘及准东地区也是后备的勘探新领域。已钻井及露头资料均表明，准东—乌伦古坳陷发育有效烃源岩，进一步落实烃源岩的发育状况，研究不同时期的原型盆地特征，是北部区块和东部区块勘探的首要任务。上三叠统暗色泥岩有机碳质量分数为2.68%、0.76%、0.8%，其生烃门限深度约为3.5km，上三叠统基本进入生烃门限，成熟生烃面积3500km^2，因此，上三叠统应是该区的主要烃源岩。石炭系是准东-乌伦古坳陷应引起足够重视的重要烃源岩，从滴水泉剖面看：滴水泉组厚788m，该套烃源岩有机质类型应该为Ⅱ$_2$型，有机碳含量1.2%，即使在同一地区，有机质成熟度相差也较大，从低熟到高熟烃源岩均有分布，具有较好的生烃潜力，该结论提升了滴水泉组的生烃潜力评价，说明北缘及准东地区勘探必定有发现的前景。

3 结束语

准噶尔盆地石油总资源量为$85.87 \times 10^8 t$，天然气资源量为$20925 \times 10^8 m^3$，是中国油气资源量大于$100 \times 10^8 t$的四个含油气盆地之一，资源转化率很低，勘探潜力大。对具有多期成盆、复合成烃、复式成藏特点的盆地而言，认识不可能一次到位。富油气盆地"勘探无禁区"。

参考文献

[1] 戴金星，夏新宇，洪峰．天然气地学研究促进了中国天然气储量的大幅度增长[J]．新疆石油地质，2002，23(5)：357~365

[2] 王宜林，姜建衡，张义杰．准噶尔盆地"九五"油气勘探进展及"十五"勘探方向[J]．新疆石油地质，2001，22(4)：284~286

[3] 王宜林，张义杰，王国辉，等．准噶尔盆地油气勘探开发成果及前景[J]．新疆石油地质，2002，23(6)：449~455

[4] 李沛然，Kaufman G M，Wang P C C．Statistical Methods for Estimating Petroleum Resources，1985

[5] 解国军，金之钧，肖焕钦，等．成热探区未发现油藏规模预测[J]．石油勘探与开发，2003，30(3)：16~18

[6] Лаврушко И П.Принципиальные Факторы Формирования Крупных Месторождений Нефти и Газа[J].Советская Геология，1988，11：13~21

[7] 张越迁，张年富，姚新玉．准噶尔盆地腹部油气勘探回顾与展望 [J]．新疆石油地质，2000，21(2)：105~109

[8] 查明，曲江秀，张卫海．异常高压与油气成藏机理[J]．石油勘探与开发，2002，29(1)：19~23

[9] 薛新克，李新兵，王俊槐．准噶尔盆地东部油气成藏模式及勘探目标[J]．新疆石油地质，2000，21(6)：462~464

[10] 徐凤银，彭德华，侯恩科．柴达木盆地油气聚集规律及勘探前景[J]．石油学报，2003，24(4)：1~6

[11] 张年富，张越迁，徐长胜，等．陆梁隆起断裂系统及其对油气运聚的控制作用[J]．新疆石油地质，2003，24(4)：281~283

[12] 何登发，张义杰，王绪龙，等．准噶尔盆地大油气田的勘探方向[J]．新疆石油地质，2004，25(2)：117~121

[13] Lee P J，Wang P C C．Prediction of oil or gas pools sizes when discovery record is available[J].Mathematical Geology，1985，17(2)：95~113

塔里木盆地结晶基底的反射地震调查

于常青[1]   赵殿栋[2]   杨文采[1]

1. "大地构造与动力学"国家重点实验室   中国地质科学院地质研究所   北京   100037
2. 中国石油化工股份有限公司   北京   100728

摘要   大型克拉通内部沉积盆地基底组构有什么特征？与盆地起源有何关系？这是目前尚不清晰的科学问题。由于反射地震信号记录了沉积盆地起源时期的有关大地构造作用信息，这个问题可通过记录长度大的反射地震剖面研究。2007年中石化在塔里木盆地将1400km的地震剖面接收记录从6s加长到12s，为研究克拉通盆地结晶基底的组构和类型提供了难得的第一手资料。这篇文章总结这次调查的主要成果，介绍了深反射地震数据处理的关键技术，展示塔里木盆地巴楚-塔中地区总长度1400km的4条12s反射地震剖面，分析了12s反射剖面的结晶基底地震组构。盆地结晶基底地震组构是盆地形成和演化期主要地质作用留下的指纹。这次调查的结果加深了对克拉通内部沉积盆地的基底组构和演化提供的认识。

关键词   克拉通盆地   塔里木盆地   结晶基底   地震调查   反射剖面   地震组构

1 导 言

板块构造学说对于某些类型的沉积盆地的起源作出了很好的解释，如挤压挠曲型和拉伸裂陷型沉积盆地、走滑拉分型盆地等。但是，大型克拉通内部沉积盆地是如何起源的？有一种观点认为，山冰川等负荷诱发重力均衡，可造成地壳下坳挠曲，后经沉积压实形成盆地。这种沉积盆地的起源的解释尚缺乏充分的证据。此外，还有一种观点认为，中下地壳岩浆底侵造成非造山花岗岩上拱和上地壳断裂，随后花岗岩体冷却收缩产生热沉降而成盆，这种假说也尚待证实。

沉积盆地的结晶基底指盆地底部经褶皱变形的结晶岩石，如正、副片麻岩等。由于打穿大型盆地的钻孔和连续的岩心很少，研究克拉通内部沉积盆地起源的主要资料来自反射地震。出于结晶基底上方沉积岩密度与波速相对较小，基底顶面一般有比较连续平缓的正极性反射。如果当时还有连续的地质作用发生，如火山喷发等，就可能有火山碎屑岩的连续沉积，这些信息可能为反射信号记录下来。沉积盆地起源时期也常常是板块运动机制的转变时期，研究基底内部到盆地底部的反射地震信号的组构，有可能推测盆地发育早期的大地构造特征。

开展沉积盆地结晶基底反射地震研究的困难在于石油勘探中反射地震记录长度大多只有6s，因此无法取得沉积盆地下方结晶基底全面的影像。2007年中国石化在塔里木盆地开展巴楚-塔中地区的反射地震调查。为了解沉积盆地结晶基底的反射地震特征，将接收记录长度从6s增加至12s，为研究克拉通盆地起源提供了难得的第一手资料。这次努力虽然还不能完全解决克拉通盆地起源的诸多关键问题，但对于了解克拉通盆地结晶基底的组构和类型提供了丰富的资料和认识，这篇文章便是这项调查在学术上的总结。

2 塔里木盆地结晶基底的研究概况

塔里木盆地结晶基底的地质研究主要通过盆地周边元古代地层的露头和盆地内极少的深井岩心开展[1~5]。

塔里木盆地结晶基底为前震旦纪变质岩系。前震旦系褶皱结晶基底经阜平、中条、塔里木三次大的构造运动形成，有塔南型三层结构和阿克苏型单层结构两种不同的基底类型。南塔里木地块(塔南型)基底最老的长城系为混合片麻岩、麻粒岩的基底，其上覆为中、上元古界。北塔里木地块(阿克苏型)以中、上元古界的浅变质岩为基底；地层比较新，与库鲁克塔格出露的基底相同。因此，反映克拉通陆核的基底主要分布在塔里木南部。康玉柱、贾承造等指出[1~6]，塔里木地块最终形成于元古宙青白口纪末，岩石为碎屑沉积岩及大理岩。震旦系在库鲁克塔格为砂岩夹砾岩火山岩，盆地内多的砂泥岩及碳酸盐岩。盆地内基底埋藏深度从5~15km不等，巴楚隆起、塔北隆起埋深最小，而满加尔坳陷和阿瓦提坳陷埋深最大(见图1)。康玉柱认为[1~2]，震旦纪塔里木盆地处在拉张背景下，开始了上地壳裂陷和克拉通原型盆地发育期。克拉通原型盆地发育期一直延续到二叠纪。

震旦系可分为五个沉积旋回，旋回间均以不整合面分开，可能代表局部地壳频繁的裂解运动。塔里木盆地内部普遍缺失下震旦统。上震旦统广布全盆，除孔雀河-黄羊沟一带为深水陆坡-盆地相沉积外，其余广大地区沉积了一套以浅水台地相和斜坡-开阔陆棚相碳酸盐岩。满加尔一带形成了大范围的深坳陷，发育了一套巨厚的富含分散有机质的沉积，厚度达3~7km，蕴藏了极厚的烃源岩地裂解层。古地磁等地球物理研究表明[5~9]，塔里木克拉通陆块在元古代可能属于南半球的陆块集团，即处在冈瓦纳大陆边缘，纬度在南半球30°左右。震旦纪塔里木地块西南周边发生陆缘裂谷，使其开始从冈瓦纳大陆裂解。沿甘肃北山、库鲁克塔格至满加尔一带，有一套巨厚的冰碛岩、冰碛砾岩、浊积岩、双峰火山岩建造。周缘裂谷切穿岩石圈以后，塔里木地块开始向北半球漂移，漂移的过程也就是克拉通原型盆地发育的过程。

图1　塔里木盆地构造分区略图，红框为本次调查测区及邻区范围

古地磁等地球物理研究表明，塔里木地块原本位于南纬30°左右，寒武纪开始与冈瓦纳大陆分裂[5~6]。漂移的速度到奥陶纪达成最大，到志留纪漂移速度减缓，到石炭纪与哈萨克斯坦地块碰撞时，位置在北纬30°左右。早奥陶世漂移开始后，塔里木克拉通地块从被动大陆边缘的构造环境，转变为大洋包围的克拉

通地块。奥陶纪是地球温室效应的发育期，海平面上升，在中晚奥陶世海侵达至高潮，大部分陆地被海水淹没，成为坡度较小、水体较浅的陆表海。地块周边地区也成为坡度较大、水体较深的陆缘海。这两种地理单元位于南北纬度30°之间大洋之中，温暖清明的海水养育繁茂的钙藻和礁状生物，使塔里木盆地形成了宽阔的碳酸盐岩台地，发育了广泛的礁滩、鲕滩和巨厚的生物岩沉积体。海退时部分礁滩露出水面遭受风化侵蚀，形成规模很大的岩溶群，以及反映为地震反射事件的侵蚀面，有利于早古生代生油岩和油气储层盖层的形成。

3 反射地震采集与处理

2007年中国石化在塔里木盆地开展巴楚—塔中地区的反射地震研究，为探究克拉通盆地结晶基底构造提供了第一手资料。这次反射地震采集的覆盖次数为120次，采样率2ms，记录长度12s。反射地震剖面总长度为1400km左右，分为4条线施工，位置和穿过的构造单元见图2。沿构造走向的3条线命名为J01、J02、J03，总长1040km，首尾相接。从西向东南，J01剖面西起巴楚隆起与柯坪隆起交界处，穿过巴楚隆起北沿。J02剖面西起巴楚隆起北沿，穿过阿瓦提坳陷南部和吐木休克断裂带，最后进入卡塔克隆起。J03剖面沿卡塔克隆起北沿行进，平行于塔中1号断裂及油气田密集区。272线地震剖面全长365km，它是代表穿过巴楚隆起顶部的倾向剖面。剖面位于巴楚隆起中段，走向约NE78°，从南到北分别穿过玛扎塔克断裂带、和田油气田、巴楚南部向斜区、卡拉沙依断裂、巴楚北部褶皱带、吐木休克断裂带和阿瓦提坳陷。

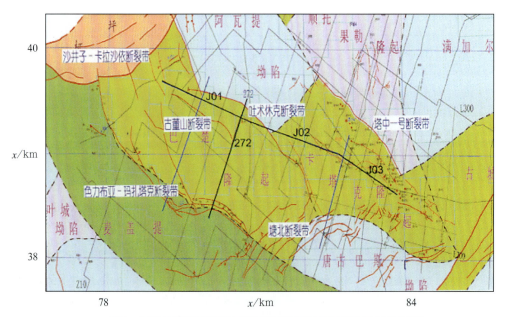

图2 反射地震剖面位置和穿过的构造单元(红点为已知油气田)

地震处理在"大地构造与动力学"国家重点实验室地球物理信息处理研究中心进行，使用了该中心研制的两套系统：深反射及结晶岩区地震处理及信息提取系统，和沉积盆地地震处理及信息提取系统。首先用深反射地震处理系统对12s剖面进行处理，然后把数据分截为两段进行处理：0～6s记录用沉积盆地地震处理及信息提取系统处理，主要服务于油气勘探，用叠前波场偏移准确归位振幅保持。6～12s记录用结晶岩区地震处理系统处理，主要服务于结晶基底研究，包括常规波场叠加处理后，进行振幅保持深反射事件增强处理，并用叠后波场偏移归位成像。因此，当两段处理结果拼合成0～12s反射地震剖面图时，在6s的水平线上有明显接痕，除指示上下方处理之不同处外，还表明6s以下的反射体振幅比上方放大了10倍左右。以下见到的一些有接痕的反射地震剖面图都属于这种情况。

上述地震处理方法是杨文采在对深反射地震研究反复实践提炼出来的成果[7~9]。众所周知，沉积盆地内地层界面连续，反射系数较大，一般可达10%～30%。与此相反，结晶岩内部岩块之间反射系数较小，一般在1%～3%范围内；岩块内多见不连续的散射波场，散射的幅度和分布样式与岩块组构相关。因此，如果不进行分段分别处理，盆地下方结晶基底的组构难以揭示。以J01剖面为例，先用深地震反射处理系统(DSR)对12s剖面进行处理，取得的结果如图3所示。由图可对盆地边缘断裂及内部地层产状作出准确解释，但是，在对应盆地下方结晶基底的5～12s，地震反射体似有似无，无法看清其组构细节。把数据分截为两段进行处理，即0～6s记录用沉积盆地地震处理系统处理，6～12s记录用结晶岩区地震处理系统处理，便可针对这两套不同岩系的特征，提取不同类型反射体的信息。J01线两段处理结果拼合成0～12s反射地震剖面图如图4所示。由图可见，拼合剖面不仅准确反映出盆地边线断裂及内部地层产状，而且在对应盆地下方结晶基底的6～12s，地震反射体不仅清晰可判，还可看清其产状及组构细节。

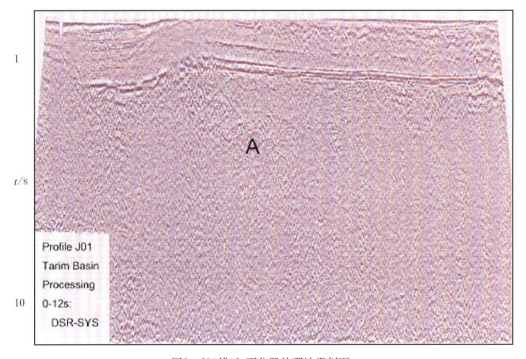

图3　J01线12s不分段处理地震剖面

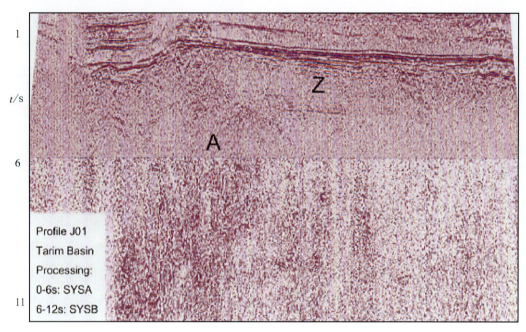

图4　J01线12s分段处理地震剖面

4　反射地震剖面与基底的反射组构

下面介绍地震调查取得的各剖面及其盆地基底特征。首先看沿倾向的272线反射地震剖面，以便了解塔里木盆地一般的构造地层特征。

4.1　272线反射地震剖面

塔里木盆地是一个长期发育的大型复合叠加含油气盆地。在地震反射信号识别的基础上，盆地内可划分出8个构造-地层组合[1~6]。石油界对盆地内部的构造-地层地震序列用反射体顺序编号表示。在研究区最重要的反射体编号为T50、T60、T70、T74、T81和T90，它们都是塔西南地层的标准界面。T50是古生界的顶面，即印支期剥蚀面。T60是石炭系的顶面，即泥盆系底面。T70是奥陶系的顶面，即志留系底面。T74是上中奥陶系的底面，即下奥陶系顶面。T81是接近寒武系顶部的一个强反射层。T90是震旦系的顶面，在盆地内断断续续有所发现。这些标志性的反射体标在地震剖面上(图5)，就赋予剖面沉积时序的信息。

沿倾向反射地震剖面272线0～4s显示有十余组清晰连续的反射波(图5)，反射体为T50、T60、T70、T74、T81和 T90都清晰可辨识。反射地震剖面显示巴楚隆起沉积盆地底部的反射波组出现不超过4s，因此，巴楚隆起4s以上剖面记录了盆地比较完整的沉积岩系，只不过中新生代地层被部分剥蚀。在印支不整合面(T50)以下，盆地古生代沉积地层出露较全，尤其是寒武-中奥陶地层发育，厚度较大。沿倾向看，272线反射地震剖面为陡倾断裂带分割，断裂切穿沉积盆地底部，南侧多有背斜发育。巴楚隆起两侧为穿透上地壳的深断裂带。南侧的玛扎塔克断裂带(F1)宽度可达10～20km，属于走滑张性断裂带，其中上涌聚集有天然气，对形成和田河气田起到关键性作用。北侧的卡拉沙依断裂(F5)和皮卡克逊断裂(F4)也是切穿上地壳的深断裂带。巴楚隆起内还有两条断裂带，图5中编号为F2和F3，是切入基底的断裂带。

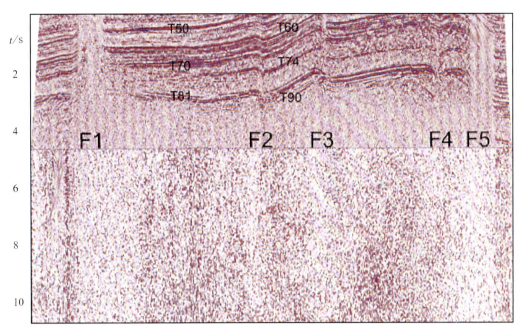

图5　272线12s地震剖面

F1-F5，断裂带编号；T60-T90：地震反射体编号

由272线反射地震剖面4s以下剖面记录不难看出，切入地壳的深断裂(如F1和F5)对应结晶基底相对"透明"的条状区带，即杂乱散射波幅度小的区带。切入基底的断裂(如F2和F3)对应结晶基底区带的散射波幅度也减小，这是出于断裂对岩石的研磨作用所致。

4.2　结晶岩石的地震波速和地震组构

讨论塔里木盆地内部反射震相不是本文的主题，下面来讨论盆地基底的反射组构。盆地基底是由坚硬的结晶岩石组成的，主要岩石为片麻岩和火山岩。中国大陆科学钻探(CCSD)提供了难得的深孔岩性、构造与地球物理测井资料，可以对基底岩石的地震组构进行了标定[10~13]。2005年中国大陆科学钻探完成了主孔岩心的波速测试和地球物理测井[13~16]。根据岩心的初步分析，可将主孔岩心分为9段(见表1)。由表1可知，在孔区基岩中正片麻岩的波速较低。

表1　中国大陆科学钻探主孔岩心的波速标定

层号	深度/m	纵波速度(km/s)
1 榴辉岩+橄榄岩	0~750	6.60
2 副片麻岩	750~1120	6.10
3 正片麻岩	1120~1600	5.65
4 榴辉岩+橄榄岩	1600~2030	6.30
5 正片麻岩+副片麻岩	2030~2630	5.70
6 副片麻岩+榴辉岩	2630~3080	5.85
7 片麻岩	3080~3470	5.75
8 正片麻岩	3470~4160	6.00
9 片麻岩	4160~5000	6.10

中国大陆科学钻探对基底岩石的地震组构进行的标定表明[13~14]，正、副片麻岩的密度与纵波速度相差无几，但具有不同的反射特性。正片麻岩的地震响应与花岗岩体类似，由于具有较好的均质性和各向同性，只能引起弥漫状的弱散射。与此相反，副片麻岩本身具有很强的非均质性和各向异性，可能引起地壳中骨片状的强反射。副片麻岩是一种相当特殊的结晶岩石，它们继承了源岩沉积岩的多种属性，在地球物理资料分析时不宜把它们与其他结晶岩等同看待。

副片麻岩不一定要与其他岩石接触，本身就可以形成较强反射。其原因包括，①由于副片麻岩是由沉积岩变质而来，其源岩带有强烈的沉积构造和岩性变异，这些岩性构造上的差异是变质作用无力消化的。因此，非均质性是副片麻岩天生的特征，也是正片麻岩、侵入岩等其他结晶岩石所不具备的。可以认为副片麻岩的非均质性是它们形成强反射的主要原因。②副片麻岩的横波速度较低，反映其抗剪切强度低而易形成裂隙，成为水和甲烷等流体的通道。同时，副片麻岩层也为地壳中韧性剪切作用提供了薄弱介质区段。在这种情况下骨片状强反射体的出现就不难理解了。③大陆科学钻探测量结果还表明，副片麻岩具有很强的各向异性，其各向异性系数常常达到10%以上，这在其他结晶岩中是很少出现的。因此，当副片麻岩呈薄层出现时，出于其相对强的各向异性也可以产生一定强度的反射。

4.3 J01线反射地震剖面

图3和图4已经显示了J01剖面，它同时揭示了克拉通盆地内两类典型的基底；J01线地震剖面位于巴楚隆起西北部，走向约NW155°，西端邻近柯坪隆起，穿越吐木休克断裂带和巴楚北部褶断带。这是一条大致平行于地层走向的二维地震剖面。J01反射地震剖面显示巴楚隆起西北段沉积盆地底部约8000m(对应反射双程时3200ms)。剖面内盆地底部寒武系多组反射(T80-T83)清晰连续，在图中用字母Z标记震旦系和晚元古界，T80~T83多组反射位于字母Z上方。

反射地震剖面显示J01线西端有中新生代拉张(拉分)断陷盆地发育，其东侧为吐木休克断裂带，延深达25km左右，至少到达中地壳。断陷盆地深达4km左右。再向东进入巴楚隆起西北部褶断带，古生代盆地向东加深。吐木休克之东南构造高于基底，呈现地震拱弧指纹，4~12s波场散射幅度很强，呈山丘状从剖面底部升起(在图4中用字母A标记)，顶端接近盆地底部。属于强散射结晶基底。杨文采等指出[17]，地震拱弧指纹可由盆地的扩张伴随着玄武岩浆的侵位形成，与幔源玄武岩浆的快速渗入上地壳有关。

与此相反，J01反射地震剖面东段散射明显弱，而且散射源分布趋于均匀，呈现的是克拉通盆地基底的典型特征，这种特征在下面分析J03反射地震剖面还要见到。

4.4 J02线反射地震剖面

接下来分析J02线剖面(见图6)，它显示了克拉通盆地内另一类典型的基底J02线地震剖面位于巴楚隆起北部，穿越吐木休克断裂带和阿瓦提坳陷南端。J02反射地震剖面显示阿瓦提坳陷南端寒武系多组反射(T80~T83)清晰连续，沉积层厚达超过15000m(对应反射双程时5200ms)，如此巨厚的沉积岩层，实为罕见。

J02线阿瓦提坳陷之基底特征表现为5~12s散射波场上，而散射波场可分多A、B、C、F几个区块(图6)。区块A和B散射波场幅度很强，区块C和F散射波场幅度很弱。由上已述，区块F位于深断裂带下方，散射波场幅度很弱不难理解；而区块C可能反映克拉通盆地的正常结晶基底。区块A位于阿瓦提坳陷南端，不仅属于强散射结晶基底，而且隐约可见不连续的骨片状地震反射波组，产状平缓，多组平行，向下延深到9s之后逐渐变为散射（见图6字母A位置）。这种隐含层状反射体的结晶基底与J01剖面含拱弧反射体的结晶基底不同，说明阿瓦提坳陷南端在盆地萌芽期所处沉积环境异于塔里木盆地其他地区。

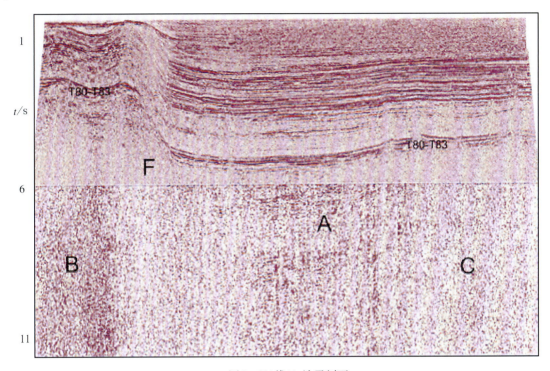

图6　J02线12s地震剖面

如上所述，地质学家根据邻区露头观测认为，塔里木盆地有塔南型和阿克苏型两种不同的基底类型。塔南型基底为混合片麻岩、麻粒岩组成，在地震剖面上表示为弱而且分布均匀的散射波场，以J03剖面最为典型。阿瓦提坳陷的基底归属于北塔里木地块的阿克苏型，以中、上元古界的浅变质岩为基底，地层比较新，在地震剖面上的反映的确不同于弱而且分布均匀的散射波场，而呈现为隐含层状反射体的散射波场。由大陆科学钻探结果表明[13]，副片麻岩继承了源岩沉积岩的多种属性，具有很强的各向异性，可以产生一定强度的反射；因此，结合以往对结晶岩地震反射体的标定，把J02线阿瓦提坳陷南端之基底解释为副片麻岩类型结晶基底。

4.5　J03线反射地震剖面

最能体现克拉通型古老结晶基底特征的是J03线地震剖面(图7)。剖面散射波场弱而且整体分布均匀，没有明显定向的反射波列出现。参照中国大陆科学钻探对结晶岩石地震组构的标定，这种情况与正片麻岩为主要成分的太古代结晶基底的反射特征吻合。区域变质具有匀化介质的作用。时代越古老，岩石受变质期次越多、程度越高，相应副变质岩的沉积岩性保存就越少，整体组构就越均匀，从而使地震散射作用弱化而且分布均匀。J03线地震剖面反射体T83以下反映了大型克拉通盆地的太古代结晶基底的特征，这就是弱而且整体分布均匀散射波场图像。

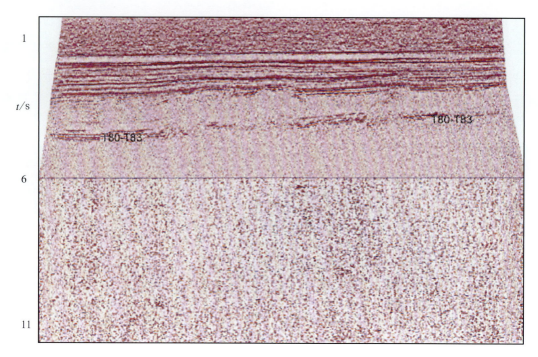

图7　J03线12s地震剖面

5　几点认识

大型克拉通内部沉积盆地基底组构特征，可通过加大反射地震记录长度的剖面来研究。本次调查将地震剖面接收记录长度从6s增加到12s，采集处理成本只增加了3%左右，但是为研究克拉通盆地结晶基底的组构和类型提供了很有价值的第一手资料。

大型沉积盆地的结晶基底是不均匀的，反映出不同的反射地震组构，可以利用反射地震组构的特征对结晶基底进行分类，如含拱弧反射体型、隐含层状反射体型、散射弱而且整体分布均匀型等类别。

古老克拉通型结晶基底地震组构的特征为整体分布均匀的弱散射波场，没有明显定向的反射波列出现。这种组构反映了岩石经历多期区域变质作用的结果。

识别出大型沉积盆地的结晶基底的性质与类型是地质学家非常关注的课题，关于本次调查结果的综合地质解释，将另文发表[18]。

感谢：鉴于中国地质调查局和中国石油化工股份有限公司对研究项目的资助，以及中国石化专家提供的意见，特此致谢。

参考文献

[1] 康玉柱，中国塔里木盆地石油地质特征及资源评价，北京：地质出版社，1996，348页

[2] 康玉柱，王宗秀，塔里木盆地构造体系控油作用研究，北京：中国大地出版社，1996，1～173

[3] 贾承造，中国塔里木盆地构造特征与油气。北京：石油工业出版社，1997

[4] 贾承造，张师本，吴绍祖等.塔里木盆地及周边地层。北京：科学出版社，2004

[5] 方大钧，沈忠锐，谈晓冬等.塔里木盆地显生宙古地磁与板块运动学，杭州：浙江大学出版社，2006，1～364。Fan Dajun, Shen Zhongyue, Tan Xlaodong, et, al., Paleomagnetism of Tarim Basin and the plate motion

[6] 杨文采.古特提斯域大地构造物理学(第七章),北京:石油工业出版社,2009

[7] 杨文采.用于岩石圈调查的深反射地震,地球物理学进展,1991,6(3),19~28

[8] 杨文采,胡振远等.郯城-涟水综合地球物理长剖面,地球物理学报,1999,42(4),206~217

[9] 杨文采,张春贺,朱光明.标定大陆科学钻探孔区地震反射体,地球物理学报,2002,45(3),370~384

[10] 杨文采,杨午阳,金振民,程振炎.苏鲁超高压变质带岩石圈地震组构,中国科学,2004,34(4),307~319

[11] 杨文采,杨午阳,程振炎.中国大陆科学钻探孔区地震反射的标定,地球物理学报,2006,49(6),1685~1696

[12] 杨文采,金振民,于常青.结晶岩中天然气异常的地震响应,中国科学(D辑),2008,38(9),1057~1068

[13] 杨文采,许志琴,于常青.上地壳中副片麻岩的反射属性,中国科学(D辑),2007,37(11),1425~1432

[14] 杨文采,杨午阳,程振炎.中国大陆科学钻探孔区的地震波速模型,地球物理学报,2006,49(2),477~489

[15] 杨文采,杨午阳,程振炎.中国大陆科学钻探孔区地震反射的标定,地球物理学报,2006,49(6),1685~1696

[16] Wencai Yang, The crust and upper mantle of the Sulu UHPM belt, Tectonophysics, 2009, Vol. 475, Iss. 2, 226~234

[17] 杨文采,陈志德.中国东部的多重拱弧地震构造,中国科学(D辑),2005,35(12),1120~1130

[18] 于常青,杨文采,赵殿栋.由反射地震看塔里木盆地结晶基底的类型和属性,中国科学(D辑),2011

由反射地震看塔里木盆地结晶基底的类型和属性

于常青[1]　杨文采[1]　赵殿栋[2]

1."大地构造与动力学"国家重点实验室　中国地质科学院地质研究所　北京　100037
2.中国石油化工股份有限公司　北京　100728

摘要　大型克拉通内部沉积盆地基底组构有什么特征？与盆地起源有何关系？这是目前尚不清晰的科学问题。由于反射地震信号记录了沉积盆地起源时期的有关大地构造作用信息，这个问题可通过深反射地震剖面来研究。2007年中国石化在塔里木盆地巴楚-塔中地区完成了总长度1400km的4条12s反射地震剖面，为研究克拉通盆地结晶基底的组构和类型提供了难得的第一手资料。这篇文章在学术上的总结这次调查的主要成果，根据巴楚-塔中地区的12s反射地震剖面，分析了塔里木盆地二种类型的结晶基底组构，这三种类型分别为古老克拉通型、副片麻岩型和火山岩改造型结晶基底，古老克拉通型结晶基底地震组构的形成是区域变质作用的结果。经历区域变质期次少、沉积成层属性尚未完全消化是副片麻岩类型结晶基底地震级构形成的主要原因。火山岩改造类型结晶基底地震组构为全岩岩浆底侵作用所致。这些研究成果对于了解克拉通内部沉积盆地的基底组构和演化提供了相关的资料和认识。

关键词　克拉通盆地　塔里木盆地　结晶基底　地震调查　反射剖面　基底类型

1　导　言

板块构造学说对于某些类型的沉积盆地的起源作出了很好的解释，如挤压挠曲型和拉伸裂陷型沉积盆地、走滑拉分型盆地等[1]。但是，大型克拉通内部沉积盆地是如何起源的？有一种观点认为，由冰川等负荷诱发重力均衡，可造成地壳下坳挠曲，后经沉积压实形成盆地。这种沉积盆地的起源的解释尚缺乏充分的证据。此外，还有一种观点认为，中下地壳岩浆底侵造成非造山花岗岩上拱和上地壳断裂，随后花岗岩体冷却收缩产生热沉降而成盆，这种假说也尚待证实。

沉积盆地的结晶基底指盆地底部经褶皱变形的结晶岩石，如正、副片麻岩等。由于打穿大型盆地的钻孔和连续的岩心很少，研究克拉通内部沉积盆地起源的主要资料来自反射地震。由于结晶基底上方沉积岩密度与波速相对较小，基底顶面一般有比较连续平缓的正极性反射。如果当时还有连续的地质作用发生，如火山喷发等，就可能有火山碎屑岩的连续沉积，这些信息可能为反射信号记录下来。沉积盆地起源时期也常常是板块运动机制的转变的时期，研究基底内部到盆地底部的反射地震信号的组构，有可能推测盆地发育早期的大地构造特征。

开展沉积盆地结晶基底反射地震研究的困难在于石油勘探中反射地震记录长度大多只有6s，因此无法取得沉积盆地下方结晶基底全面的影像。2007年中国石化在塔里木盆地开展巴楚-塔中地区的反射地震调查。为了解沉积盆地结晶基底的反射地震特征，将接收记录长度从6s增加到12s，为研究克拉通盆地起源提供了难得的第一手资料。关于这次反射地震调查的数据采集、处理和取得的剖面特征，笔者已经予以联合发表[2]。在这篇文章中，将进一步结合地质情况综合分析这些资料，对上述12s地震剖面进行地质解释，以加深对克拉通盆地结晶基底的组构和类型的认识。

2　塔里木盆地结晶基底的研究概况

塔里木盆地结晶基底的地质研究主要通过盆地周边元古代地层的露头和盆地内极少的深井岩心开展[3~8]。塔里木盆地结晶基底为前震旦纪变质岩系。前震旦系褶皱结晶基底经阜平、中条、塔里木三次大的构造运动形成，有塔南型三层结构和阿克苏型单层结构两种不同的基底类型。南塔里木地块(塔南型)基底最老的长城系，为混合片麻岩、麻粒岩的基底，其上覆为中、上元古界。北塔里木地块(阿克苏型)以中、上元古界的浅变质岩为基底，地层比较新，与库鲁克塔格出露的基底相同。因此，反映克拉通陆核的基底主要分布在塔里木南部。康玉柱、贾承造等指出[3~6]，塔里木地块最终形成于元古宙青白口纪末，岩石以碎屑沉酸盐岩。盆地内基底埋藏深度从5~15km不等，巴楚隆起、塔北隆起埋深最小，而满加尔坳陷和阿瓦提坳陷埋深最大(图1)。康玉柱认为，震旦纪塔里木盆地处在拉张背景下，开始了上地壳裂陷和克拉通原型盆地发育期。克拉通原型盆地发育期一直延续到二叠纪。

震旦系可分为五个沉积旋回，旋回间均以不整合面分开，可能代表局部地壳频繁的裂解运动。塔里木盆地内部普遍缺失下震旦统。上震旦统广布全盆，除孔雀河–黄羊沟一带为深水陆坡–盆地相沉积外，其余广大地区沉积了一套以淡水台地相和斜坡–开阔陆棚相碳酸盐岩。满加尔一带形成了大范围的深坳陷，发育了一套巨厚的富含分散有机质的沉积，厚度达3000~7000m，蕴藏了极厚的烃源岩地裂解层。古地磁等地球物理研究表明[5~10]，塔里木克拉通陆块在元古代可能属于南半球的陆块集团，即处在冈瓦纳大陆边缘，纬度在南半球30°左右。震旦纪塔里木地块西南周边发生陆缘裂谷，使其开始从冈瓦纳大陆裂解。沿甘肃北山、库鲁克塔格至满加尔一带，有一套巨厚的冰碛岩、冰碛砾岩、浊积岩、双峰火山岩建造。周缘裂谷切穿岩石圈以后，塔里木地块开始向北半球漂移，漂移的过程也就是克拉通原型盆地发育的过程。

图1　塔里木盆地构造分区略图，红框为本次调查测区及邻区范围

古地磁等地球物理研究表明，塔里木地块原本位于南纬30°左右，寒武纪开始与冈瓦纳大陆分裂[7~8]。漂移的速度到奥陶纪达成最大，到志留纪漂移速度减缓，到石炭纪与哈萨克斯坦地块碰撞时，位置在北

纬30°左右。早奥陶世漂移开始后，塔里木克拉通地块从被动大陆边缘的构造环境，转变为大洋包围的克拉通地块。奥陶纪是地球温室效应的发育期，海平面上升，在中晚奥陶世海侵达至高潮，大部分陆地被海水淹没，成为坡度较小、水体较浅的陆表海。地块周边地区也成为坡度较大、水体较深的陆缘海。这两种地理单元位于南北纬度30°之间的大洋之中，温暖清明的海水养育繁茂的钙藻和礁状生物，使塔里木盆地形成了宽阔的碳酸盐岩台地，发育了广泛的礁滩、鲕滩和巨厚的生物岩沉积体。海退时部分礁滩露出水面遭受风化侵蚀，形成规模很大的岩溶群，以及反映为地震反射事件的侵蚀面，有利于早古生代生油岩和油气储层盖层的形成。

3 反射地震剖面

2007年中国石化在塔里木盆地开展巴楚-塔中地区的反射地震研究，为研究克拉通盆地结晶基底构造提供了第一手资料。这次反射地震采集的叠加次数为120次，采样率2ms，记录长度12s。图2反射地震剖面位置和穿过的构造单元(红点为已知油气田)。反射地震剖面总长度为1400km左右，分为四条线施工，位置和穿过的构造单元见图2。沿构造走向的三条线名为J01、J02、J03，总长1040km，首尾相接。从西向东南，J01剖面西起巴楚隆起与柯坪隆起交界处，穿过巴楚隆起北沿。J02剖面西起巴楚隆起北沿，穿过阿瓦提坳陷南部和吐木休克断裂带，最后进入卡塔克隆起。J03剖面沿卡塔克隆起北沿行进，平行于塔中1号断裂及油气田密集区。272线地震剖面全长365km，它是代表穿过巴楚隆起顶部的倾向剖面。剖面位于巴楚隆起中段，走向约NE78°，从南向北分别穿过玛扎塔克断裂带、和田河气田、巴楚南部向斜区、卡拉沙依断裂、巴楚北部褶断带、吐木休克断裂带和阿瓦提坳陷。

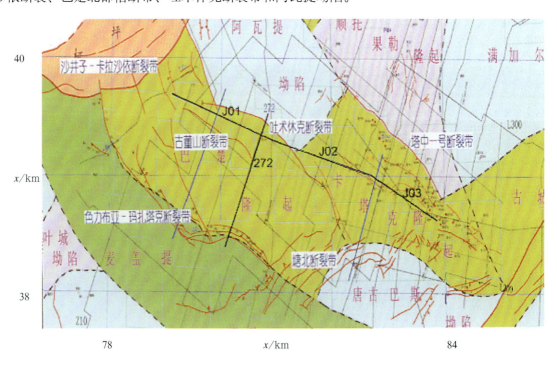

图2 反射地震剖面位置和穿过的构造单元(红点为已知油气田)

地震处理在"大地构造与动力学"国家重点实验室地球物理信息处理研究中心进行，使用了该中心研制的两套系统：深反射及结晶岩区地震处理及信息提取系统和沉积盆地地震处理及信息提取系统。首先用深反射地震处理系统对12s剖面进行处理，然后把数据分截为两段进行处理：0～6s记录用沉积盆地地震处里及信息提取系统处理，6～12s记录用结晶岩区地震处理系统处理，主要服务于结晶基底研究。因此，当两段处理结果拼合成0～12s反射地震剖面图时，在6s的水平线上有明显接痕，表明6s以下的反射体振幅比上方放大了10倍左右。以下见到的有接痕的反射地震剖面图都属于这种情况。众所周知，沉积盆地内地层界面反射系数较大，一般可达10%～30%。与此相反，结晶岩内部岩块之间反射系数较小，一般在1%～3%范围内。因此，如果不进行分段分别处理，盆地下方结晶基底的组构难以揭示。由分段拼合的剖面不仅准确反映出盆地边缘断裂及内部地层产状，而且对应盆地下方结晶基底的反射体清晰可判[2]。

塔里木盆地是一个长期发育的大型复合叠加含油气盆地。在地震反射信号识别的基础上，盆地内可划分出8个构造-地层组合[3-9]。石油界对盆地内部的构造-地层地震序列用反射体顺序编号表示。在研究区最重要的反射体编号为T50、F60、T70、T74、T81和T90，它们都是塔西南地层的标准界面(图3)。T50是古生界的顶面，即印支期剥蚀面。T60是石炭系的顶面，即泥盆系底面。T70是奥陶系的顶面，即志留系底面。T74是上中奥陶系的底面，即下奥陶系顶面。T81是接近寒武系顶部的一个强反射层。T90是震旦系的顶面，在盆地内断断续续有所发现。这些标志性的反射体标在地震剖面上，就赋予剖面沉积时序的信息。

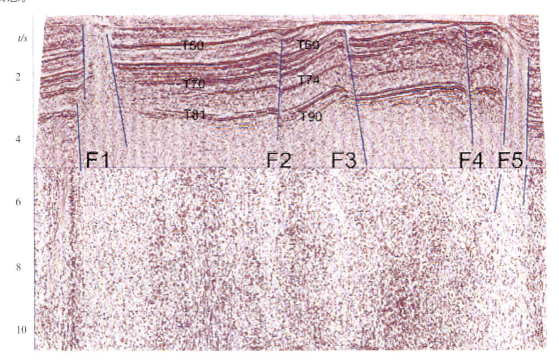

图3　272线12s地震剖面

F1-F5，断裂带编号；T60-T90：地震反射体编号

反射地震剖面显示巴楚隆起沉积盆地底部的反射波组出现不超过4s，盆地内部反射体清晰连续。三叠纪不整合面(见图3反射体T50)以下，盆地古生代沉积地层出露较全，尤其是寒武-中奥陶地层发育(T74～T81)，厚度较大。沿倾向反射地震剖面272线显示(见图3)，巴楚隆起为陡倾断裂带分割，断裂切穿沉积盆地底部，南侧多有背斜发育。巴楚隆起两侧为穿透上地壳的深断裂带。南侧的玛扎塔克断裂带F1

宽度可达10~20km，属于走滑的张性断裂带。北侧的卡拉沙依断裂(F5)和皮卡克逊断裂(F4)也是切穿上地壳的深断裂带。巴楚隆起内还有两条断裂带，图3中编号为F2和F3，是切入基底的断裂带。由272反射地震剖面4s以下剖面记录不难看出，切入地壳的深断裂(如F1和F5)对应结晶基底相对"透明"的条状区带，即杂乱散射波幅度小的区带。切入基底的断裂(如F2和F3)对应结晶基底区带的散射波幅度也减小，这是由于断裂对岩石的研磨作用所致。

4 塔里木盆地基底的组构类型

本文讨论盆地基底的反射组构。盆地基底是由坚硬的结晶岩石组成的，主要岩石为片麻岩和火山岩。中国大陆科学钻探(CCSD)提供了难得的深孔岩性、构造与地球物理测井资料，可以用于对基底岩石的地震组构进行了标定[11-13]。

4.1 结晶岩石的地震波速和地震组构

2005年中国大陆科学钻探完成了主孔岩心的波速测试和地球物理测井[14-17]。根据岩心的初步分析，可将主孔岩心分为9段(表1)。第1段深度为0~750m，岩性为金红石榴辉岩加少量橄榄岩、片麻岩，由岩心测试纵波波速平均为6.6km/s。第2段深度为750~1120m，岩性为副片麻岩加榴辉岩，由岩心测试纵波波速平均为6.1km/s。第3段深度为1120~1600m，岩性主要为正片麻岩，由岩心测试纵波波速平均为5.65km/s。第4段深度为1600~2030m，岩性为榴辉岩加片麻岩，由岩心测试纵波波速平均为6.3km/s。第5段深度为2030~2630m，岩性为正副片麻岩，纵波波速平均为5.7km/s。第6段深度为2630~3080 m，岩性为副麻岩加少量榴辉岩，由岩心测试纵波波速平均为5.85km/s。第7段深度为3080~5000m，岩性为片麻岩，又可分为三个亚层，即表1中的7、8、9层，纵波波速分别为5.75km/s，6.0km/s和6.1km/s。由表1可知，在孔区基岩中正片麻岩的波速较低。

表1 根据岩心物性测量和声波测井资料建立的CCSD主孔波速模型

层号	深度/m	纵波速度(km/s)
1 榴辉岩+橄榄岩	0~750	6.60
2 副片麻岩	750~1120	6.10
3 正片麻岩	1120~1600	5.65
4 榴辉岩+橄榄岩	1600~2030	6.30
5 正片麻岩+副片麻岩	2030~2630	5.70
6 副片麻岩+榴辉岩	2630~3080	5.85
7 片麻岩	3080~3470	5.75
8 正片麻岩	3470~4160	6.00
9 片麻岩	4160~5000	6.10

中国大陆科学钻探对基底岩石的地震组构进行的标定表明[13-14]，正、副片麻岩的密度与纵波速度相差无几，但具有不同的反射特性。正片麻岩的地震响应与花岗岩体类似，由于具有较好的均质性和各向

同性，只能引起弥漫状的弱散射。与此相反，副片麻岩本身具有很强的非均质性和各向异性，可能引起地壳中骨片状的强反射。副片麻岩是一种相当特殊的结晶岩石，它们继承了源岩沉积岩的多种属性，在地球物理资料分析时不宜把它们与其他结晶岩等同看待。

　　副片麻岩不一定要与其他岩石接触，本身就可以形成较强反射。其原因包括：①由于副片麻岩是由沉积岩变质而来，其源岩带有强烈的沉积构造和岩性变异，这些岩性构造上的差异是变质作用无力消化的。因此，非均质性是副片麻岩天生的特征，也是正片麻岩、侵入岩等其他结晶岩石所不具备的。可以认为副片麻岩的非均质性是它们形成强反射的主要原因。②副片麻岩的横波速度较低，反映其抗剪切强度低而易形成裂隙，成为水和甲烷等流体的通道。同时，副片麻岩层也为地壳中韧性剪切作用提供了薄弱介质区段。在这种情况下骨片状强反射体的出现就不难理解了。③大陆科学钻探测量结果还表明，副片麻岩具有很强的各向异性，其各向异性系数常常达到10%以上，这在其他结晶岩中是很少出现的。因此，当副片麻岩呈薄层出现时，出于其相对强的各向异性也可以产生一定强度的反射。

　　中国大陆科学钻探对结晶岩石的地震组构进行的标定为了解沉积盆地基底奠定了基础。将标定成果应用于本次调查的地震剖面解释，便可将塔里木盆地下方上地壳的地震组构分为古老克拉通结晶基底型、副片麻岩型和火山岩型三种类型。

4.2　古老克拉通结晶基底型

　　首先来分析J01线剖面，它同时显示了克拉通盆地内两类典型的基底。J01线地震剖面位于巴楚隆起西北部，走向约NW155°，西端邻近柯坪隆起，穿越吐木休克断裂带和巴楚北部褶断带，并在此与272线地震剖面交汇(图2)。这是一条大致平行于地层走向的二维地震剖面，显示巴楚隆起西北段沉积盆地底部深度约8000m(对应反射双程时3200ms)。剖面内部寒武系多组反射(T8)清晰连续(图4)。

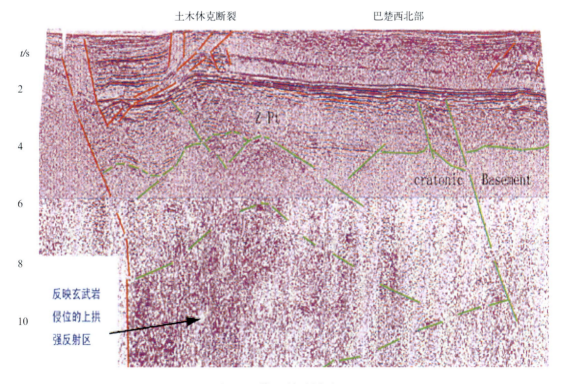

图4　J01线12s地震剖面

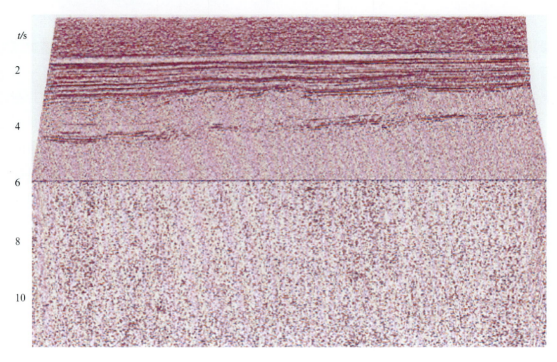

图5 J03线12s地震剖面

J01反射地震剖面东段散射明显弱，而且散射源分布趋于均匀，呈现的是克拉通盆地基底的典型特征。如上已述，地质学家根据邻区露头观测认为，塔里木盆地有塔南型和阿克苏型两种不同的基底类型。巴楚隆起基底属塔南型，由混合片麻岩、麻粒岩组成，在地震剖面上表示为弱而且分布均匀的散射波场，以J03剖面最为典型(图5)。J03线地震剖面散射弱而且整体分布均匀，没有明显定向的反射波列出现。参照中国大陆科学钻探对结晶岩石地震组构的标定，这种情况与正片麻岩为主要成分的太古代结晶基底的反射特征吻合。区域变质具有匀化介质的作用。时代越古老，岩石受变质期次越多、程度越高，相应副变质岩的沉积岩性保存就越少，整体组构就越均匀，从而使地震散射作用弱化而且分布均匀。

顺便对反射地震剖面J01线西端浅部较为复杂的构造作一解释。J01线西端显示有中新生代拉张(拉分)断陷盆地发育，其东侧为吐木休克断裂带，西侧断裂带为一隐伏断裂，在盆地底下它与吐木休克带交汇。吐木休克断裂带与西侧断裂带交汇后，延深可达25km左右，至少到达中地壳。断陷盆地深达4km左右。再向东进入巴楚隆起西北部褶断带，古生代盆地向东加深。吐木休克之东南构造高之基底，呈现地震拱弧指纹，下方有强散射，可能有玄武岩侵位(详见4.3节)。对于盆地起源的研究来说，最重要的信息来源在反射地震剖面的双程走时3~5s段，对应出现晚元古代到震旦纪地层，埋藏深度为9~13km左右(图4、图5)此段地层岩性为从沉积到弱变质渐变的岩石，在局部形成不连续的反射。详细分析这些资料，有可能圈出震旦纪原型盆地的发育部位，及其对上方的古生代地层构造的影响。

4.3 火山岩类型结晶基底

上节已经提到，J01线反射地震剖面显示，西端吐木休克之东南构造高之基底，可能有玄武岩侵位。盆地基底4~12s波场散射幅度很强，呈多重向上拱弧组构。杨文采(2005)等根据东亚地壳反射组构的对比分析指出，多重地震拱弧构造出多个上拱弧形反射组成，其中的弥漫型的多重岩浆拱弧构造，由盆地的扩伴随着玄武岩浆的侵位形成，与幔源玄武岩浆的快速渗入上地壳有关。J01线西端吐木休克之东南构造高之基底，多重地震拱弧构造之下散射波场突然增强(图4)，呈山丘状从剖面底部(12s处)升起，顶端接近盆地底部。由于玄武岩浆侵位呈支叉状插入基底片麻岩中，而玄武岩密度与波速而远大于片麻岩，因此常导致强散射的发生。同时，由于玄武岩磁性强，玄武岩浆侵位在航磁图上与磁异常对应，J01线吐木休克东南构造高情况正是这样(图6)。

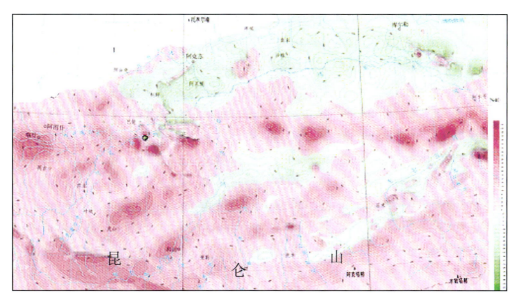

图6　塔里木盆地航磁异常平面图

由图6可见，塔里木盆地北纬39°～40°之间，有一串东西向断续分布的强磁异常，其中最强的群正好位于J01线吐木休克东南构造高所在之处(见图6巴楚县东南等值线密集区)，推测为二叠系玄武岩侵位引起(杨文采，2009)。塔里木周缘二叠系玄武岩分布范围较广，主要在阿克苏、柯坪、巴楚、岳普湖、莎车至玛扎塔克地区。在阿克苏沙井子地区有五层玄武岩，对下二叠统比尤列提组内两层玄武岩进行磁化率测定，第一层平均磁化率为4295.5×10^{-5}SI，厚度100m；第二层平均磁化率为3768×10^{-5}SI，厚度780m。盆地内和参1井于596m钻遇402m厚的玄武岩，其磁化率为$(1884～2009.6) \times 10^{-5}$SI。在玛扎塔克黑山头出露二叠系玄武岩，厚约230m，测的平均磁化率为1963.1×10^{-5}SI。据上述地区二叠系玄武岩磁化率看来，具有较强的磁性，是塔里木盆地沉积盖层中最强磁性地层，它们在航磁异常上能引起明显的局部异常。塔里木盆地北纬39°强磁异常带贯穿全盆地，估计二叠纪火山喷发的范围及规模非常大；可称为二叠纪裂谷事件。J01线反射地震剖面西端显示强散射与多重向上拱弧组构，正是这一事件留下的指纹。

4.4　副片麻岩类型结晶基底

J02线剖面显示了克拉通盆地内另一类典型的基底J02线地震剖面位于巴楚隆起北部，穿越吐木休克断裂带和阿瓦提坳陷南端(图6)。J02反射地震剖面显示阿瓦提坳陷南端寒武系多组反射(T8)清晰连续，沉积层厚达超过15000m(对应反射双程时5200ms)，实为罕见。

J02线阿瓦提坳陷南端之基底信息由6～12s地震组构特征提供，不连续且幅度不大的骨片状地震反射波组隐约可见，产状平缓，多组平行，向下延深到9s之后逐渐变为散射(图7)。这种隐含层状反射体的结晶基底与J01剖面含拱弧反射体的结晶基底不同，说明阿瓦提坳陷南端在盆地萌芽期所处沉积环境异于塔里木盆地其他地区。

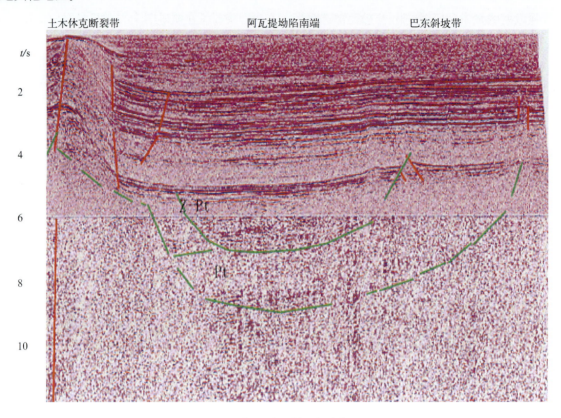

图7　J02线12s地震剖面(局部)

如上已述，地质学家根据邻区露头观测认为，塔里木盆地有塔南型和阿克苏型两种不同的基底类型。塔南型基底为混合片麻岩、麻粒岩组成，在地震剖面上表示为弱而且分布均匀的散射波场，以J03剖面(见图5)最为典型。阿瓦提坳陷的基底归属于北塔里木地块的阿克苏型，以中、上元古界的浅变质岩为基底，地层比较新，在地震剖面上的反映的确不同于弱而且分布均匀的散射波场，而呈现为隐含层状反射体的散射波场。由大陆科学钻探结果表明[13]，副片麻岩继承了源岩沉积岩的多种属性，具有很强的各向异性，可以产生一定强度的反射；因此，结合以往对结晶岩地震反射体的标定，把J02线阿瓦提坳陷南端之基底解释为副片麻岩类型结晶基底。

5　几点认识

大型沉积盆地的结晶基底是不均匀的，根据反射地震组构的不同，由塔里木盆地深反射地震剖面可以识别出古老克拉通型结晶基底、副片麻岩型结晶基底及火山岩改造型结晶基底三种类型。

古老克拉通型结晶基底地震组构的特征为整体分布均匀弱散射，没有明显定向的反射波列出观。这种组构的形成是区域变质具有匀化介质的作用所致。

副片麻岩类型结晶基底地震组构的特征为隐约可见的不连续的骨片状地震反射波组，产状平缓，多组平行。这种组构的形成是经历区域变质期次少、沉积成层属性尚未完全消化所致。

火山岩改造类型结晶基底地震组构的特征为出现多重地震拱弧构造，且其下方之散射波场突然增强。这种组构的形成是玄岩岩浆底侵作用所致。

大型沉积盆地的结晶基底的性质与类型与性质影响了盆地早期的构造与油气生成[19, 20]，这是值得进一步研究的课题。

感谢：鉴于中国地质调查局和中国石油化工股份公司对研究项目的资助，和中国石化专家提供的重要意见，特此致谢。

参考文献

[1] 李思田，解习农，王华等.沉积盆地分析基础和应用(第6章).北京：高等教育出版社，2006

[2] 于常青，赵殿栋，杨文采.塔里木盆地结晶基底的反射地震调查.《地球物理学报》，2011

[3] 康玉柱.中国塔里木盆地石油地质特征及资源评价.北京：地质出版社。348页，1996

[4] 康玉柱，王宗秀.塔里木盆地构造体系控油作用研究.北京：中国大地出版社，1996，1～173

[5] 贾承造.中国塔里木盆地构造特征与油气.北京：石油工业出版社，1997

[6] 贾承造，张师本，吴绍祖等.塔里水盆地及周边地层.北京：科学出版社，2004

[7] 方大钧，沈忠锐，谈晓冬等.塔里木盆地显生宙古地磁与板块运动学.杭州：浙江大学出版社，2006，1～364。Fang Dajun, Shen Zhongrue, Tan Xiaodong, et, al., Paleomagnetism of Tarim Basin and the plate motion

[8] 杨文采.古特提斯域大地构造物理学(第七章).北京：石油工业出版社，2009

[9] 赵澄林，朱筱敏.沉积岩石学.北京：石油工业出版社，2001

[10] 陆克政，朱筱敏，漆家福.含油气盆地分析.东营：中国石油大学出版社，2006

[11] 杨文采，杨午阳，金振民，程振炎.苏鲁超高压变质带岩石圈地震组构，中国科学，2004，34(4)，307～319

[12] 杨文采，杨午阳，程振炎.中国大陆科学钻探孔区地震反射的标定，地球物理学报，2006，49(6)，1685～1696

[13] 杨文采，金振民，于常青.结晶岩中天然气异常的地震响应，中国科学(D辑)，2008，38(9)，1057～1068

[14] 杨文采，许志琴，于常青.上地壳中副片麻岩的反射属性，中国科学(D辑)，2007，37(11)，1425～1432

[15] 杨文采，杨午阳，程振炎.中国大陆科学钻探孔区的地震波速模型，地球物理学报，2006，49(2)，477～489

[16] 杨文采，杨午阳，程振炎.中国大陆科学钻探孔区地震反射的标定，地球物理学报，2006，49(6)，1685～1696

[17] Wencai Yang, The crust and upper mantle of the Sulu UHPM belt, Tectonophysics, 2009, Vol. 475, Iss. 2, 226～234

[18] 杨文采，陈志德.中国东部的多重拱弧地震构造，中国科学(D辑)，2005，35(12)，1120～1130

[19] 杨文采，于常青.深层油气地球物理勘探基础研究，地球物理进展，2007，22(4)，1238～1242

[20] 侯遵泽，杨文采.塔里木盆地多尺度重力场反演与密度结构，中国科学(D辑)，2011，41(1)，29～39

第五篇

国际学术交流

Spatial Anti-Aliasing and Noise Cancellation in Luojia 3D HD Survey Design

Zhao Dian-dong[1]　　Han Wen-gong[2]　　Chen Wu-jin[3]

1.Oilfield Exploration and Development Dept　Sinopec

2.Shengli Petroleum Administration Bureau　Sinopec

3.Shengli Geophysical Corporation　Sinopec

Abstract　The key point to acquire high resolution and high fidelity seismic data is geometry parameters which shall be the considered and highlighted during the process of geometry survey design. In this paper, an orientation is presented to handle how to optimize the geometry parameters based on the test data of noise investigation and line segment test from the case study in Luojiahigh density 3D project showing a powerful demonstration for 3D high density geometry design by consideration of spatial anti-Aliasing and noise cancellation and as a result,significant improvements in horizontal/lateral resolution and data imaging.

Keywords　High Density　High Resolution　High Fidelity　Spatial Aliasing　Noise Cancellation　Geometry Design

1　Introduction

A major concern for 3D re-acquisition is to require adequate sampling to improve the resolution of 3D seismic data acquisition and the ability to delineate small complex faults and predict the subtle lithologic traps. A distinct characteristic in high density acquisition is the full sampling of noise and signals with high fidelity, aiming to obtain the high S/N ratio, high resolution and high fidelity data to improve the target imaging. So the paper is to show the general framework for a successful 3D HD geometry design in Luojia Area in Shengli Oil Field with consideration of spatial aliasing and noise cancellation.

2　Philosophy for of 3D High Density Survey Design and Key Issues Concerned

2.1　Philosophy of 3D High Density Survey Design

Seismic data acquisition is a process of discrete sampling on a continuous spatial wavefield. Sampling parameters concerned and the discrete sampling mode are defined in the survey geometries. To acquire high S/N ratio, high resolution, and high fidelity seismic data while ensuring a continuous and integrated wavefield, full consideration shall be given to geometry properties such as sufficiency , symmetry, uniformity and continuity in an ideal high density geometry to realize the best combination of folds, bin sizes, offsets and azimuth distribution.

2.1.1　Sufficiency

Sufficiency means how sufficient the information is in the continuous wave field during discrete data sampling. Theoretically, the more sufficient discrete sampling, the better imaging for targets. Usually single digital geophones are used for high density data acquisition with a low S/N ratio, therefore, indoor de-noising is very crucial. Sufficient sampling lays a solid basis for data de-noising.

Sampling sufficiency depends on receiver group interval, source group interval, receiver line spacing and source line spacing. Sparse receiver and source line spacing are far from enough for spatial sampling and target imaging compared with receiver and source group intervals.

2.1.2 Symmetry

In a narrow sense, symmetry means the same acquisition parameters of seismic wavefield in both the shot domain and the receiver domain, that is, receiver group interval = source group interval = receiver line spacing = source line spacing. In reality, however, this symmetry can not be ensured due to limited equipments and cost. Fine survey planning for receiver and source line spacing is necessary to maximize the symmetry of geometry with full consideration of limitations.

2.1.3 Uniformity

Uniformity means sesmic data volume with uniform distribution of offsets, folds and azimuths. Offset to be uniformly distributed means that the offset is well distributed from small to large offset range without losing any offset information, and with same station numbers for all kind of offset as well. The uniform distribution of offset, fold and azimuth can effectively reduce the spatial alias during the in house processing and eventually improve DMO and PSTM[1].

2.1.4 Continuity

All the recorded signal and noise wavefield have a good spatial continuity.

2.2 Key issues to be considered in survey design

2.2.1 Spatial Aliasing

Spatial aliasing is insufficient sampling of data along the space domain, which occurs because of the insufficient spatial resolution of the acquired image and non-continuous variations in wave fields. An effective signal is produced with steeply dipping reflector and diffracted wave for structural imaging, but the signal will be deformed due to spatial aliasing, resulting in degraded imaging effect on the breaking points and inhomogeneous media, ambiguous breaking point and lower lateral resolution. So it is necessary to focus on the spatial sampling interval and optimize parameters based on the signal recovering and anti-aliasing on the target.

In conventional acquisition protecting the wave field during the survey design process is not fully considered. The spatial aliasing and ambiguous imaging still exists due to sparse line spacing even there are small bin sizes and wide azimuths in the geometry. So high density spatial sampling makes it possible for anti-aliasing.

2.2.2 Noise cancellation

A Key for later processing is to do indoor noise cancellation with low S/N data acquired with digital point receivers which were currently used for high density data acquisition. The noise well acquired with fine sampling and high fidelity, can be beneficial for aliasing free sampling of regular noise, and full noise cancellation and depression at later processing stage and fine data imaging.

3　Parameters design for Luojia high density survey design

Because of the low amplitude structures, small faults and developed litholothic traps in Luojia area, the parameters designing was focused on the analysis of line interval and bin size. A small bin size and dense line spacing are required to resolve the 10m sand body in vertical and 10m faults in the horizontal direction. More analysis on bin size selection was shown below together with the attributes of geometry uniformity. We are not going to specify other parameters of the layout.

3.1　Considerations of spatial aliasing

The relationship between the target dip angle (φ), velocity (V_{rms}), maximum unaliased frequency (F_{max}) and bin size ($\triangle x$) is given by:

$$\triangle x \leq \frac{V_{rms}}{4 \times F_{max} \times \sin\varphi} \quad [2] \tag{1}$$

which defines the maximum frequency of the events containing with integrity for a given dip. Also the signal aliases when the time shift between traces exceeds half a cycle. Bin size needs to be small enough to image structural dips without aliasing the highest frequency required to solve the geologic problem. In Luojia project, the velocity of 2668m/s in 2.1s time stamp with a max frequency of 45Hz. A more typical calculation might say that we wish to measure up on dips of 30 degrees or less. This will relax the optimum bin size needed to be 15m.

3.2　Considerations of regular noise interference

Of most considerable importance in the conventional survey design are the signals rather than the noise in the acquisition. While designing the parameters of high density seismic survey in the Luojia project the fine sampling of signal and noise are fully considered during the parameters designing process. A special noise investigation test and test line segments were scheduled for noise acquisition and the field acquisition parameters were optimized and demonstrated by the noise spread test.

It is important to consider the noise sampling with high fidelity in the processof geometry design; a square geometry designed for noise interference investigation as a result of ground roll was the main noise in the Luojia Area. The main attribute for the known ground roll was listed in table 1.

Table 1　Attribute of Ground Roll in Luojia Area

Type	RMS(m/s)	Dominant Frequency(Hz)
Ground Roll	264~398	3.5
Frequency width (Hz)	Wave length(m)	Wave length(dominant frequency)(m)
1~10	26~400	75~114

Fdom: Dominant frequency

Fwidht: frequency width

λ : Wave length

So according the ground roll attributes above, the receiver interval (RI) equals to

$$RI \leq \frac{V_{rms}}{2 \times f_{max}} = 13.2m \quad And \quad RI \leq \frac{V_{rms}}{2 \times f_{max}} = 19.9m \quad [2]$$

So if the sample interval is less than 13.2m that means the bin size less than 6.1m the ground roll will be fully sampled with any aliasing.

Also from the F-K analysis(figure 1) it shows that more serious aliasing with bigger receiver interval and if the receiver interval less than 10m (bin size less than 5m) the ground roll will be good sampled without aliasing.

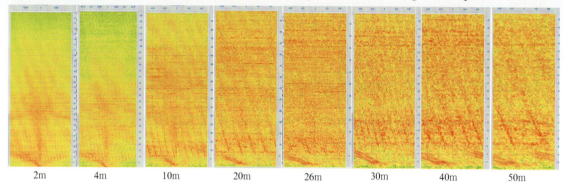

| 2m | 4m | 10m | 20m | 26m | 30m | 40m | 50m |

Fig. 1　F-K analysis for different geophone spacing

3.3　Test data analysis

Figure 2 shows three processed stacks after migration with 3 different bin sizes by decimating data and shows results that the horizontal recognition capability increased for weak signal in the inter formation with smaller bin sizeand high folds. It was obviously shown that the horizontal recognition capability increased with bin size 7.5m rather than 12.5m × 12.5m.

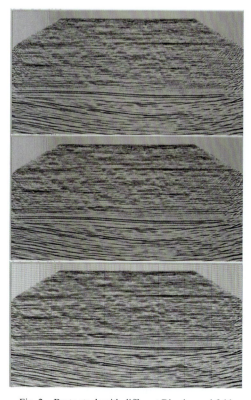

Fig. 2　Brute stack with different Bin size and fold

(Up: Bin 2.5m × 2.5m 110 fold Middle: Bin 7.5m × 7.5m 310 fold Down: Bin 12.5m × 12.5m 420 fold)

The bin size with 5m can meet the requirement of spatial anti-aliasing and noise cancellation in indoor processing. But considering the cost and equipment limitation, the bin size with 6.25m × 6.25m for 3D HD geometry was suffcient to record un-aliased coherent noise data in Luojia area.

3.4 Geometry parameters and attributes analysis

The optimized geometry 28L10S400T was shown below table based on offset, azimuth and fold distribution analysis of several candidate geometries

Table 2　Geometry parameters in Luojia area

Active channels	400 × 28=11200
Bin size	6.25m × 6.25m
Nominal fold	20 × 7=140
RI/SI	12.5m/25m
RLI/SLI	125m
Roll lines	2
Maximum offset	3079.18m
Maximum crossline offset	1806.25m
Aspect ratio	0.724
Trace density	3,580,000/m²

The near symmetrical geometry shows a uniform distribution with wide azimuth and the offsets mainly on the range of 800～2500m (figure 3) and with good depression for footprint (figure 4).

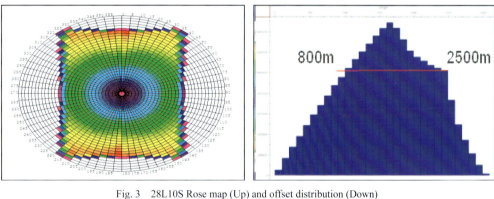

Fig. 3　28L10S Rose map (Up) and offset distribution (Down)

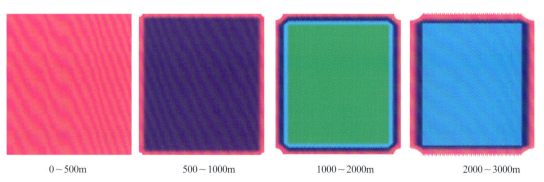

| 0～500m | 500～1000m | 1000～2000m | 2000～3000m |

Fig. 4　Fold distribution with different offset

4 HD SurveyAcquisition results

4.1 Fold uniformity analysis

The uniformity sampling and distribution of offset, fold and azimuth will effectively reduce the spatial aliasing artifacts during the processing, greatly improve the DMO and prestack migration effect.

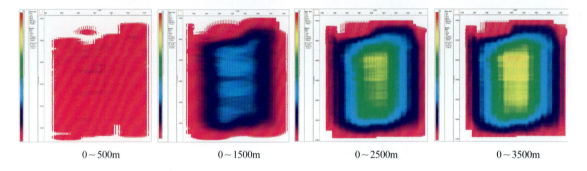

| 0~500m | 0~1500m | 0~2500m | 0~3500m |

Fig. 5　Fold distribution

But there are several obstacles distributed in the Luojia area such as water reservoirs and towns, so offset, fold and azimuth distribution were not uniform because of stations offset even skip(Figure 5). So the property analyse plays an important role in the evaluation of the layout.

4.2 Bin attributes analysis

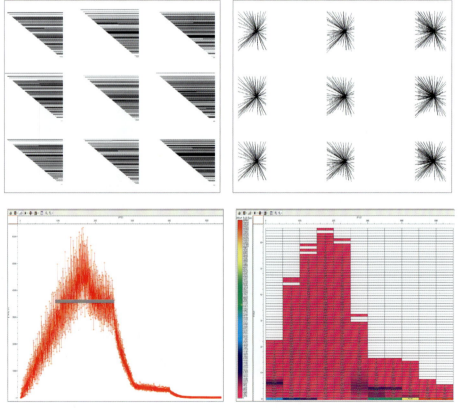

Fig. 6　Bin attributes analysis

Bin attribute analysis on the whole area, the offset and azimuth were distributed uniformity and most the offset distributed was mainly focused on 1500~2000m which benefits good sampling for targets. (Figure 6)

Compared with the vintage 3D data in Luojia area acquired with a receiver interval 50m and receiver line spacing 200m as the bin size of 25*50, the 3D HD geometry in Luojia area have good sampling and offset and azimuth distribution, which leads to a strong reflections at the target 1600~2500m with most energy focused on it.

4.3　Single shot energy and FK analysis

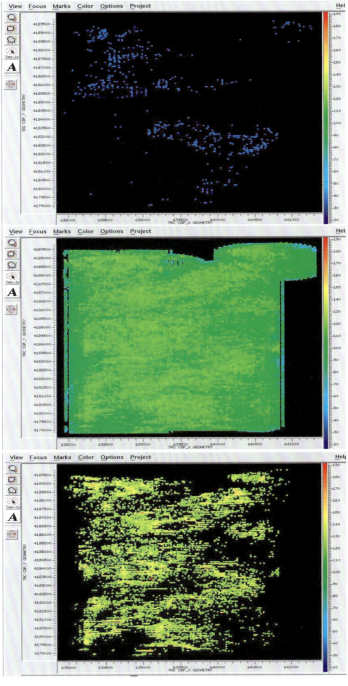

Fig. 7　All shot gathers frequency distribution

(Up for Low frequency energy distribution, middle for Mid frequency energy distribution, Down for High frequency energy distribution)

Energy analysis done on single shot gather in the indoor processing shows that the energy of mid frequency and high frequency are strong while that of low frequency range is not so strong. With review of all single shot gathers, the dominant frequency at targets got better improved with the wide frequency band and the energy at different frequency contents was stronger than that of vintage data (figure 7) .

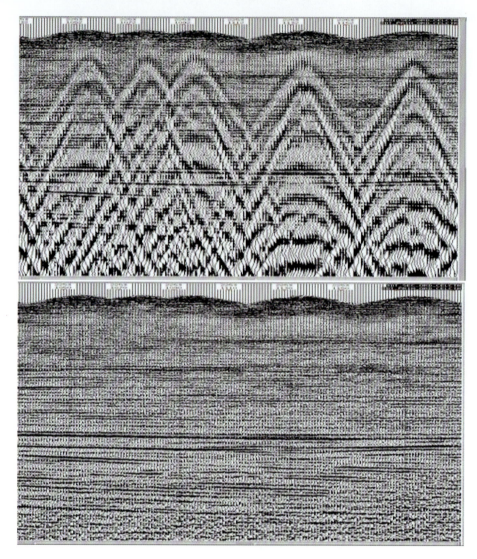

Fig. 8　3DFKcomparison

(Up before 3DFK filter, Down after 3DFK filter)

S/N was credibly improved with 3DFK filer applied on shot gathers. The ground roll was greatly cleaned after resampling with out aliasing(Figure 8). It Suggests that the layout which takes the spatial aliasing and processing mute into consideration has gained good results.

4.4　Stack analysis

The horizontal resolution was greatly improved on the new HD data and small faults and fault planes were clearly delineated (Figure9).

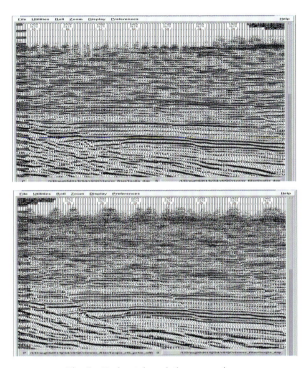

Fig. 9 Horizontal resolution comparisons

(Up represents Vintage migration stack data and down represents Luojia new High density migration stack data)

The data of high density seismic acquisition has been highly improved in vertical resolution Compareing. The new spectrum of the profile with the old one's of the first section (1400~1600s) we can see that the frequency spectrum of high density seismic data has been improved by 20Hz (Figure10).

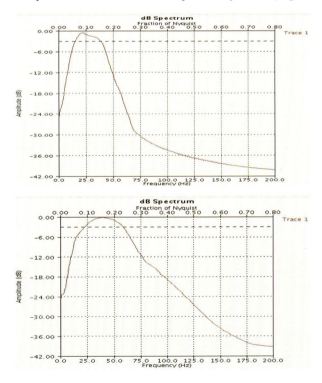

Fig. 10 1400~1600ms frequency spectrum comparisons

(Up represents Vintage migration stack data and down represents Luojia new High density migration stack data)

We found one more event in the third section of Sha system. The forth section of Sha system In the old profile is only one event but there are two events in the new profile. What's more, the pinchout boundary is obvious(Figure11).

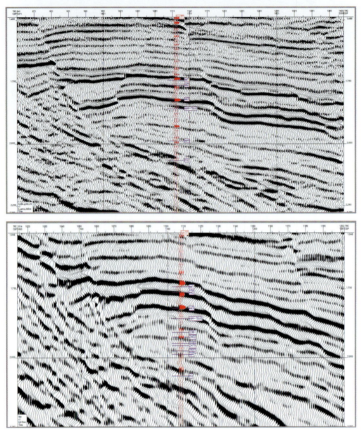

Fig. 11　Vertical resolution comparisons

(Up represents Vintage migration stack data and down represents Luojia new High density migration stack data)

5　Conclusions

The bin attributes were greatly improved with a nearly ideal geometry designed for Luojia area as compared with conventional geometry. The high quality data with less footprint obtained benefits for later target clear imaging and rock properties interpretaiton.

With consideration of spatial anti-aliasing during the survey design process can reduce the spatial aliasing effect at later processing stage. The geometry for 3D High density acquisition can be optimized and demonstrated whether suitable and applicable with the test data. This case study can be example and guidance for future survey design and data acquisition.

Reference

[1] Liu Xuewei. Yin Junjie et al, 3D survey design based on data processing, Oil Geophysical Prospecting, 2004, Vol 39: P375～380

[2] Lu Jimeng.Wang Yonggang, Seismic Exploration Principles [M], Petroleum University Press, 2009：P401～414

Effect analysis of single-point high density 3D seismic test in Luojia oilfield

Yu Shihuan   Zhao Diandong   Qin Du

Oilfield E&P Department   SINOPEC Corporation   Beijing   100728

Abstract   Box-wave data testing and frequency component analysis indicated that the main frequency of 100m array length record was 7.0Hz lower than the single-point record. Broadening line single-point digital geophones receiving test of 5 lines 1 shot indicated that array receiving record lowered the main frequency contrast to the single-point receiving record. Compared with the original design of geometry, the optimized design reduced longitudinal large offset, but increased the arrangement width. The fine near-surface surveys were carried out, and the frequency-division static correction technology made 0.25ms correction for 92% data. As for the swath test of one source, digital geophones and analog geophones received signals at the same time. The main frequency of digital geophones record was 5.8Hz higher than the analog geophones record for the Sha 1 member formation. Domestic terrestrial digital single-point high density 3D seismic exploration was finished with area 43.98km^2 data, bin 6.25m × 6.25m and folds 140.

Keywords   box-wave frequency analysis   broadening line single-point receiving   single-point swath test   Luojia high density

1   Introduction

The development of seismic technology went through simple 3D seismic technology before the sixth five-year plan, conventional 3D seismic technology application during the seventh five-year plan and the ninth five-year plan, 3D seismic data secondary acquisition technology since the tenth five-year plan and a new round of high-resolution seismic prospecting during the eleventh five-year plan[1-19]. In 2005 ten-thousand-channel digital seismometers and digital geophones were introduced and then provided favorable conditions for the development of the digital single-point high density 3D seismic pilot test.

There are three principles for selecting areas to do the single-point high density seismic pilot test in the eastern: the first is large potential of oil exploration and development; the second is proper geological complexity level and target formation buried depth; the third is moderate complexity level of the surface condition. So eventually Luojia oilfield was selected. Reserve scale of Luojia oilfield is medium-sized. Sedimentary faces such as alluvial fan, fan delta, delta, beach dam, lake and salty lake were developed in the Shahejie formation. Through potential analysis of the rolling exploration, the formation between Sha 1 and Sha 4 had great exploration and development potential. The Sha 1 member formation was biological limestone deposits, and the reservoir was interbeded with thin layers (2~3m thickness every single). Reservoir type was structural-lithologic reservoir. As the limit of early seismic data quality, fine research could not be continued. Carrying out single-point high density seismic pilot test was an effective method to solve the problems of Low-grade faults development, reservoir distribution and the connectivity of the thin layers.

2　Test data effect analysis

2.1　Frequency analysis of box-wave data

Box-wave test was implemented in the Shengli Luojia oilfield. The digital single-point geophones were square arranged. There were 51 traces, 100m total length and 2m geophones distance in the lateral and longitudinal direction separately (the total traces number is 2601), See figure 1. In the arrangement centre 34 shots were gradually forward exploded in one direction, the minimum offset of the first shot was 10m, shot interval distance was 100m, and the 34 shot offset was 3300m. acquisition record traces were 2601 × 34.

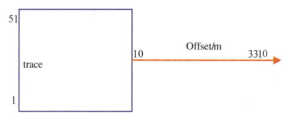

Fig. 1　Box-wave geometry

Firstly took the box-wave data in the shot line direction to form the new array records. The first step, center arrangement 1~51 traces and the 34 shots were combined to 1 file, which corresponds to 1734 traces (51 × 34) single-shot records of conventional 0m array length acquisition, and the former 600 traces records were showed in the figure 2. The second step, recombined the 2, 4……, 98, 100m array length records to 50 new file records[2,10,12,19].

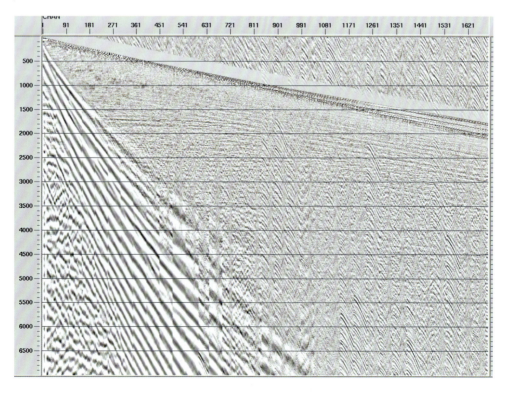

Fig. 2　Records in the shot line direction

As for the 51 new files, took the near-offset trace window of the shallow layer record (T_0: 750~1000ms) to do the frequency spectrum. In the figure 3 the blue lines stand for the 0m array, the red lines stand for the 100m array, and the black lines stand for the 2~98m array (same means in the following figures). There were two peak zones mainly, and the main frequencies were 51Hz and 58Hz separately. The 1~13 traces were in the first zones (0~24m array length),the main frequency was 58Hz; the 14~20 traces were in the second zones (26~38m array), the main frequency was 51 - 58Hz; the 21~51 traces were in the third transitional zones (40~100m array), the main frequency was 51Hz. In the high end and the low end of the effective frequency band, the frequency band width became narrow when the array increased, which means the high end frequency decrease while the low end frequency would increase. The whole frequency band had narrowed down 24.6Hz. 0 m and small array length energy (97%) was much bigger than the 100m and big array length energy(42%). Readding the frequency information at the line of 10% relative energy, the key point frequencies were in the table 1.

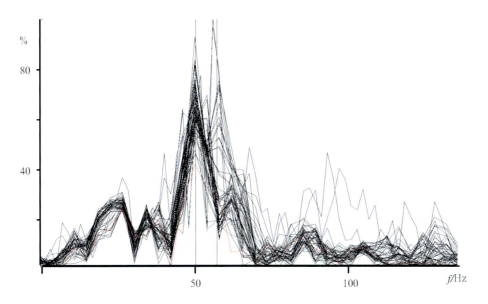

Fig. 3　Record frequencies of different array length in the shot line direction

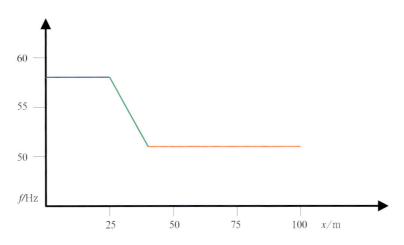

Fig. 4　The relationship of main frequency and array length

Table 1 Frequency values in the shot line direction

Array length/m	Low freq./Hz	Main freq./Hz	high freq./Hz
0	5.2	58	76.4
100	11.5	51	58.1
difference	-6.3	7	18.3

Single-shot original record near-surface data could be summarized: when the seismic acquisition array length was less than 24m, there was nothing much variation for the data main frequency which was about 58Hz generally. When the array length was 26～38m, the data main frequency reduced heavily, from 58Hz to 51Hz, 7Hz difference. When the array length was 40～100m, the data main frequency was 51Hz steadily, see the figure 4.

Even we chose the box-wave data perpendicular to the shot line to do the analysis, the same conclusion also could be drawn.

2.2 Broadening line test

Using single-point digital geophones to do the broadening line test, the geometry were 5 lines 1 shot, 5m point interval, 5m line distance, 5 receiving lines and 1000 receiving points every line. Shooting point distance was 20m, and there were 100 total shots[10].

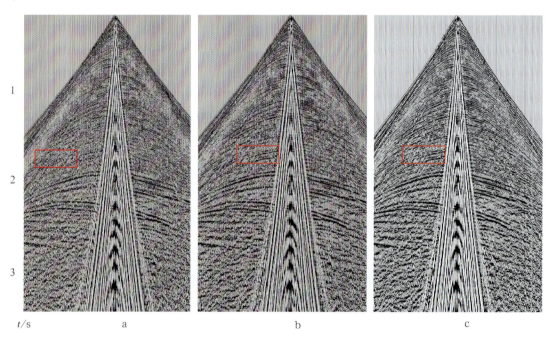

Fig. 5   Single-shot records of different array length

a：0×0；b：10×10；c：20m×20m

0×0(Single-point),10×10, 20m×20m array lengths single-shot records were comparative analyzed. Taking the single-shot record near offset T0 time of 1400~1600ms as window, the frequency analysis were carried out (figure 4 and figure 5). The main frequency of 10×10, 20m×20m array lengths records reduced 4.4Hz, 6.1Hz separately compared to the single-point shot record (table 2). Geophone array influenced the real signal frequency characteristics, and led to frequency reduction, and the bigger array length, the more serious loss of high frequency.

Table 2 Contrast of different array length record frequency component

Array/m	Main freq. Hz	Freq.band Hz(-24dB)
0×0	48.4	3～150
10×10	44.0	3～103
20×20	42.3	3～96

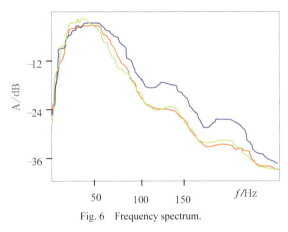

Fig. 6 Frequency spectrum.

blue: single-point; red: 10×10; green:20m×20m array length

2.3 Geometry optimization

In the production there were only 15,000 single-point digital geophones, so the geometry was designed according to the target layer depth, and in the condition of maintaining proper longitudinal offset, arrangement lateral width was extended as much as possible. Follow the broadening line 5 line and 1 shot test data, the profile data information of offset 2500m to the maximum offset only exist when the T0 was bigger than 2500ms in the maximum offset scanning stack sections. The time interval belonged to the Sha 4 member formation, and the frequency of data events decreased heavily (figure 7).

The two longitudinal lengths of arrangement of original geometry 24L10S both reduced 20 traces separately, and then the maximum offset shortened 250m; Increasing arrangement lateral width also means that the two arrangement lateral sides both increase 2 receiving lines and enlarged lateral distance 250m . The optimized geometry was 28L10S, and the horizontal-to-vertical ratio enlarged by 0.72, far offset above 2500m information reduced while the medium offset 1500～2500m information increased, lateral folds increased from 6 to 7, the total receiving traces was 11200[4,9,10,15,18]. See the table 3 and figure 8.

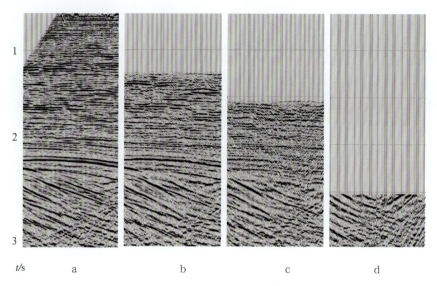

Fig. 7　The maximum offset scanning stack profile

a：>0m；b：>1500m；c：>2000m；d：>2500m

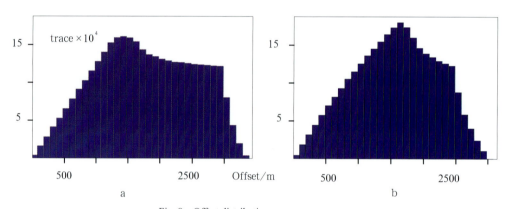

Fig. 8　Offset distribution

a: the original; b: the optimized

Table 3　Geometry

	original	optimized
Geometry	24L10S	28L10S
Receiving traces	440 × 24	400 × 28
Bin	6.25 × 6.25	6.25 × 6.25
Folds	22 × 6	20 × 7
Trace interval/m	12.5	12.5
Shooting interval/m	25	25
Receiving line distance/m	125	125
Shooting line distance/m	125	125
Swath distance/m	250	250
Rolling arrange num.	2	2
Maximum offset/m	3148	3083
Minimum big offset/m	2743.75	2493.75
Max. broadside offset/m	1543.75	1800.01
Horiz.-to-vertical ratio	0.563	0.72
Trace density	3.38×10^6	3.584×10^6
Total shots	29520	28800

2.4　Near-surface surveys and Frequency division residual static correction

The sedimentary faces of Luojia area were the quaternary alluvial Plain. The influence of near surface was ignored formerly in the seismic exploration. In the past few years plenty of researches for the near-surface influence on explosions and static corrections had been made. And found that the near-surface lithologies and structures changed quickly, which could impact on the data quality in the high density seismic exploration. Combined with cores, lithologies detection, microlog and short refraction methods, the whole area surveys on the thickness of subweathered zone and formation velocity were committed . Specific information is shown in the table 4 and figure 9. The whole area clay thickness was about 4~11m, and the thickness of subweathered zone was 7~11m (figure 10).

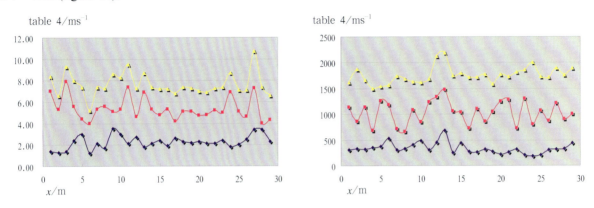

Fig. 9　Subweathered zone survey with short refraction method

a: thickness; b: velocity

The high density receive of single-point digital geophones were influenced greatly by the surface. There were obviously short wavelength static correction problems in the single-shot original record. As the high density data has the advantage of compact data samples and clear preliminary wave characteristics, according to the fine near-surface structural model, adopting the tomographic refraction static correction technology, applying the shot points and geophone points tomographic static correction inversion technology, the thickness of subweathered zone and the correction at shot points and geophone points were computed, and the correction was 20ms generally. As a result the static correction problem caused by the lateral structural changing of surface and near surface was solved.

After the conventional static correction, nearly all the low-frequency static correction problems and part high-frequency static correction problems were completely solved, and at the same time a precise velocity was got. All these results made a foundation for the frequency-division static correction[6~8,11,14,16,17]. Different frequency components had the different requirement for the static correction. The high-frequency components needed high static correction accuracy, while the low-frequency components didn't. Conventional residual static correction couldn't guarantee the in-phase stack of the high frequency signal.

Table 4   Subweathered zone thickness and velocity

Formaiton	Thickness/m	velocty/ms⁻¹
Low-velocity zone	3~4	330~370
Subweathered zone	4~7	1150~1250
High-velocity layer		≥1700

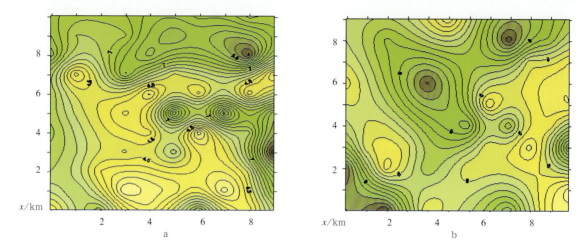

Fig. 10   Thickness
a: clay thickness; b: Subweathered zone

Based on the wavelet transformation, the frequency-division residual static correction was carried out. Its advantage were excellent time-frequency localization and the ability of adjusting the analysis scale conveniently. Method of frequency-division residual static: the first was carrying out the residual static correction. After the velocity analysis did the first time residual static correction, and then the process could repeat several times (generally 3 times); Secondly carried out the frequency-division static correction, which repeated 2 times. 92% data had 0.25ms frequency division static correction. See the table 5 and figure 11.

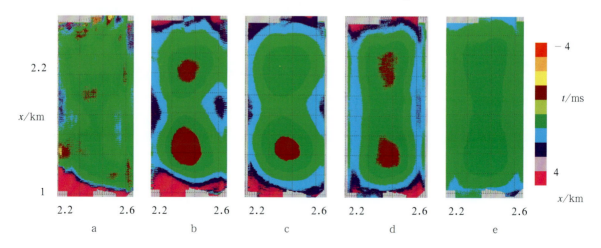

Fig. 11   Residual static correction and frequency-division static correction
a: The first residual static correction; b: The second; c: The third; d: The first frequency-division static correction; e: The second

Table 5　Data of residual static correction and frequency-division static correction

a	b	c	d	e	f
1~0	84	96	99	98	100
0.5~0	0	80	94	91	99
0.25~0	0	0	76	70	92

(a: Correcting value /ms;b: The first time residual static correction /%;c: The second;d: The third;e: The first time frequency-division static correction /%;f :The second)

2.5　Swath test

Among the 2 swaths of receiving lines, the source exploded 1461 shots, and then the digital geophones and analog geophones simultaneously received. Took the near-surface near-offset, T0 time 800~1200ms as window to do the frequency spectrum analysis for the digital and analog geophones receiving records. The main frequency of digital single-shot records was 52.6Hz, much higher than the analog single shot record main frequency which was 47.4Hz, and the difference was 5.2Hz (table 6 and figure 12).

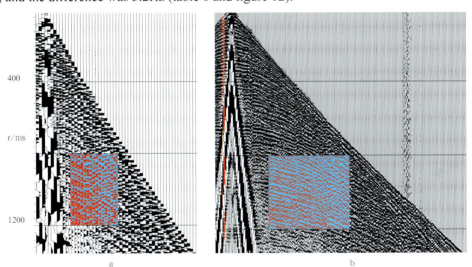

Fig. 12-1　Record

a: analog array; b: digital single point

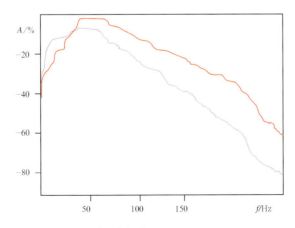

Fig. 12-2　Frequency spectrum

Red: digital single point; blue: analog array

Table 6   The single-shot record near-offset frequency information

	Main freq. /Hz	predominant freq.band (-18dB)/Hz
digital	52.6	7~128
analog	47.4	5~87
difference	5.2	39

Took the migration section mid-deep T_0 time 1400~1600ms as window to do the analysis. The main frequency of sha 1 member formation digital geophones records was 46.8Hz, while the analog geophones records was 41.0Hz, the difference was 5.8Hz, and the predominant frequency band and effective frequency band were also much wider. See table 7 and figure 13.

Taking migration section near-surface near offset 330~1000m, T_0 time 900~1100ms as window, the frequency analysis of digital geophones records and analog geophones records were carried out, and then the main frequency statistical plane graph was made (Figure 14).

The main frequency of analog geophones records was 40~45Hz and account for 99%; while the main frequency of digital geophones records was 45~60Hz and account for 95%. The difference of the two main frequencies was 5~10Hz, account for 90%.

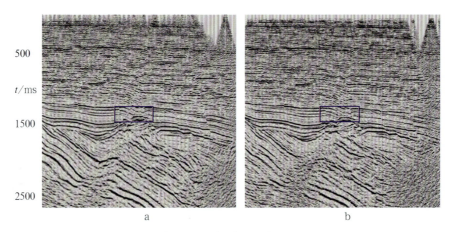

Fig. 13-1   Migration section

a:digital geophones；b:analog geophones

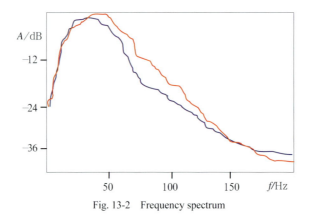

Fig. 13-2   Frequency spectrum

a:digital geophones；b:analog geophones

Table 7　Migration section Sha 1 member frequency information

	Main freq. /Hz	predominant freq. band (-18dB)/Hz
digital	46.8	2～105
analog	41.0	2～75
difference	5.8	30

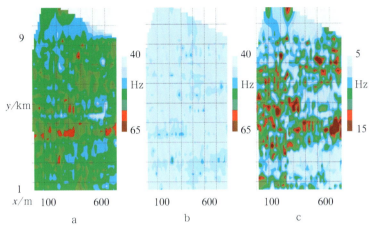

Fig. 14　Main frequency statistical plane graph

a：digital；b：analog；c：difference

3　Application in Luojia area

On the basis of the above test from 2009 January to April single-point digital high density 3D seismic acquisition was carried out in Luojia area. The accumulative total shots was 8012, 10 swaths, nearly 8T data volume and 43.98km² data area. The bin was 6.25m × 6.25m, and 140 folds. The record tack density was3.584 × 10⁶folds/km² (calculated by three-component, 3 times of this). Stack sections of different bins 6.25m × 6.25m、12.5m × 12.5m、25m × 25m are shown in figure 15.

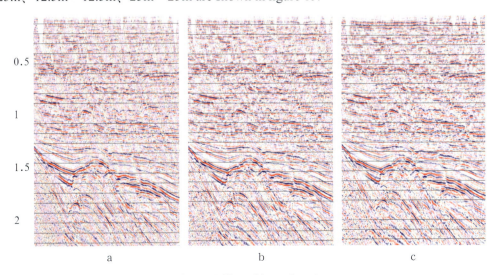

Fig. 15　Different bins stack section

a：6.25m × 6.25m；b：12.5m × 12.5m；c：25m × 25m

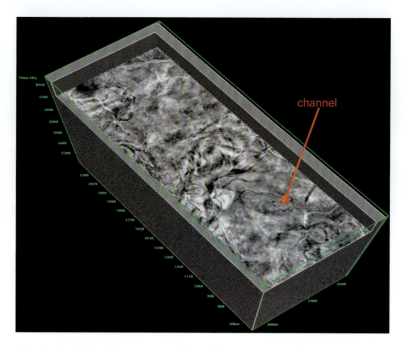

Fig. 16　The 806ms T_0 time horizontal slice of the pre-stack time migration data volume

　　Old channel information can be distinguished clearly from the 806ms T_0 time horizontal slice of the pre-stack time migration data volume (Figure 16), that proves the high resolution of single point high density acquisition. The slice area is 500m × 1530m. The fault feature of new digital profile is clearer than that of analog profile(Figure 17) [16].

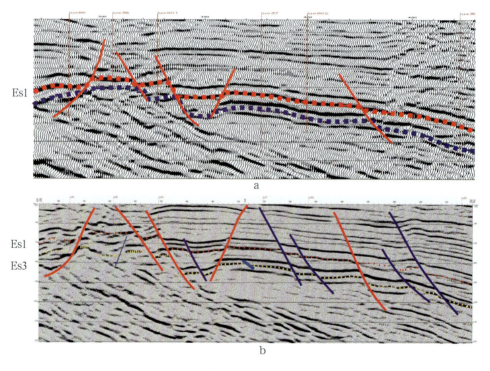

Fig. 17　Profile

a: analog profile; b: new digital

4 Conclusion

The digital single-point acquisition single shot records and stack sections had better frequency components than the analog array, and the main frequency also had obviously improvement.

In a situation of limited digital geophones, and then based on the depth of target formation, properly shortening the maximum offset and increasing the lateral receiving lines was a reasonable choice and optimization.

In the eastern plain of our country, the near surface still have some influence to the seismic exploration. Fine near-surface survey was the foundation of good static correction, while the residual static correction and frequency-division static correction was the key of further improve the high density 3D seismic data quality.

Luojia high density 3D seismic exploration was the most intensive in the domestic land data volume at present. The fault feature of new digital profile is clearer than that of analog profile.

Reference

[1] Ma ZT.Seismic Imaging Techniques：Finite Difference Migration [M].Beijing：Petroleum Industry Press,1989，41～161

[2] Li Q Z. The way to obtain a better resolution in seismic peospecting[M]. Beijing:Petroleum Industry Press,1993

[3] Zhao Diandong，Lǚ Gonghe,Zhang Qinghuai,et al.．High-precision 3D seismic acquisition technology and application effect[J]．Geophysical Prospecting For Petroleum，2001，40(1)：1～8

[4] Qian Rong-jun.Analysis on spatial sampling density and uniformity of seismic acquisition[J].Oil Geophysical Prospecting，2007，42(2)：235～243

[5] Yu Shihuan，Song Yulong，Liu Meili，et al.．VSP converted wave research in Jurong area[J]．Geophysical Prospecting for Petroleum，2001，40(01)：56～63

[6] Yu Shihuan，Ding Wei，Xu Shuhe，et al.．Delayed blast technology and its application in 3D high resolution seismic prospecting[J]．Geophysical Prospecting for Petroleum，2004，43(2)：111～115.

[7] Yu Shihuan，Zhao Diandong，Zhang Zhenyu，et al..Seismic monitoring of vapour flooding test area in C20 block[J]．Geophysical Prospecting for Petroleum，2000，39(01)：1～9.

[8] Yu Shihuan,Zhao Diandong,Li Yu．3C3D seismic exploration in Xinchang area [J].Geophysical Prospecting for Petroleum，2010，49(04)：390～400

[9] Yu Shihuan,Zhao Diandong,Li Yu．Problem analysis of bin-divisible geometry [J]. Geophysical Prospecting for Petroleum，2010，49(06)：597～605

[10] Yu Shihuan,Zhao Diandong,Qin Du．Geometry optimization for wide line seismic acquisition in Guizhong mountainous area [J].Geophysical Prospecting for Petroleum，2011，50(04)：398～405

[11] Qing Yaling,Hou Chunli,Ji Ping,et al.．High-precision seismic data processing in Dongpu Sag [J]．Progress in Exploration Geophysics，2002，(2)：16～20

[12] Hu Zhongping and Sun Jianguo．Discussion on problem of high-precision seismic exploration and its countermeasure analysis[J]．Oil Geophysical Prospecting，2002，37(5)：530～536

[13] Xiong Zhu．High precision 3-D seismic:Part I Data acquisition[J]．Progress in Exploration Geophysics，2009，32(1)：1～11

[14] Zhao Xianzheng，Zhang Yiming，Tang Chuanzhang，et al.．High-Precision Seismic Exploration Integrated with Acquisition,Processing and Interpretation[J]．China Petroleum Exploration，2008，13(2)：74～82

[15] Wang Ying，Jia Lieming，Zhu Yanbao，et al.．Brief analysis on bin-divisible 3D geometry[J]．Geophysical Prospecting for Petroleum，2009，48(3)：299～302

[16] Li Yang．Application of integrated geophysics technique in reservoirs [J]．Geophysical Prospecting for Petroleum，2008，47(2)：107～115

[17] Xie Jin'e，Guo Quanshi，Liu Cai，et al.．Self-adaptive beam method for suppressing ground roll in high-density seismic data [J]．Geophysical Prospecting for Petroleum，2009，48(2)：110～114

[18] Wan Xuejian，Wu Shukui，Yang Suyu et al.．Research on high density 3-D geometry design in Machang oilfield [J]．Geophysical Prospecting for Petroleum，2008，47(6)：598～608

[19] Li Qing-zhong and Wei Ji-dong．Influence of array effect on cutoff frequency of high frequency in high-density seismic acquisition[J]．Oil Geophysical Prospecting，2007，42(4)：363～369

Application of Geophysical Prospecting Technology in Shengli Oilfields

Zhao Diandong[1]   Tan Shaoquan[2]

1.SINOPEC   Beijing   100728   China

2.Shengli Petroleum Administive Bureau   SINOPEC   Dongying   257100   China

Abstract   The oil and gas exploration has been carried out in the Shengli Oilfields for more than 40 years. The geophysical techniques have been improved dramatically during this period. One of the important factors that makes the annual proved oil reserve exceed 100 million tons in the last 13 years can be attributed to the effective and successful application of geophysical technologies. In the Shengli Oilfields the seismic technology, especially the 3D seismic has played a critical role in delineating small faulted blocks, confirming non-structural lithologic reservoirs and providing accurate exploratory and development well sites.

Keywords   Shengli Oilfields   faulted block   lithologic reservoir   seismic   bright spot

1   Introduction

The Shengli Oilfields is on the first place of the exploration maturity degree of China. The 3D seismic prospecting has almost covered the whole Shengli Oilfields, accounting for nearly one-fifth of the 3D area of the whole country. The great exploration potential, however, still exists in the explored and developed areas. The deep-seated formations, the Paleozoic and Mesozoic sequences, the coastal tidal area and the mountainous area on the periphery of Shengli. In all, extensive area for petroleum exploration is still there in the Shengli Oilfields.

The surface geological survey in the Jiyang sag of the Shengli Oilfields was carried out early in 1954. The routine magneto-gravitational reconnaissance and detailed survey were completed in 1955. The regular seismic survey was started since 1958. Through more than 40 years' efforts and development, a set of seismic crews with excellent equipment and advanced geophysical technologies suitable to work in the field of all kinds of terrain and complicated subsurface geology in this area were established in Shengli Oilfields. Until 2000, 234, 663km of 2D seismic line and 16, 547km^2 of 3D seismic volume have been completed, and 2, 817 traps found and more than 70 high-productivity oilfields discovered. The Shengli seismic crews are, now, conducing field seismic operation not only in the Shengli Oilfields, but also in the area of Shaanxi, Shanxi, Sichuan, Qinghai and Xinjiang.

The unexplored area in Shengli is gradually shrunk with the continuously expanding of the explored area. Utilizing the seismic technologies in the oilfield development to help the increase of oil recovery and production has become a routine method. It is demonstrated by the practice that the close cooperation between geophysicists and reservoir engineers in the entire process of oilfield exploration and development (including the planning of the new field development, adjustment of the old field, raising the recovery in the later stage of an oilfield and recovery of viscous oil) can make the seismic technology effectively provide accurate well location and increase the efficiency of development so as to decrease the exploration risk and the development cost.

2　Advance of geophysical technologies

The surface geological survey in the Jiyang sag started early in 1954, the reconnaissance and detailed magneto-gravitational survey with scales of 1:500, 000, 1:200, 000 and 1:100, 000, and the electrical survey were completed successively in 1955.

During 1958~1973, a total of 32, 703.9km of seismic lines were completed in the Jiyang sag by using the light-spot seismograph. The average grid density was 1.2 km × 2.4 km, and 0.6 km × 1.2 km in some interested areas, and even 0.3 km × 0.3 km in some special localities. It is confirmed with comprehensive interpretation with the seismic, drilling, testing and other geologic data that there are 14 faults of first grade, 46 faults of second grade and 1, 290 faults of third grade in the area. Thirty structural zones of second grade were, then, delineated and 18 oilfields, such as the Shengtuo, Xianhezhuang, Dongxin and Gudao oilfields discovered. In August 1965, a total of 158.3 km of seismic lines were completed using a 24-chanel analog tape recorder for the first time in the Dongying depression. Now the digital seismographs used in the Shengli Oilfields are changed from 14 bits to 24 bits, with recording channel's number from 24 to 960.

In 1973, large-scale technological experiment for testing the multiple fold technology was carried out in the Jiyang sag, involving the selection of a series of parameters, i.e., field acquisition system, fold parameters, number of folds, depth of shot well, charge size, receiving factor, instrument recording factor and mode and number of the receiver array. Vast amount of data were acquired. Forming the basis to use the folding technique began to utilize in the Shengli Oilfields in 1974, using the digital seismograph of SN338-B-48 channel. The digital processing technology was utilized for all the interpretation. All the acquisition in the field by utilizing the digital technique was realized in the Jiyang sag in 1984, proclaiming the end of analog seismic survey in the Shengli Oilfields. From the using of the first analog seismograh in the Shengli Oilfields in 1984, more than twenty years had passed. During the period the analog seismograph had played an important role in the petroleum exploration and development in the Jiyang sag. A total of 53, 416 km seismic lines were completed, and 15 oilfields discovered, e.g., the Wangjiagang, Linfanjia, Lijin, Wangzhuang, Tao'erhe oilfields, etc.. Along with improvement of the seismic acquisition technique, especially use of digital technology, the seismic prospecting has come into a new development stage. The forbidden areas for seismic, such as the areas along the yellow river, the coastal and rural areas, were broken through one after another, the plan of covering the whole areas with seismic surveying has completed, improving greatly the quality of petroleum evaluation of all the exploratory area.

The study and application of seismic stratigraphy in the Shengli Oilfields began in 1978. The sedimentary system pattern of the Dongying delta was set up with the seismic data collected in Dongying to guide the exploration of lithologic oil and gas reservoir in Dongying depression. From then on, the oil and gas exploration in the Shengli Oilfields has turned from searching for structural reservoir into non-structural, i.e., the lithologic oil and gas reservoir. At the end of the 1970s, the distribution of turbidite reservoirs in the Chunhuazhen-Liangjialou oilfield was delineated with the seismic inversion.

At the end of the 1980s, the seismic inversion combined with the seismic attributes and technologies, as AVO, was used in the Shengli Oilfields to formulate production seismology. It was, then, successfully to be utilized in the successive exploration and development of the Dongying depression. The success ratio of the developing wells was greatly increased. The 95 developing wells drilled for the Guantao formation in the Chengdao area, Bozhong depression, based on the seismic data, had acquired very good results. The success ratio was 100%, and the coincidence rate of formation thickness between the predicted and the drilled reached 92%, from then on, the seismic technological methods to be utilized in the exploration and development of the Shengli Oilfields.

The testing of the converted wave exploration was carried out in the areas of Yanjia, Yong'anzhen and Caoqiao during 1991~1995. Nine seismic lines of 120.6 km were completed with the technology of multi-wae and multi-component. After processing, it is demonstrated that the known gas pools were coincided with the seismic data. and some new potential gas pools identified. It is demonstrated by practice that the seismic technology of multi-wave and multi-component can play an important role in searching oil pools in the fractured mudstone, the igneous rock and the coal bed, and in the studying of anisotropy in the formation. In this period the technologies of VSP and cross-well seismic were also developed rapidly. High-quality field recording was acquired by utilizing the electric sparking source in VSP in the Shengli Oilfields. Up to now, VSP has been completed in more than 130 wells. The seismic surveying between two wells with a horizontal distance of 259 m and a well depth between 690m and 828m was tested and successfully in 1995, setting the first record in the country.

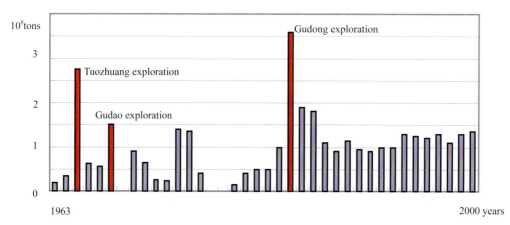

Fig. 1 Relationship between the advance of the seismic technology and the obtaining of proved oil reserve in the Shengli Oilfields

(light–spot seismic in 1963; analog seismic in 1968; 2D seismic in 1972; digital seismic in 1975; 3D seismic in 1983; high-resolusion 3D seismic in 1993)

The 2D multi-well constrained inversion software, HRSTRATA, was developed through the cooperation between the Shengli Oilfields and the Petroleum University (Beijing) during 1996~2000. It successfully solved the problems in fault interpretation and tracing in the Shengli Oilfields by taking advantage of the help with the non-linear seismic trace model and the F-P neural network extrapolation method.

A lot of probing and studying about the full 3D interpretation and 3D visualization have been conducted in the Shengli Oilfields. Last year, the re-acquisition of 3D seismic in the Tianjia area obtained distinct effect due to consideration of the full 3D factors. It is because the achievement of the seismic technology in the Shengli Oilfields, that the annual proved reserved of over 100 million tons are obtained in the past 13 years in the Shengli Oilfields(Figure 1).

3　Effect of seismic technology in the oil/gas exploration and development

The seismic technology was only utilized to solved the structural problems in the Shengli Oilfields for a long time. It was used to delineate and confirm the structures and, then, to locate the well site. As in the developing stage of the oilfield, the studying of the reservoir attribute, correlating formations, setting up reservoir geological model, modeling reservoir, designing development plan and guiding producing plan are usually depended on the available drilling data. The practice in production and the improvement of the seismic technology made the geologists understood that the necessity and possibility to use the seismic technology in the development of the oilfield. In the earliest use of the seismic technology in the developing of the Shengli Oilfields was that to take advantage of the immense densely covered seismic data in the area to make clear the lithologic variations between the wells. For example, in developing the Dongxin oilfield in the 1960s, the complicated faulted blocks were basically made clear with the small triangle surveying and the mannul 3D two-pass migration. Using the seismic data combined with the data about the relationship of oil, gas and water and the reservoir pressure, the small faulted blocks were rather accurately delineated. It was the first time that the 3D seismic survey was done, and the first preliminary use of seismic in the oilfield development. Now the seismic technology is utilized in the Shengli Oilfields not only to solve the complicated structural problems but also the lithologic ones.

4　Oil and gas pools in complicated faulted blocks

In the early stage of exploration, the structural maps provide by seismic are often not in detail, especially for the oilfield in the complicated faulted blocks. In the Dongying depression, the many faults crisscross the area, cutting it into a lot of small faulted blocks of various types, with complicated oil-and-gas-bearing formations. The distribution of faults and the configuration of structures have to be understood fully before an oil pool is put into development. In the delineating of structures with small faulted blocks, small areas and small amplitude, the 3D seismic may play a role that can not be replaced by any others.

4.1　Case 1

The Li-71 well area is located in the densely populated, industrial and farming area of the Lijin city. In the past, it was a blank area for seismic survey and no complete detailed structural map was made. In 1988, a 3D design was made, in which the shots were put in the countryside and the receivers in the rural area within the city. The hard of carrying out seismic surveying in the rural areas was cracked. A total of 90 km^2 of 3D seismic prospecting were completed. The geologic structure under Lijin city was confirmed through the sophisticated interpretation of the 3D seismic data. Eight prospective traps were found with a total area of 3.5 km^2.

The directional well Lixie-74 was tested with a daily oil production of 20 tons after completion. Based on that discovery, 21development wells were deployed and good result obtained.

4.2 Case 2

The Xin-68 well area is located at the juncture of the Dongying dome anticline and the Xinzhen elongate anticline. It is very complicated. The structural map drawn in the early time was not clear, and neither was map the relation between faults. After 19 wells were drilled during 1963～1989. It was discovered that the relation between oil and water was not fit the structural map. The wells of Xin-68-1ES2 and Xin-68-3 were on the same faulted block. The latter had 14.7 m thick oil-reservoir, but the former had nothing. The structural map was drawn again after the surveying 3D seismic. Thirty more wells were deployed on the new structural map. After drilling and completion, the daily oil production has increased 617 tons and the oil reserve 100 more times. The economic effect is very clear.

5 Lithologic oil pools

The lithologic oil pools accumulated in the fluvial sandstone, alluvial fan and fluxoturbidite are main types of oil and gas pools in the central depression zone. They are always grouped in some intervals in the sedimentary column and surrounded by dark mudstone. Thus the source rocks and reservoirs may occur in the same formation. The lithology of those kinds of sandstone bodies sometimes changes abruptly. They are distributed crisscrossing with and stacking on each other. It is hard to correlate them. So, recognizing the nature of lateral change of the potential reservoir is essential in the planning of drilling site.

5.1 Case 1

The potential oil and gas pools in the middle and lower parts of the Sha-3 formation in the Shinan area are the main exploration targets recent years. The lithologic oil and gas pools with proved reserve of about 10 million tons in the middle and lower parts of the Sha-3 formation were discovered in the well Shishen-100 in 1993. The turbidite in the middle part of the Sha-3 formation was found in the well Shi-111 with lithology of conglomeratic coarse-grained sandstone and middle-grained sandstone. It showed that a large amount of turbidite deposited in the western part of Shinan area. Utilizing the seismic technologies of inversion with logging constraint, reservoir thickness inversion, analysis with multi-parameters and stereo-interpretation with full 3D data to predict the distribution of sandstone bodies in the area. Four sandstone bodies were predicted and a series of production wells were drilled. High oil production was obtained when these wells were completed.

5.2 Case 2

The Fandong area is a transitional zone between the Luxi uplift and the Dongying depression. Its tectonic feature is high to the south and low to the north. The main oil-bearing bed in the area is the middle part of ES-3. The type of oil and gas pool is lithologic. Eight exploratory wells were deployed on the basis of the processing and interpretation of the 3D seismic data. among them, oil and gas were discovered in the middle part of the ES-3 formation in the well Fan-128. Oil-bearing beds with a thickness of more than 20 m were recognized with logging.

And a daily oil production of 25 t/d obtained. The well Fan-20 was drilled in 1990. The interpretation showed that some thick water-bearing beds might also contain oil. Checked with the new seismic technology, the oil-bearing beds were confirmed after re-testing, oil flow was also obtained. The oil productivity was increased by several times after the reservoirs were stimulated with hydraulic fracturing. The well Fan-130 was drilled to the west of the well Fan-128 according to the prediction of the sandstone bodies. After drilling, it was discovered that the lithology of the reservoirs was changed, the grain size become coarser and petrophysical properties worse. It shows that the distribution of the sandstone bodies is rather complicated in this area, and the richness of oil and gas is apparently controlled by the sedimentary facies. The reservoirs in the area were described with the seismic technology. The distribution nature of the prospective facies in which good reservoirs might exist was analyzed. Four stepping-out wells were drilled and a large amount of oil reserve obtained.

6　Stratigraphic oil and gas pools

On the slope of the depressions or the periclinal area of the structueral zones in the Jiyang sag, mult-sedimentary hiatus and overlapping unconformities occurred many times during evolution of the depressions. The formations were gradually overlapped on the paleo-slope one bed on the other. In certain tectonic circumstances, the up-dipping part of the reservoir was eroded away and covered by impermeable rocks. The down-dipping part of the reservoir was contacted with source rock, making it easy to form stratigraphic overlapping oil and gas pools. Under the unconformity surface the stratigraphic unconformity oil and gas pools might be formed. In some special sedimentary environment, special lithologic oil and gas pools, such as pools in the organic limestong, might be formed.

For example, the Dongying formation on the east slope of Chengdao was overlapping on the buried hill. The stratigraphic overlapping oil and gas pools were then formed. The distribution of reservoir and oil and gas pool was very complicated and related genetically with "paleo-gullies". The oil and gas pools were analyzed on the basis of 3D seismic data, and potential oil and gas prospects were predicted. Two exploratory wells and three step-out wells were deployed. In which the well Shenghai-8 encountered two oil-bearing beds, 26.7 m thick, in the Dongying formation. The testing obtained an oil and gas daily production of 224 t/d and 22, 542 m^3/d. another well Shenghai-801 also encountered oil beds in the Dongying formation and also obtained high oil and gas production.

7　Gas pool showing bright spot

The lithologic gas pools in shallow depth occur in the Shengli Oilfields. They were encountered chance in the early stage of exploration when drilling to explore the deeper target. They did not become an exploration target because of no appropriate exploration technology at that time. When the technology of bright spot was introduced in the 1980s, not only the shallow lithologic gas pools could be found, but also the boundary and thickness of the gas pool could be determined. Sometimes, deployment of development wells and construction of producing facilities could directly depend on it. The gas reserve and producing capabilities were obtained in recent years with the help of the bright spot technology. Seventeen wells were deployed to drill the bright spots, and gas pools were found (Figure 2).

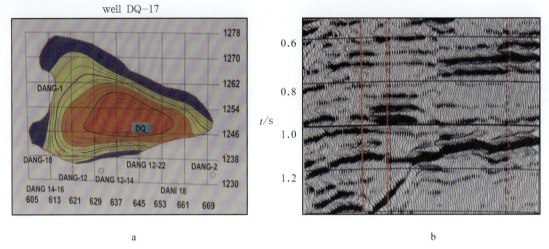

a   b

Fig. 2   Bright spot section through the well DQ-17 (a) and the amplitude map of bright spot (b)

8   Monitoring oil reservoir performance

Due to the rising and unstable oil price and the increase of exploration risks in the frontier areas, especially in the remote ones, increasing the recovery of the discovered oil and gas fields and tapping the potentialities of the producing fields were emphasized in an attempt to obtain the maximum return of the investment. The time-lapse seismic survey was carried out in order to monitor the performance of thermal recovery of the viscous oilfield. Due to good result in application of the time-lapse seismic survey, made it to be widely spreading used. Two times of time-lapse seismic survey were carried out in the fields of the Le'an oilfield. The data were processed with sophisticated technology. After correlating the change of the amplitude, velocity and frequency of the seismic wave before and after the steam drive in the viscous oil reservoir, the front wave of the steam and the diameter of its influence were determined. The result confirmed that the technology is very useful.

9   Prospect

Forty more years have passed since the petroleum exploration was carried out in the Shengli Oilfields. Although the maturity degree of exploration is on the first place of the country, the unexplored area in the Shengli Oilfields is still very large.

1. Explored area: along with the advancement of the science and technology, and the rational knowledge, it is recognized that great petroleum potential still exists in the subtle traps hidden in the matured exploration areas, such as within the buried hills and fractured reservoirs. Raising the accuracy of exploration and strengthen the tapping force for the potential are still the main methods to develop steadily for the Shengli Oilfields.

2. Coastal tidal area: there are 8, 000 km^2 of the coastal tidal area in the Shengli Oilfields. The whole

coastal tidal area along the Bohai bay is very rich in oil and gas source rocks, with favorable conditions for the occurrence of oil and gas pools. Considering the coastal tidal area as the location to acquire more oil and gas reserves is a practical and good idea.

3. Deep targets: the geologists predicted that the there are $2\sim3$ billion tons of petroleum resources in the deeper part of the Jiyang sag, that is the most favorable replacing source for the Shengli Oilfields. Strengthing the research of seismic survey for the deep horizons to get clear and accurate images from the deep area are one of the main targets in the development of the Shengli Oilfields.

4. Outer frontier area: the Jiaolai and Linqing mountainous areas, and the Hetian area are still blank regions for the seismic survey and favorable locations for search of substitute resource in the Shengli Oilfields. In recent years, certain advancement in seismic survey has achieved in these areas and good seismic data obtained with effective methods suitable in mountainous areas. To carry out seismic survey in the frontier area will prepare more room for exploration.

In order to prepare oil and gas reserves of at least 100 million tons annully to guarantee the smooth performance of the exploration and development in the Shengli Oilfields, the seismic technology will perform a critical role. The following nine items about seismic survey will be the main aims for the Shengli Oilfields.

1. Developing the 3D seismic technology, improving the exploratory accuracy in the explored aera.

2. Strengthing the research of high-resolution seismic survey to search for more subtle traps.

3. Putting more seismic teams to work in the coastal tidal area to acquire more oil and gas reserves.

4. To solve the problems in carrying out the seismic survey for the deep horizons and the mountainous areas to search for the new resources replacement areas.

5. Strengthening the research of the seismic acquisition technology, improving the present acquisition technology.

6. Stressing on the seismic interpretation and the comprehensive research to provide more good traps for the oilfields.

7. Establishing a unified technological system integrating the seismic acquisition, processing and interpretation to backup the searching for more good traps for the oilfields.

8. With great efforts to develop the seismic technology in oilfield development to raise the recovery and productivity of the oilfield.

9. Modernizing the seismic acquisition equipment, improving the transportation vehicles.

In a word, the seismic technology has a bright future in the Shengli Oilfields.

Seismic Acquisition with Enhanced S/N Ratio and Resolution in Desert Rrea, Tarim Basin

Guo Jian[1, 2] and Zhao Diandong[3]

1.SINOPEC Geophysical Research Institute　Nanjing　210014　China；

2.INSTITUTE of Geology and Geophysics　Chinese Academy of Sciences　Beijing　100029　China

3.Sinopec　Beijing　100728　China

Abstract　In Tarim basin of northwestern China, due to existence of thick shallow velocity-reducing layer in desert area, it is very difficult to gain seismic data with high quality. The main problems are that bad shotting and receiving conditions cause very low signal-to-noise ratio and low resolution, undulant hypsography makes complicated statics, and surface thick sand stratum induces absorption and attenuation of seismic wave. In order to overcome these difficulties and acquire high-quality seismic data, we adopt the following six methods. (1) Refining investigation of surface structure for perfect surface structure model, which is served for choosing better shot and receiver points. (2)Exploding under the water table to guarantee enough shot energy, and embedding the geophone to get the better receiving condition. (3) Selecting dynamite with bigger diameter to form better point explosion. (4) Surveying the noise waves to design the best acquisition geometry. (5)Calculating better static correction by refraction tomography constrained by normal surface structure investigation. (6)Compensating absorbed energy of seismic wave to gain high-resolution signal. After applying these methods, we significantly improve the signal-to-noise ratio and the resolution of the seismic data in the main prospecting targets, which enable us to make correct geologic interpretation.

Keywords　desert seismic exploration　Tarim basin　signal-to-noise ratio　surface structure model　absorbing compensation

1　Introduction

Tarim basin in northwestern China is one of main basins with abundant oil and/or gas. The central area of the basin is covered by sand hills with the height from 10 to 200 m, and these sand hills vary at all times by wind. The variation trend of water table, with the depth from 2 to 50 m, is similar to the trend of undulant hypsography. The water table is a velocity interface, on the top of which the velocity is about from 350 to 700 m/s and the under the velocity is about from 1600 to 1800 m/s (Zhu, 2004). These two factors (sand hills and low velocity) result in very difficult acquisition condition to acquire good seismic data. The main problems in seismic data acquisition include:

(1)Bad shooting and receiving condition leads to very low signal-to-noise ratio and low resolution of seismic data. When shooting in loose sand, the blast energy is difficult to transmit to deep zone and the blast frequency band is quite narrow. Both factors result in difficulty to receive any high-frequency signals from a deep reflection. The dry and loose sand in surface is not conductive to geophone coupling, which brings on worse receiving condition.

(2)Undulant hypsography makes complicated static correction. The sand cover varies from 1 to 200 m, and is dramatic ups and downs. It is impossible to image the near surface structure clearly and, consequently, complicated near surface structure induces trouble and incorrect static correction.

(3)Surface sand stratum also causes absorption and attenuation of seismic waves. Undulant loose sand hill absorbs the seismic energy badly, and seismic incidence wave is difficult to transmit to deep layers. High-frequency components of seismic waves are attenuated rapidly, and consequently the resolution and signal-to-noise ratio of deep reflections is dramatically decreased.

To solve these terrible problems, geophysicists worked in this desert area have made a lot of efforts to find the solution. Wang and Jia(2003) proposed a method of **dodging thick LVL and moving from high places to the lower**. That is, in order to dodge the thick LVL, some shooting and receiving points are moved to lower places according to the spread of dunes. It can effectively improve the shooting and receiving conditions and in turn yield desired seismic reflection. Shi et al. (2004) used micro-seismogram logs to design an inverse Q filter for attenuation compensation of the seismic data, to enhance seismic resolution and to improve the S/N ratio. Tang and Liu (2004) discussed the aspects of seismic acquisition such as near-surface investigation, shooting, receiving, and layout. They pointed out that shallow refraction, up hole, detailed dune terrain investigation are vital to obtain correct static data so as to get high quality seismic section, that shooting at depth of 5-7 m below water table can secure good coupling with ground and reduce random, and that layout and operation method should be based on surface condition and geological task. Xu et al. (2005) discussed the principles and methodologies of high resolution seismic acquisition in the desert area, considering near surface absorption, shot depth, dynamite and array moveout effect. Guo et al. (2006) figured out the velocity and propagation direction of noise waves and the ratio of signal to noise, and tested multifarious arrays to gain the best economical and effective array by box wave technique in desert area. A new single-geophone multi-line 2-D seismic survey system was designed to increase the seismic wave resolution and signal/noise ratio of target reflector in complicated area. Zhao et al.(2006) studied the propagation properties of seismic wave in shallow velocity-reducing horizon and the compensation of absorbed energy of seismic wave. Based on the thickness of shallow velocity-reducing layer in investigation point of desert and the geomorphological features, field investigation of quality factor is carried out by using designed field acquisition and observation system, and quality factor is calculated by spectrum ratio method. Using viscoelastic wave equation, signal received on surface is downward continued to the top of high-speed layer, compensating the absorption in shallow velocity-reducing layer.

In this paper, we summarize the following 6 methods we use in seismic exploration in the desert area of Tarim basin:

(1) Refining investigation of the surface structure;

(2) Selecting shot and receiving points according to the fine surface structure;

(3) Selecting dynamite with bigger diameter to form a better point explosive;

(4) Surveying the noise waves to design the best acquisition geometry;

(5) Calculating better static correction by constrained refraction tomography;

(6) Compensating absorbed energy of seismic wave to gain higher frequency signal.

2　Refining investigation of the surface structure

Fine and correct surface structure model is of importance for choosing better receiver and shot points， and for calculating correct statics(Zhu， 2004). In desert area of Tarim basin， surface structure is very complicated and a surface structure model is difficult to build. In the investigation of surface structure， we use different methods in different surface conditions.

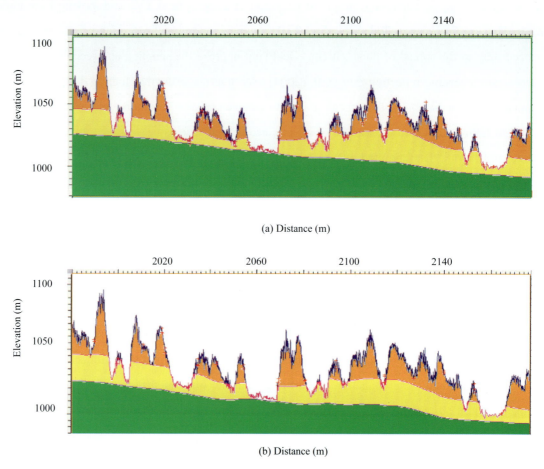

(a) Distance (m)

(b) Distance (m)

Fig. 1　Difference between normal up-hole surface structure (2 km/point) and fine up-hole surface structure increasing survey points to 500 m/point. The shapes of the unconsolidated (yellow) layer show clearly difference.

For the flat low-lying and damp part， we use near-surface seismic refraction method. This method is cost-effective in good surface condition.

In fantastic characteristic points of the surface structure and the summits of sand hill， we use up-hole seismic survey. According to surface condition， we use two kinds of up-hole methods: one is shooting in the borehole and receiving by 24 single geophones in surface； the other is two holes' up-hole survey in which one hole is used for shooting and another for receiving.

Figures 1 and 2 show the structure and static correction difference between normal and fine surface investigation. In the fine investigation we consider the influence of leeward and windward slope (fig.2) and increase up-hole survey density (fig.1). The shape of the unconsolidated layer shows clear difference from the normal investigation.

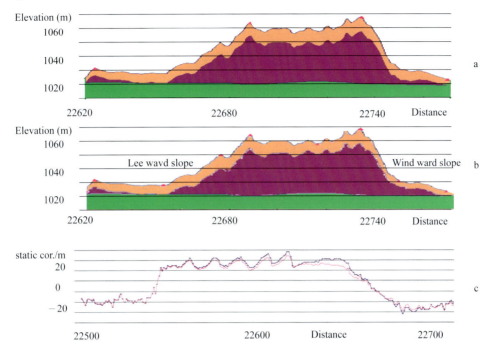

▲：location of up-hole survey；。。。。：shot surface elevation；■：Botton boundary of low speed layer；■：Botton boundary of high speed layer

Fig. 2　(a) Normal surface structure investigation. (b) Fine surface structure investigation which considers the influence of leeward and windward slope and increases up-hole survey density. (c) Difference of static correction between fine surface structure (red line) and normal surface structure (blue line)

We use excavated puddle for demarcating water table in every 4 km and in two side of the large sand hill or in some special point. In deep sand hill where excavated puddle cannot work, we use air drilling to measure the water table. The blue line in figure 3 shows the water table in one of survey lines. The variation trend of the water table is high in the left end and low in the right.

In quite large sand hill, fine sand dune curve considering the Aeolian and other characteristics of loose, we investigate peeling surface layer and design the template chart of sand hill curve to help calculating the static correction.

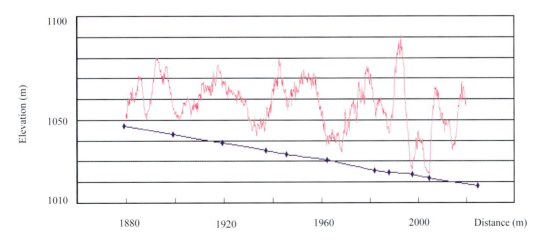

Fig. 3　Variation trend of the water table in one of the survey lines, which shows feature of high in one end and low in another (blue line). The red line shows surface elevation.

3　Select shot and receiving points according to the fine surface structure

Once we figured out the fine surface structure，we can settle all shot points shooting below the water table to guarantee enough shot energy generated (Tang and Liu，2004). As we have completed the water table survey，we are able to design the depth of each shot to keep the top of dynamite be of 3～5 m under the water table. In some special cases and in permitted range，shot point is moved to low-lying and damp place to find a better shot point. The receiving lines are designed to deploy to the best along low-lying area and all geophones are embedded deeply so as to improve the coupling effect of geophone. Consequently，the loss of high-frequency components will be reduced.

4　Selecting dynamite with bigger diameter to form a better point explosion

In routine land seismic acquisition，we use a standard media explosive pole with the height of 330 mm and the diameter of 60 mm per kilogram. However，in such a complicated area，we need at least 10 kg of dynamite to shot and at least two explosives. This means that the length of dynamite would be 3.3 m，which will no longer be a 'point' explosive shot. The explosive time delay between two explosives will also reduce the explosive energy and contaminate the explosive wavelet.

Fig. 4 Four kinds of explosive poles are 85M，85H，60H and 120H，from left to right respectively.

Table 1　Tested explosive poles

Model	Density	Weight(kg)	Diameter(mm)	Height(mm)
60H	high	2	60	500
85M	median	2	85	340
85H	high	2.5	85	340
120H	high	4	120	270

To solve these problems，we test four kinds of explosive poles (figure 4): 85M，85H，60H and 120H. Here M stands for mediate density and H for high density. Table lists the characteristics，and Figure 5 displays tested shot results. For the same amount of dynamite，if the diameter is larger，then height is shorter so that it will be responded as better point explosive response. In table 1，we can figure out that 12 kg of model 120H is of height of 710 mm，and that 12kg of model 60H is of height of 2，500 mm. The seismic section of the explosive pole of 120H is evidently better than other three sections，especially in main target reflections. But the drilling cost in this case will be deadly increased due to the need of more strong drilling machines with larger diameter of aiguilles.

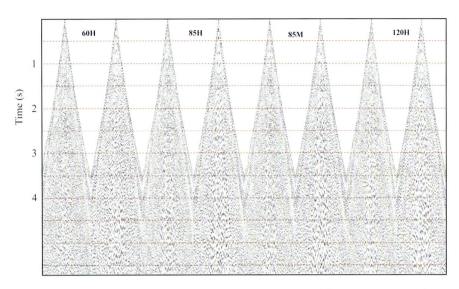

Fig. 5　Comparison of test records shoot respectively by dynamites of model 60H，85H，85M and 120H.

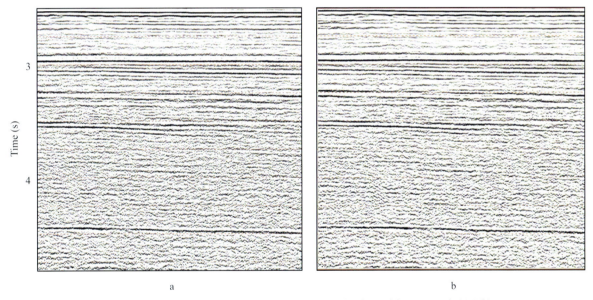

Fig. 6　Comparison of seismic sections obtained between shot by model 85H (a) and 120H (b).

Figure 6 shows the sections between 85H and 120H. The latter is obvious better than the former one.

5　Surveying the noise waves to design the best acquisition geometry

We use box wave technique and L-type array to find out the velocity and the propagation direction of noise waves(Guo et al. 2006). As the result，there are(a) three kinds of surface waves in this area with the velocity of about 370-670 m/s and frequency of about 6-11 Hz，(b) two kinds of refraction waves with the velocity of about 1900-2800 m/s and frequency of about 22-26 Hz，and(c) one kind of linear interference wave with the velocity of about 2300 m/s and frequency of about 21 Hz.

According to these results，we design three different patterns of geophone array(figure 7) for field experiment. After comparing the results(figure 8) of these 3 kinds of pattern of array，we select the best array pattern for 36 geophones (figure 7c) for data acquisition.

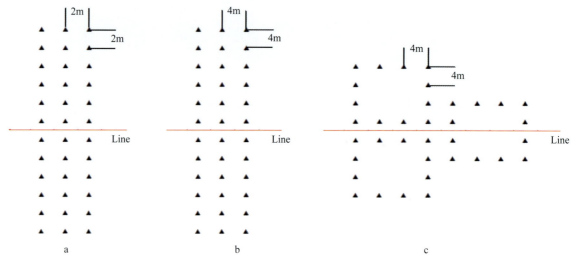

Fig. 7　Three different patterns of geophone array for testing.

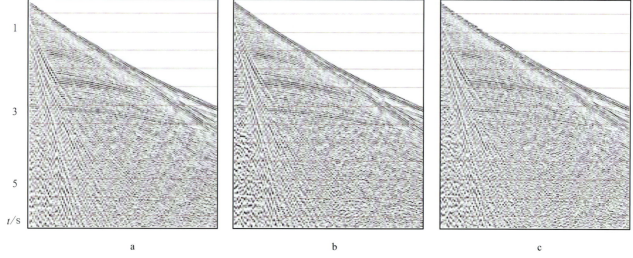

Fig. 8　The field records for three kinds of array patterns shown in Figure 7.

6　Calculating better static correction by constrained refraction tomography

To calculate the static correction in such difficult area，we first try to build the surface structure models by two groups of methods separately. One is by up-hole seismic survey，near surface refraction and sand dune curve. The other is refraction tomography. But neither result is satisfactory. However，we can obtain a better result (Figure 9) by refraction tomography with constraint of surface structures that are obtained by up-hole survey, near surface refraction and sand dune curve.

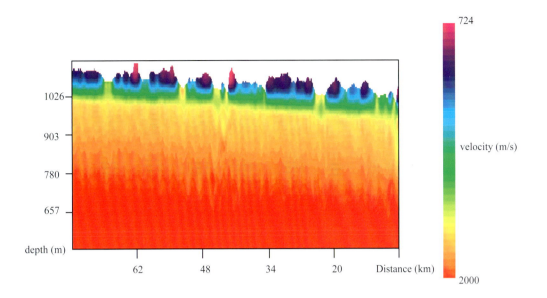

Fig. 9   The surface structure model obtained by refraction tomography with constraint model built from up-hole survey, near surface refraction and
sand dune curve.

7   Compensation of absorbed energy to gain high-frequency signal

Based on the thickness of shallow velocity-reducing layer in investigation site of desert and on the feature of the hypsography, we carried out appropriate up-hole seismic investigation, to calculate the quality factor Q by spectral ratio. We then use viscoelastic wave equation to downward extrapolate the signal received on surface to the top of high-speed layer, with compensation of seismic wave absorption in shallow velocity-reducing layer (Yih, 1999; Wang, 2002; Guo and Wang, 2004; Wang and Guo, 2004; Zhao et al., 2006). Real data application shows very good results (figure 10). After absorbing compensation, the spectrum band is expanded remarkably (figure 11).

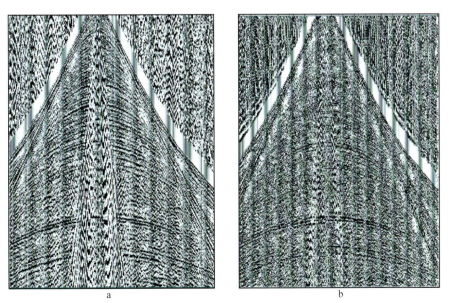

Fig. 10   The comparison of seismic records between the original(a) and that(b) after absorbing compensation.

After using of these methods, the signal-to-noise ratio and resolution of seismic data in target zone are improved remarkably, as an example shown in figure 12. High quality in seismic data will enable us to make correct geological interpretation.

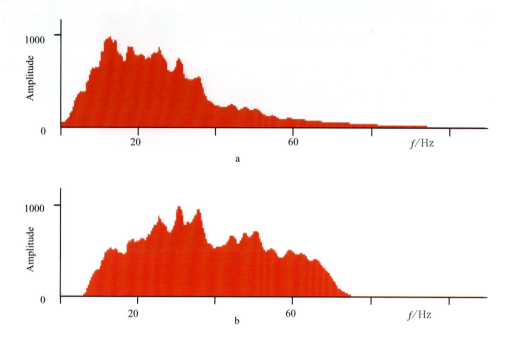

Fig. 11　Amplitude spectra of records shown in Figure 10.(a)The spectrum of the original record. (b)The spectrum of the same record after compensation.

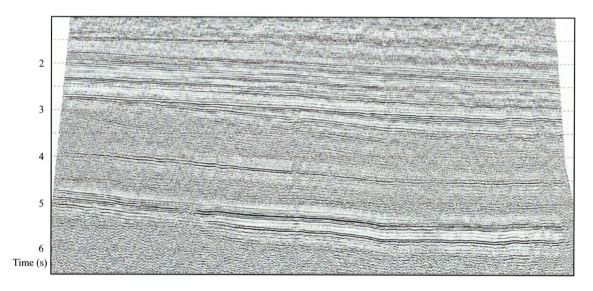

Fig. 12　High-quality seismic profile is obtained after using a series methods presented in this paper.

8　Conclusions

For seismic exploration in loose desert area, complex surface structure causes very low signal-to-noise ratio and low resolution. We enhance the investigation with refined analysis of surface structure. We use the fine structure model as reference for choosing best shot and receiving points and for calculating the static correction datum. We use the up-hole seismic survey datum to calculate quality factor Q which in turn is served in compensating the absorption. We select dynamite with bigger diameter to form a better point explosive response. We conduct the noise wave survey to design the best geophone array. After we adopt these methods, we improve the signal-to-noise ratio and resolution of target reflections in seismic sections, for correct geologic interpretation. However, due to the high cost of elaborative surface structure investigation and real implementation of bigger explosive pole, these methods are difficult to be popularized.

9　Acknowledgements

This work was supported by Sinopec. We would like to thank Sinopec allowing us to present the paper. We also thank Wei Fuji, Wu Changxiang, Ding Jianqiang, Ni Liangjian, Wang Xianbin, and many other staffs for their assistances in seismic data acquisition and processing.

This study was also partially supported by the National 863 Program (2008AA062001).

References

[1] Guo J., and Wang Y., 2004, Recovery of a target reflection underneath coal seams. *Journal of Geophysics and Engineering 1*, 46~50

[2] Guo J., Wei F., and Wu C., 2006, The application of box wave technique in planning field survey system. *Geophysical Prospecting for Petrotrum 44*, 474~478(in Chinese)

[3] Ling Y., 2001, Analysis of attenuation by earth absorption. *Oil Geophysical Prospecting 36*, 1~8(in Chinese)

[4] Robinson J. C., 1979, A technique for the continuous representation of dispersion in seismic data. *Geophysics 44*, 1345~1351

[5] Shi Z., Tian G., Dong S., He H. and Wang Z., 2004, Attenuation compensation of low-velocity layers using micro-seismogram logs: case studies: Journal of Geophysics and Engineering: 1, 181~186

[6] Tang C. and Liu H., 2004, Seismic acquisition in the center of Tarim desert. Progress in Exploration Geophysics 27, 407~414

[7] Wang D. and Jia L., 2003, Discussion on the method of "dodging thick LVL and moving from high places to the lower" in desert seismic acquisition: Geophysical Prospecting for Petroleum, 42(3), 350~354

[8] Wang Y., 2002, A stable and efficient approach to inverse *Q filtering. Geophysics 67*, 657~63

[9] Wang Y., and Guo J., 2004, Modified Kolsky model for seismic attenuation and dispersion. *Journal of Geophysics and Engineering 1*, 187~196

[10] Xu S., Tang H., Shi Y. Chao R. and Leng G., 2005, Study and experiment of high resolution seismic acquisition in desert area. Progress in Exploration Geophysics 28, 108~116

[11] Yih Jeng, Jing-Yih Tsaiz, Song-Hong Chen, 1999, An improved method of determining near-surface Q: Geophysics, 64, 1608~617

[12] Zhao D., Guo J., Wang X., Jia H., Ding S., Li D. and Xu F., 2006, Study and application of absorption compensation method of seismic wave in shallow velocity-reducing zone of desert area. West China Prtroleum Geosciences, 2, 241~244

[13] Zhu X. 2004, Pilot study for complicated near surface structure. CPS/SEG Beijing 2004 International Geophysical Conference, ACQ2.5, 54~58

Application of seismic inversion constrained with multi-well in reservoir prediction in Shengli Oilfields

Shen Caiyu[1]   Han Wengong[1]   Zhao Diandong[2] and Gu Yutian[1]

1. Shengli Petroleum Administive Bureau   SINOPEC   Dongying   257100   China

2. SINOPEC   Beijing   100728   China

Abstract   This paper presents a suite of multi-well constrained seismic inversion techniques (GEOEYE) that can be applied to the prediction of complicated reservoir in the continental oil and gas oilfield of the complicated fault block in Shengli Oilfields. GEOEYE is an integrated inversion package of seismic, logging, and geologic data with an emphasis on fine calibration of the reservoir. The basic idea behind GEOEYE is from qualitative analysis to quantitative analysis. Its core algorithms include initial borehole wave impedance model building and nonlinear convolution operation. The applications of GEOEYE to reservoir prediction in Shengli Oilfields were presented.

Keywords   seismic inversion constrained with multi-well   GEOEYE software package   reservoir prediction

1   Introduction

Shengli Oilfields are the famous complex continental field with complicated subsurface geological structures considerable change of lithology, small fault blocks and hidden reservoirs. Shengli Oilfields could be regarded as a representative of the continental oil-bearing basins in China. So the exploration and development are very difficult.

To overcome these problems, we carried out the research on seismic inversion with constrained multi-well in the last few years. Several methods were formulated, including building of borehole wave impedance model, nonlinear convolution, extraction of wavelet with variable time and space, building of seismic interpretation pattern and its application in constrained inversion, and integrated fine reservoir calibration. Based on these methods, we developed a package of inversions constrained with multi-well called GEOEYE, which is suitable for the prediction of complex fault blocks in Shengli Oilfields.

2   Basic principle

The principle of the seismic reflected wave: the seismic record is a convolution of the reflection coefficient of the reflecting interface of the underground layers and the seismic wavelet propagating in the layers. The reflection coefficient of the reflecting interfaces of underground layers is a function of the acoustic impedance of the layers above and below the interface.

It can be shown by mathematical language briefly:

$$X_{(t)} = R_{(t)} * W_{(t)} \tag{1}$$

$$R_{(t)} = X_{(t)} * W_{(t)}^{-1} \tag{2}$$

$$Z_{(t)} = F[R_{(t)}] \tag{3}$$

Where, $X_{(t)}$ is the seismic record; $R_{(t)}$ the reflection coefficient; * the convolution operator symbol; $Z_{(t)}$ the acoustic impedance; F a non-linear positive mapping function; $W_{(t)}$ the seismic wavelet; $W_{(t)}^{-1}$ the seismic reversal wavelet.

The peak pulse (seismic wavelet) induced by seismic explosion, which is affected by many factors of layers, acquisition, processing, etc., is a value that could not be determined accurately. The subsurface reflection coefficient is also an unknown parameter related with the lithologic characters of the layers. In the conventional seismic inversion, a number of assumptions are used for the seismic wavelet and the reflection coefficient to form multiple seismic inversion methods. The seismic inversion method could succeed only when the subsurface geological conditions basically satisfy the assumptions, otherwise it failed. Is it practicable not to assume the seismic wavelet or the seismic reflection coefficient? In order to solve this problem, an outside condition, which is just the well logging data, has to be introduced. First of all, the logging acoustic impedance is presented as the initial model and a near-well seismic trace as the result. Then a given initial wavelet is deconvoluted with the near-well trace to get an initial acoustic impedance model. Then, by comparing the resulted initial acoustic impedance model with the initial model, a residual error is obtained. Based on this residual error, the wavelet model is modified, which is deconvoluted with near-well trace again to get a modified acoustic impedance model. Comparing again the modified model with the original initial model to obtain another new residual error. Repeat such iterations over and over again, the inversion acoustic impedance and non-linear wavelet were finally obtained, which satisfied the required accuracy. The introduction of well logging without assumptions of the seismic wavelet and the reflection coefficient is the key to the seismic inversion constrained with well logging developed in the recent years.

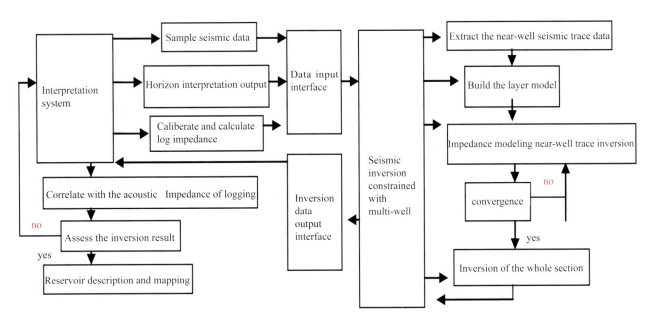

Fig. 1　Flow chart of seismic inversion constrained with multi-well

In fact, the noise $N_{(t)}$ unrelated with the property of the subsurface rock are also recorded while seismic record $X_{(t)}$ received various seismic information $X'_{(t)}$ related with the property of the subsurface rock. Therefore, the actual seismic record is $X_{(t)}=X'_{(t)}+N_{(t)}$. To eliminate the noise $N_{(t)}$ as much as possible and to make $X_{(t)}$ to be approached $X'_{(t)}$ foundation to guarantee the well logging constraining seismic inversion to be correct and reliable. Therefore, before the seismic inversion constrained with well logging is carried out, the post-stack seismic results have to be analyzed and evaluated seriously. Even the seismic data should be precisely processed before inversion when necessary.

At the sasme time, after introducing the constraint condition of well logging, the accuracy of the well logging data itself must be analyzed and evaluated. The logging and seismic data must be correlated and connected correctly. These are prerequisites to the well logging constraining seismic inversion.

3   Processing procedure of seismic inversion constrained with multi-well

The executive steps of GEOEYE seismic inversion constrained with multi-well are as follows. Step 1: Extracting the near-well seismic trace data and analyzing the maximum and minimum values of the amplitude of the seismic trace. Step 2: Building the layer model and controlling the range of the inversion and the mechanism of the lateral extrapolation. Step 3: Carrying out the inversion of the near-well trace to extract the model impedance trace, to build non-linear wavelet operator. The vertical range of the inversion model can be determined from step 1 to step 2. The model trace generated can automatically extend to the vertical length needed in the inversion when the vertical length of the acoustic impedance of logging is less than the vertical length needed in the inversion. Step 4: Inversion of the whole section. The non-linear interpolation and extrapolation are carried out under the control of the layer model. Step 5: The initial acoustic impedance is inserted into the inversion section to analyze the coincidence extent between the simulated acoustic impedance and the logging acoustic impedance. The inversion result is correlated and analyzed. If the result is not satisfactory, the parameters should be adjusted and then the inversion would be run again. Figure 1 is the flow chart of the seismic inversion constrained with multi-well.

4   Application cases

4.1   Case 1

The Gubei area is located at the northern part of Gudao, Shengli Oilfields, belonging to the Zhanhua depression tectonically. It contacts closely with the Gubei oil-source area to the north, with plentiful supply of oil and gas generated. It is bounded with the Gudao buried hill to the south, which is the main sediments-source area for the reservoirs in the Gubei region. The Gubei slope is a gentle slope and relatively simple structure. During the sedimentation of the Mesozoic, nearly all the basement faults occurred due to the badly faulting. The Gubei large fault with a trend of nearly NE was formed in this period and developed successively for a long time. It was the migrated path for oil and gas, and also a good sealing bed at the same time. Several faults dipping towards the depression were faulted down along the Gubei slope as a terrace. The Gubei slope was cut into several elongate faulted blocks. The turbidite sandstone in the Sha-3 formation deposited on the down-thrown block of the fault is very rich in oil and gas. The sedimentation of the sandstone bodies and the migration and accumulation of oil and gas were controlled in certain degree by those faults.

Figure 2 is a well-tie section in GB area. Figure 3 is the corresponding inversion section. Three sets of oil-bearing sand layers in the zones between T_3-T_5 were discovered during the drilling of the middle well Gb34. The thickness of the lowest third set of oil-bearing layer is 8.8 m. These three sets of oil-bearing sand layers were not met by drilling in Well Gb22, which is 1 km apart from Gb34 at the higher position of the slop. Where do the three sets of oil-bearing sand layers pinch out? It can be not identified and tracked on the well-tie section in Figure 2. However, these three sets of oil-bearing sand layers in the zones from T_3-T_5 may be clearly traced on the inversion section of Figure 3. The phenomena of the oil-bearing sand layers getting thinner and thinner from Well Gb34 to Well Yi135 at the lower position is distinctly shown on the inversion section.

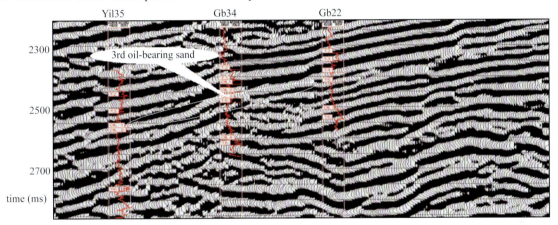

Fig. 2　Well-tie section in GB area

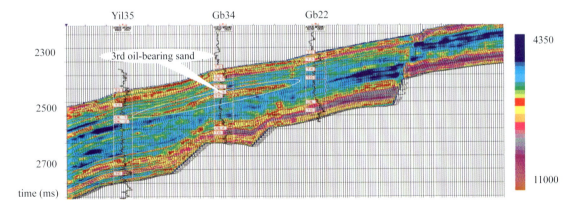

Fig. 3　Seismic inversion section constrained with multi-well corresponding to Figure 2 (The well curve lines are acoustic impedance)

4.2　Case 2

The Shinan area is located at the southwestern part of the Dongying district, Dongying municipality, belonging to the western end of the central structural zone of the Dongying depression tectonically. During the later period in sedimentation of the Shahejie-3 formation of the Paleogene, a river-controlled delta was formed in the Dongying area with plentiful sediment of source material. The turbidite sandstone bodies in the Sha-3 formation were widely deposited in front of it, i.e., the Shinan area. The sandstone bodies are buried deep under 3000 m, with a form of thin interbeds vertically and stacking one on the other laterally. As reservoirs, those sandstones are thin, buried deep and with unstable and subtle distribution.

Figure 4 is a well-tie section in SN area. Figure 5 is the corresponding inversion section. The oil-bearing turbidity sand was met during the drilling of the Well S115 below the horizon T_4, with a depth of more than 3000 m. After the well calibration, it was discovered that the set of oil-bearing turbidity sand corresponds to a small segment of event below T_4 in the well-tie section (Figure 4). Obviously, this set of oil-bearing turbidity sand could be traced only according to the small segment of event in the well-tie section. The extending range, the thickness and the variation of the inner petrophysical property of the turbidity sand, can be not determined in quantity. However, those above-Mentioned feature could be easily determined by the seismic inversion constrained with multi-well in Figure 5.

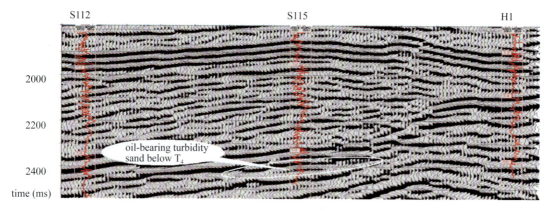

Fig. 4　Well-tie section in SN area (The red curve lines represent acoustic impedance)

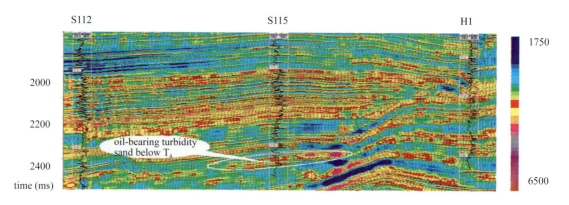

Fig. 5　Inversion section corresponding to Figure 4. (Curve lines in well is acoustic impedance)

4.3　Case 3

The Luojia area is located at the Hekou district, Dongying municipality, belonging to the central part of the Zhanhua depression structurally. It is bounded to the north with the Yihezhuang uplift. A lot of igneous rocks are found in this area.

Figure 6 is a well-tie section in LJ area. Figure 7 is the corresponding seismic inversion section. It is an igneous fractured reservoir in LJ area. The igneous rock is a high velocity layer，whose velocity will be reduced when it has many fractures. But the velocity difference is not obvious and not easy to be recognized in the conventional seismic section. During the drilling of the right well，the tight igneous rock without oil-bearing was discovered. However the fracture reservoir of igneous rock was discovered by drilling of the left well(see Figure 6). It becomes easier to recognize the igneous rock fractures in the inversion section(Figure 7).

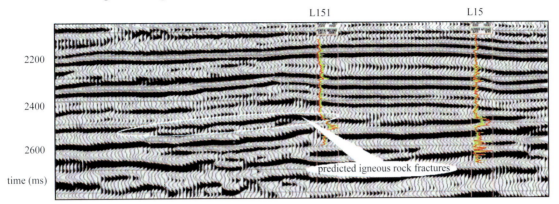

Fig. 6　Well-tie section in LJ area (The red curve line is acoustic impedance and the green one is acoustic velocity)

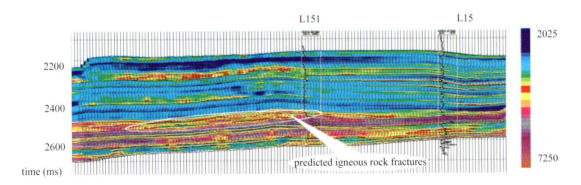

Fig. 7　Seismic inversion section constrained with multi-well corresponding to Figure 6. (The well curve lines are acoustic impedance)

5　Conclusion

We can conclude from the above examples that the seismic inversion constrained with multi-well，which is integrated with the extrapolation of seismic data，can effectively recognize the lateral variation in the complex reservoir like that in the Shengli Oilfields and reduce the risk of reservoir prediction.

Reference

[1] Li Qingzhong，1998，A strategy of seismic constrained inversion: Oil Geophysical Prospecting 33(4)

[2] Tellefsen J.E.，1996，Application of seismic lithology inversion for enhanced description of the draugen oil field: Geophysics，Lith. Predic

Full 3D Seismic Survey Acquisition Techniques

Song Yulong[1] Xu Jinxi[1] Zhao Diandong[2]

1. SINOPEC Shengli Oilfield Company Dongying 257100 China

2. SINOPEC Beijing 100728 China

Abstract　3D seismic has proven to be an effective surveying method for exploration of complex structural, stratigraphic, and/or lithological trap reservoirs. Over years, a suite of full 3D seismic acquisition techniques has been formed in Shengli Oilfield. Before acquisition, full 3D acquisition geometry is designed with integrated geometry design techniques. To secure blast energy and dominant frequency, exploding is taken place below the ghosting interface. Careful selection and proper planting of receivers as well as small array length brings stronger effective signal. Some effective methods for interference suppression have been established. The application of the proposed techniques ensures the acquired data suitable for anisotropical analysis and fine description of fault system on reservoirs.

Keywords　Shengli Oilfield full 3D seismic acquisition geometry acquisition parameter anisotropy fault system

1　Introduction

After exploration of over 40 years, Jiyang sag in Shengli Oilfield is mature in exploration level. Complex surface and subsurface conditions and subtle targets pose an increasing challenge to seismic exploration in the sag. It becomes necessity to increase seismic resolution and take advantage of more facts about the subsurface geobodies in order to determine the complex geology, to find more reserves, and to solve problems related to subtle reservoirs of stratigraphy and lithology. Full 3D seismic is a method used to achieve the goal, which reveals information about subsurface geobodies in space when layout is deployed properly and suitable techniques have been adopted in shooting and receiving. Wider azimuth and uniformly distributed offsets, azimuths, and reflection points make the acquired seismic data higher in signal-to-noise ratio and resolution. A set of full 3D seismic acquisition methods which are suitable for Shengli Oilfield has been developed through the research on acquisition geometry design, seismic shooting and receiving, and interference suppression. Applications of these methods in Luo 42 and Sikou blocks have revealed a great deal of new geologic information on the principle that trying to widen the effective band while keeps S/N ratio unharmed.

2　Full 3D seismic acquisition geometry design

Seismic acquisition parameters mainly include vertical and horizontal resolutions, bin size, group interval, minimal and maximal offset, and fold. These parameters are interactive though each changes in its own range. Generally speaking, the maximal broadside distance should be restricted in acquisition geometry design, especially in areas with plentiful faults, complex structures, and rapidly changed dips.

Acquisition geometry is determined by bin size, azimuth, offset, broadside distance, and fold (Cordsen and Peirce, 1996). We should take the influence of bin size on migration, velocity analysis, and deconvolution into account in acquisition geometry design. The distribution of offset is dependent on the distribution of shot points, the maximal and minimal offset, the fold, and the distribution of broadside distance. The higher the inline fold is, the more uniform the offset distribution will be. The distribution of azimuth is mainly subject to the crossline fold and the broadside distance. It is the inline and crossline fold that control the uniformity of the azimuth distribution. When the inline fold is equal to the crossline fold or the difference between them getting smaller, then the azimuth distribution get to be more uniform. However, azimuth distribution and offset distribution is a pair of opposing parameters. Trade-off has to be made in acquisition geometry design.

Full 3D seismic survey gives high priority to subsurface model (including near surface model). Forward modeling is used to investigate the relations between fold and azimuth in complex surface and formations. Its results are helpful in determining the applicability of the proposed layout and how much of geology could yield. With realistic geologic model and acquisition geometry, people are able to generate single shot record by simulating shooting and analyze the ability of the records in revealing subsurface structures. Forward modeling makes the layout parameters more reasonable, which in turns guarantees that the acquired seismic data reflects the reality of geology.

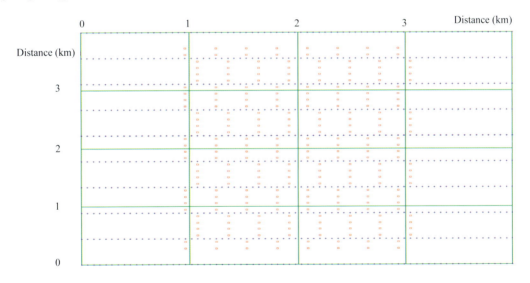

Fig. 1   Blocky brick-wall-like geometry, 10 lines and 256 shots

Higher crossline fold is preferred in full 3D seismic acquisition geometry design if the distributions of offset and azimuth could meet the requirements of geologic task and the geologic conditions. The major tasks in Luo 42 block are to determine the distribution of minor faults, to find the fracture zones in mudstone, and to identify the oil enrichment in the fracture zones of mudstone. With reasoning of the acquisition parameters, attribute analysis of the geometry, and forward modeling, a brick layout of 10 lines and 256 shots was established (Figure 1). The layout is of large range of azimuth. Its offsets are relatively uniform with the highest uniformity in the middle. With large maximal offset and wide patch of each array, this layout is favorable for accomplishing the geologic tasks. The target in SiKou block is the major Yidong fault and its flanks. A layout of 8 lines and 16 shots was established by the reasoning of acquisition parameters and attribute analysis of the acquisition geometry. According to the structures and the S/N ratio reflected on the legacy data, split shooting was used to replace the off-end shooting in areas of shallower target. Variable layout yields thicker density of shots or the higher fold in the target, which leads to higher S/N ratio and is favorable for revealing the faults and fault planes. It is confirmed by the comparisons of the folds in different range of offset, and the distributions of the offset and azimuth before and after layout alteration, as well as the ray tracing through fault system, and CPR reflection simulation, that the acquisition geometry is good at illuminating the target.

3 Full 3D Acquisition Technology

3.1 Shooting

In seismic survey, ordinary source excites seismic waves that spread out in all directions when it explodes in the stratum. Most of the energy is wasted in destroying formation, which in turns generates strong secondary interference. The energy penetrate downward is low. New seismic source makes less near surface interferences and less destruction to surface facilities by specially designed architect which is more efficient in energy conversion and the better coupling between source and the media.

Decreasing the impact of ghosting interface on the quality of seismic data. Ghosting interface is a very important wave impedance interface in near surface. It might directly affect the quality of seismic wavelet, the downward energy, the degree of secondary interference in near surface, and the S/N ratio of seismic data. Shot depth is dependent on the high frequency ($h \leqslant v/4f$), the radius in vertical direction of the dynamite pole, the lithology, and the depth of ghosting interface. Shot lithology should be selected carefully to secure that the dynamite is exploded below the ghosting interface and the ghosting interface is not damaged after explosion. Charge size is determined according to the frequency, the depth of the target, and the shot lithology. In general, small charge size yields higher dominant frequency and lower energy.

3.2 Receiving

The vibration system that consists of receivers and the earth has a resonance frequency. Increasing the resonance frequency decreases its effect on the effective band of seismic waves. Receivers with different tail cones are used according to the near surface conditions to increase its coupling with the earth. On the other hand, receivers should be embedded at proper depths, which increases the resonance frequency and decreases the attenuation and absorption of near surface to different frequencies of the seismic waves. It also enhances the ability to receive high frequency information while avoids pseudo notch phenomenon (Lu, 2000).

Receiver array acts as a low pass filter to seismic waves, which further diminishes the weak signals of high frequency. Small array length is not only favorable for increasing S/N ratio, but also for enhancing the energy of high frequency signals.

3.3　Suppression of interferences

There are a variety of noises in seismic survey. They may be ambient or secondary. Based on analysis, we believe that secondary interferences are the major factors that affect the S/N ratio and resolution of seismic waves. Measures should be taken to prevent interferences from being generated or being propagated.

Interferences are suppressed during the exciting of seismic waves. From the study of interference generation mechanism, secondary interferences are the major factors that affect the quality of seismic data. Secondary interferences may be divided into oscillating interferences and fluctuation interference (Lu, 2001). Improper acquisition parameters are one of the sources to generate secondary interferences. Optimized shot depth and charge size, new sources, and modified exciting may lessen the intensity of secondary interference.

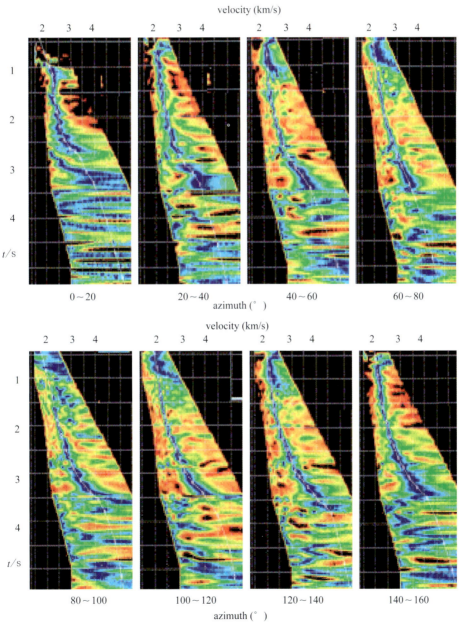

Fig. 2　Different azimuth angle trace gathers velocity change in Lou42 area

Interferences are suppressed in receiving. Embedding of receivers is of significance in suppressing ambient noises. As shown from tests, the acquired data is noticeably higher in signal-to-noise ratio when receivers are planted at a depth of about 0.5 m than are embedded near the earth surface. Interferences could come from all directions. Array is an effective way to suppress the interferences. However, in viewpoint of high frequency protection, the size of array should be limited.

Multiple coverage increases the effect of random noise suppression by $n^{1/2}$ times. In acquisition geomrtry design, one can use multiple coverage technology to suppress interferences according to the geology and the geologic task.

4   Full 3D seismic results

4.1   Improvement in S/N ratio and resolution

As shown on the processed data, the main targets are geologically meaningful. The appearances of seismic sections improve greatly. Stratigrahic wave groups are clear and continuous. Resolution and S/N ratio of the seismic data are improved remarkably. The improvement of resolution makes fault systems clear, faults and breakpoints definite.

4.2   Extraction of anisotropical parameters on reservoir

On the full 3D seismic data volume after ansotropical processing, the wave groups of the main targets vary in different azimuthal gathers. Velocity also changes with azimuth[4](Figure 2). Traveltimes are noticeably different in azimuthal gathers.

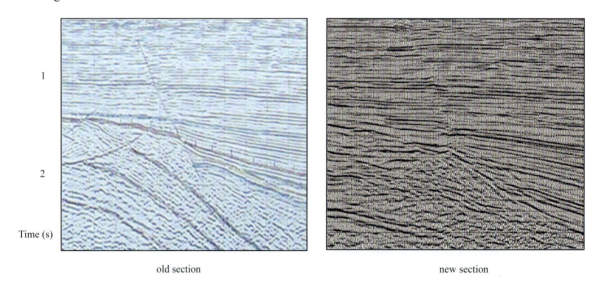

old section   new section

Fig. 3   Contrast of new and old data in Sikou area (fracture system)

4.3   Identification of accurate fault system

The new data reveal more geologic features than the lagecy data. It is also geologically more reliable than